U0162973

PRACTICAL

MANUAL OF VILLAGE

PLANNING

实用性村庄规划编制手册

李 巍 杨 斌 权金宗 杨 宁
方浩舟 冯 斌 李东泽 编著

中国建筑工业出版社

序

　　乡土社会对于中国人而言，是有着特殊情感的。这种情感源自国人与自然相融的文化观念，乡村代表了原生自然的生命状态；这种情感也源自于国人叶落归根的故土情结，乡村代表了血脉相依的生命根本。

　　乡村如同社会记忆的存储器，当中记载了民俗活动、地方知识、生活经验等反映中华传统的文化要素。而且，这种记录是鲜活的，通过一代代村民传承至今。因此，乡村是传统文化"活"的载体。

　　当前，乡村在时代变迁中的遭遇，让我们对乡村的情感日趋焦虑和复杂。乡村对当下社会意味着什么？对长远发展意味着什么？也许部分乡村在地理上的存在会消失，部分乡村会获得继续留存的机会。但是，在变化中乡村的要素会重构，乡村的主体——村民也会变化，乡村的空间形态会变化，要与新乡村生活相适应；乡村的社会生活会变化，要与新村民的社群关系相适应。乡村只有在变化中，沿着繁育乡村性、生长乡土性的路径，主动承接主体变迁、空间重组和生活变化的新需求，才能在新时代孕育新乡村，继续为国人守护自然化育的生活境地，继续为国人维育"万物与我为一"的精神场域。

　　因此，在乡村发展过程中，只有不断适应变化，作出适合乡村性的新调整，才能让乡土社会在新时代继续发挥它的独特功能。《实用性村庄规划编制手册》在编撰过程中始终遵守推陈出新的原则，力求把握适应新变化的开放化导向。在万千变化的影响下，提出适应新时期实用性村庄编制的一般框架和通用方法，为进入实用性村庄规划编制行业的青年人提供一部实用性工作手册，成为行业内探讨实用性村庄规划编制方法的共同话语手册。

　　每一个时代都有每一代人需要去回答和应对的时代命题。当下我们面临的时代命题之一是如何实现乡村振兴。对规划从业者而言，这样的时代命题会更加具体：如何做出服务乡村振兴而且实用的村庄规划成果？本次《实用性村庄规划编制手册》就是在这样的需求驱动下完成的。希望本书能为解答村庄规划的"实用命题"提供帮助。

前　言

　　笔者长期在村庄规划领域从事理论研究和地域实践，深度解读自然资源部关于加强村庄规划相关文件，归纳各省、自治区和直辖市自然资源部门出台的关于村庄规划编制工作的导则、指南、规程、指引，通盘考虑村庄规划同生态文明体制改革相贯穿、与乡村振兴战略实施相衔接、与农村人居环境整治提升相结合、与农村"三块地"改革相适应等的要求，细化提出村庄规划的共性流程、内容、要点与方法，为村庄规划编制地域实践找到技术共通领域，形成《实用性村庄规划编制手册》专著。

　　本书共十二章，即解读村庄规划、综合现状调查与分析、规划定位与目标、国土空间布局与用途管制、居民点规划与整治、产业布局规划、基础设施和公共服务设施规划、历史文化保护与乡风文明、全域土地综合整治、村庄安全与防灾减灾、近期实施项目、规划沟通公示与审查等。

　　本书阐述了国土空间规划体系下，围绕村庄规划作为开展国土空间开发保护活动、实施国土空间用途管制、核发乡村建设项目规划许可、进行各项建设等的法定依据，对编制"多规合一"的实用性村庄规划中涉及的规划总则、基数转换、调查分析、组织编制、规划评估、规划内容、实施措施、规划成果、审查要点等，从逻辑关系、流程体系、治理运行等层面进行全面呈现与引导。对规划师、管理者、使用者准确把握和理解村庄规划的编制、审批、实施、监督体系，具有较好的借鉴、参考与指导作用。

　　希望本书通过对我国现阶段开展的"多规合一"实用性村庄规划在其编制逻辑、内容体系、技术要点等进行经验汇总、图解说明、前瞻思考，为今后村庄规划编制、审批、实施提供可依循的实用手册。欢迎自然资源和规划行业专家，给予指导、批评和指正，共同讨论和促进我国村庄规划编制工作的创新改革。

目 录

第 1 章

解读村庄规划

CHAPTER SUMMARY

章节概要

第 1 章回顾新中国成立以来涉农、涉地、涉村规划编制的历程，根据不同时期社会目标、土地制度、农业现代化、规划政策和编制技术演变，综合农村地区生产建设活动，分四个时期展开对村庄规划历程的回顾。从改革开放前服务农业生产的土地利用规划，到 20 世纪 80—90 年代引导农房和乡镇企业建设的村镇规划，再到社会主义新农村建设、城乡规划法颁布演变，以及美丽乡村规划、村土地规划的地方实践和推广，分析评述各类村庄规划在特定历史时期的局限，总结村庄规划作为国家治理现代化的空间手段和乡村振兴多元目标的共识体现。并结合新时期生态文明体制、农村土地改革、乡村振兴、农村人居环境整治和国土空间规划体系的新理念、新要求、新探索，结合各省"多规合一"实用性村庄规划编制导则，试图回答规划师在实用性村庄规划编制过程遇到的如下疑问：

· 我国村庄规划经历了哪些历程？

· 不同时期村庄规划重点是什么？

· 以前村庄规划的不足与问题？

· "多规合一"实用性村庄规划的特点是什么？

· 各省村庄规划技术导则侧重点是哪些？

· 如何理解"多规合一"实用性村庄规划内容体系？

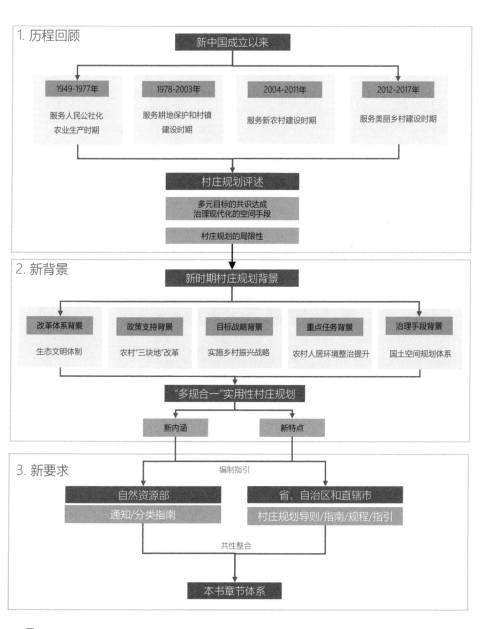

1. 历程回顾

新中国成立以来

1949-1977年	1978-2003年	2004-2011年	2012-2017年
服务人民公社化农业生产时期	服务耕地保护和村镇建设时期	服务新农村建设时期	服务美丽乡村建设时期

村庄规划评述

多元目标的共识达成
治理现代化的空间手段

村庄规划的局限性

2. 新背景

新时期村庄规划背景

改革体系背景	政策支持背景	目标战略背景	重点任务背景	治理手段背景
生态文明体制	农村"三块地"改革	实施乡村振兴战略	农村人居环境整治提升	国土空间规划体系

"多规合一"实用性村庄规划

新内涵   新特点

3. 新要求

编制指引

自然资源部   省、自治区和直辖市
通知/分类指南   村庄规划导则/指南/规程/指引

共性整合

本书章节体系

逻辑体系 LOGICAL SYSTEM
图 1-1 村庄规划历程与展望

3

■ 1.1 村庄规划历程

1.1.1 服务人民公社化农业生产时期（1949—1977年）

新中国成立后，1950年《中华人民共和国土地改革法》颁布实施，建立了以农民土地所有制为主体的社会主义土地制度；伴随开展农业合作化运动，实现了农村土地的公有化，建立农村土地劳动群众集体所有制并实行至今。这一时期，面向农村的规划以土地规划为主。土地作为生产资料，核心在于通过土地改造措施发挥土地的生产价值和提高土地利用效率，以服务农业生产为主要特征。1954年底黑龙江大国营友谊农场建立，在苏联专家协助下，有组织地进行社会主义土地利用规划工作。农业部先后在1957年、1959年下发通知加强农业生产合作社和人民公社土地利用规划，充分利用闲散地，同时适应新的劳动组织、机械化和电气化的发展需要，对我国垦荒生产和国营农场建设起到了指导作用。

1964年《人民日报》发表社论和通讯，介绍山西省昔阳县大寨大队艰苦奋斗、发展生产的事迹，此后"农业学大寨"运动在全国展开。这一时期，土地利用规划突出"以粮为纲"和"愚公移山"，土地利用规划开展了山、水、林、田、路的农村综合改造和集体化的农田基本建设、兴修水利、土地平整等，改变了农业发展面貌。但受限于技术、人员和经费不足，以及政治运动等因素导致规划工作停滞，部分人民公社规划仅在新村建设安排中起到作用。

1949—1979年村庄规划的重要政策文件与规划内涵　　　　　表1-1

农业、土地和规划政策	管理部门	文件或著作名称	规划内涵要求
1950年《中华人民共和国土地改革法》颁布实施，建立了以农民土地所有制为主体的社会主义土地制度；开展农业合作化运动，实现了农村土地的公有化，建立农村土地劳动群众集体所有制并实行至今；1964年《人民日报》发表社论和通讯，介绍山西省昔阳县大寨大队艰苦奋斗、发展生产的事迹。此后，"农业学大寨"运动在全国展开	1949年成立"农业部"；1952年成立"建筑工程部"	1958年乌达钦（苏联）《土地规划设计》、1958年契斯辛（苏联）《土地规划设计》	土地规划是根据社会主义经济发展规模试行的经济措施，其任务是要充分而正确地利用全部土地和有计划地提高它的生产性能，为高效利用复杂的农业技术打下基础；主要在黑龙江友谊农场、新疆生产建设兵团一些农场、海南岛橡胶园等一些国有农场的土地规划和场部规划设计中先后完成
		1957年农业部《关于帮助农业生产合作社进行土地规划的通知》、1959年农业部《关于加强人民公社土地利用规划工作的通知》	正确安排农、林、牧、渔的用地问题，保证土地的合理利用；以公社为单位，以生产队为基础。规划内容应切实抓住深耕、改良土壤、挖掘肥源、平整土地、因地种植，充分利用闲散地，扩大耕地面积等，并以深耕、改土为中心，紧密结合进行
			土地规划要突出"以粮为纲"和"愚公移山"，规划方案的重点放在了移山改水为中心的山、水、林、田、路的综合改造

1. 土地整理 / 土地规划 / 土地利用规划：土地利用规划在20世纪50年代由苏联引入中国，早期称为"土地整理"，1950年代后期称为"土地规划"，农业部发布《关于加强人民公社土地利用规划工作的通知》，土地利用规划得以推行，其服务于农业和促进农业生产。

2. 人民公社 / 生产大队 / 生产队：1958年中共中央政治局扩大会议通过了《中共中央关于在农村建立人民公社的决定》，推行人民公社化运动，撤乡、镇并大社，以政社合一的人民公社行使乡镇政权职权，逐步形成公社、生产大队和生产队三级集体所有。1983年中共中央、国务院发出《关于实行政社分开、建立乡政府的通知》要求政社分开，建立乡政府、乡党委，按村民居住状况设置村民委员会，标志着"乡政村治"治理体制初步建立。

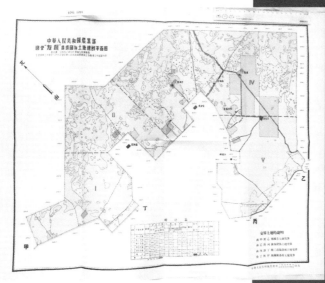

图 1-2 国营友谊农场国有土地规划平面图（1955 年，中华人民共和国农业部工作组）

· 1954 年底黑龙江国营友谊农场建立，在苏联专家的帮助下，有组织地进行社会主义土地规划工作，国营友谊农场号称"中国第一农场"。

图 1-3 山西省昔阳县大寨大队宣传画（1976 年，章育青）

· 从 1953 年开始，大寨治山治水，在"七沟八梁一面坡"上整治出高产、稳产海绵田；1963 年，大寨遭受洪涝灾害，群众生活十分困难。后在陈永贵同志的带领下开展了自力更生、艰苦奋斗、重建家园的热潮。

5

1.1.2 服务耕地保护和村镇建设时期（1978—2003 年）

　　1978 年开始的农村土地承包经营开创了土地所有权与使用权分离的先河。改革开放后，农村生产力得到了进一步的解放和发展，这一时期的规划主要围绕镇村规划、农房和乡镇企业建设规划展开。早在 1979 年第一次全国农房建设工作会议上，就提出编制村镇规划，到 1981 年第二次农房建设工作会议、1982 年出台《村镇建房用地管理条例》和《村镇规划原则》后，这项工作才在全国普遍展开。规划主要关注适应农业现代化和广大农民生活水平不断提高后的建设需求，对解决村镇迫切建设和农房建设问题有现实意义，但也存在"运动式"编制所带来的成果质量不高、套用城市规划、没有村庄特色等问题。1990 年建设部与国家土地管理局发布《关于协作搞好当前调整完善村镇规划与划定基本农田保护区工作的通知》，要求调整完善村镇规划和划定基本农田保护区，确定基本农田保护区和村镇建设用地范围，是村镇规划与土地利用规划"两规合一"的早期探索，但因缺乏政策保障、实施机制和受限于"部门主义"，未在全国得到有效开展。1993 年国务院出台《村庄和集镇规划建设管理条例》，村镇规划成为中央人民政府推动的一项工作。2000 年国务院办公厅发出《关于加强和改进城乡规划工作的通知》，以"城乡规划"的提出反映出整个规划体系变化，重点提出加强小城镇和村庄规划的编制工作；同年建设部印发《县域城镇体系规划编制要点》《村镇规划编制办法（试行）》，总体上以关注小城镇规划建设为主，村庄层面进行规划和建设的实践理论探索较少，也探索出村庄和集镇规划区内的各项建设依法办理建设项目选址意见书的规划许可手段。

　　1982 年我国宪法修改，对土地制度作了根本性制度安排，构建了适合我国国情和发展要求的土地社会主义公有制，即土地的国家所有和集体所有体系。1986 年《中华人民共和国土地管理法》（简称《土地管理法》）颁布，标志着我国土地管理进入法治化轨道。1986 年《中华人民共和国土地管理法》提出"各级人民政府编制土地利用总体规划"。1987 年国务院办公厅转发《关于开展土地利用总体规划的通知》，明确了土地利用总体规划按行政区划分为全国、省级（自治区、直辖市）、市县级三个基本层次。1993 年国务院批准的《全国土地利用总体规划纲要（1986—2000 年）》，是我国第一部国家级土地利用总体规划。1996 年底省级第一轮土地利用总体规划完成编制，市、县、乡级土地利用规划也普遍开展。1997 年 4 月，《中共中央 国务院关于进一步加强土地管理切实保护耕地的通知》印发，这是我国新时期土地管理事业的纲领性文件，提出了土地用途管制、耕地占补平衡等系列重大制度。1998 年《中华人民共和国土地管理法》全面修订，确立了以土地利用总体规划为统领、以耕地保护和节约集约用地为目标、以用途管制为核心的土地管理基本制度；同年《基本农田保护条例》出台，对基本农田实行特殊保护。1999 年印发《全国土地利用总体规划纲要（1997—2010 年）》，对此后的农村土地利用给出导向："要促进农村居民点向中心村和集镇集中""严格实施农村居民每户只能有一处不超过标准的宅基地制度""要严格执行占用耕地与整理、复垦、开发挂钩的原则，实行占补平衡"，随着全国规划纲要的批准实施，到 2000 年底全国各地基本完成国家、省、市、县、乡五级土地利用规划。在完成五级土地利用规划过程中，村庄层面的土地规划由乡镇级土地利用规划进行引导，虽在村域层面未编制土地利用规划，但探索出的"保护耕地""基本农田""一户一宅""土地用途管制""耕地占补平衡"等制度均对村庄农业生产和宅基地管理起到关键约束作用。

在国土资源与生态平衡发生破坏的背景下，提出国土整治工作要求。1981年开始全面部署和开展国土规划；1982年以区域规划为基础，开展国土规划试点；1987年国家计委印发《国土规划编制办法》，根据国家社会经济发展总的战略方向和目标以及规划区的自然、经济、社会、科学技术等条件，按规定程序制定全国或一定地区范围内的国土开发整治方案；1990年《全国国土总体规划纲要（草案）》因缺乏明确实施手段等原因，未获国务院批准，后续相关工作陷入停滞。

1978—2003 年

图 1-4 陕西省礼泉县袁家大队住宅（1980年陕西省基本建设委员会《陕西新农村住宅画集》）

图 1-5 陕西省周至县尚村镇规划（1984年城乡建设环境保护部《村镇规划方案选编》）

1978—2003 年村庄规划的重要政策文件与规划内涵　　　　表 1-2

农业、土地和规划政策	管理部门	文件名称	规划内涵要求
1978 年，安徽小岗村等地"包产到户""包干到户"，农村土地承包经营开创了土地所有权与使用权分离的先河，充分解放和发展了农村生产力。1982 年，我国宪法修改，对土地制度作了根本性制度安排，构建了适合中国国情和发展要求的土地社会主义公有制，即土地的国家所有和集体所有制度体系。1982 年至 1986 年，中共中央就农业和农村问题连续发出五个一号文件。1986 年 3 月中共中央、国务院发出《关于加强土地管理、制止乱占耕地的通知》，首次提出"十分珍惜和合理利用每寸土地，切实保护耕地，是我国必须长期坚持的一项基本国策"，决定建立健全土地管理机构，成立国家土地管理局。1986 年 6 月 25 日，第六届全国人大常委会第十六次会议通过《土地管理法》，规定了土地管理的基本制度，确立了土地登记制度、土地利用规划制度、城乡土地统一管理制度、耕地保护制度和建设用地管理制度等，我国土地管理进入法治化轨道。同年，国家土地管理局应运而生，负责全国土地、城乡地政的统一管理工作。1993 年 2 月，国务院批准的《全国土地利用总体规划纲要（1986—2000 年）》，是我国第一部国家级土地利用总体规划。1997 年 4 月，《中共中央国务院关于进一步加强土地管理切实保护耕地的通知》印发，这是我国新时期土地管理事业的纲领性文件，提出了土地用途管制、耕地占补平衡等系列重大制度。1998 年《中华人民共和国土地管理法》全面修订，确立了以土地利用总体规划为统领，以耕地保护和节约集约用地为目标、以用途管制为核心的土地管理基本制度。1998 年，国土资源部组建，在更高层次上实现了对全国土地、城乡地政实行统一管理的目标	1979 年成立"国家城市建设总局"，由国家基本建设委员会（简称国家建委）代管 1982 年成立"城乡建设环境保护部" 1986 年设立"国家土地管理局" 1988 年设立"建设部" 1998 年成立"国土资源部"，不再保留"国家土地管理局"	1981 年国家建委、国家农业委员会印发《村镇规划原则》	村镇规划是指导村镇建设的依据，其基本任务是研究确定村镇的性质及发展规模，合理组织村镇各项用地，妥善安排建设项目，以便科学地、有计划地进行建设，适应农业现代化建设和广大农民生活水平不断提高的需要；成果包括图纸和说明书
		1982 年国务院出台《村镇建房用地管理条例》	村镇规划，应充分利用农业区划和土地利用规划的成果，在确定的村镇用地范围内，按照因地制宜、节约用地、有利生产、方便生活、合乎卫生、绿化环境的要求，合理安排社员的宅基地和公共建筑、生产建筑、公用设施、场院、道路、绿化等用地
		1993 年国务院出台《村庄和集镇规划建设管理条例》	村庄、集镇规划的编制，应当以县域规划、农业区划、土地利用总体规划为依据，并同有关部门的专业规划相协调。村庄建设规划的主要内容，可以根据本地区经济发展水平，参照集镇建设规划的编制内容，主要对住宅和供水、供电、道路、绿化、环境卫生以及生产配套设施作出具体安排
		1993 年发布《村镇规划标准》GB 50188—93	采用村镇规模分级和人口预测、村镇用地分类、规划建设用地标准、居住建筑用地、公共建筑用地、生产和仓储建筑用地、道路对外交通和竖向规划、公用工程设施规划等，适用于村庄、集镇和县城以外的建制镇
		2000 年建设部发布《村镇规划编制办法（试行）》	编制村镇规划一般分为村镇总体规划和村镇建设规划两个阶段。村镇建设规划是在村镇总体规划的指导下对镇区或村庄建设进行的具体安排，分为镇区建设规划和村庄建设规划

1.1.3 服务新农村建设时期（2004—2011 年）

2004 年开始中央恢复出台一号文件，出台的《中共中央 国务院关于促进农民增加收入若干政策的意见》提出："按照统一规划，继续增加财政对农业和农村发展的投入，并且严格执行土地利用总体规划"。2005 年党的十六届五中全会召开，提出建设社会主义新农村，建设社会主义新农村被放在经济社会发展工作的第一位，总体建设要求为"生产发展、生活宽裕、乡风文明、村容整洁、管理民主"。2007 年党的十七大提出"统筹城乡发展，推进社会主义新农村建设"，全面开启城乡融合发展和城市反哺农村的城乡关系调整期，由此触发了各地方政府主导、社会广泛参与的乡村建设和规划实践，如浙江省"万村整治 千村示范"、江苏省"现代化新农村建设"、四川省"社会主义新农村建设"、安徽省"万村百镇示范工程"、重庆市"新农村村级规划"等。2008 年 1 月实施的《中华人民共和国城乡规划法》，共分 7 章 70 条，确立城镇体系规划、城市（镇）总体规划、乡规划和村庄规划被纳入统一的城乡规划体系。村庄规划成为法定规划，从镇村规划中独立设置，形成了村庄规划的组织编制主体、规划内容、审批程序、乡村建设规划许可、法律责任等体系。

在这一阶段出现了一类以村庄体系规划为主体的县域镇村体系或镇（乡）域村庄体系，另一类为村庄范围内解决特定现实问题为主的村庄规划。2010 年住房和城乡建设部出台《镇（乡）域规划导则（试行）》发挥乡镇规划对村镇建设的引导作用，规范和加强镇（乡）域规划的编制和实施管理，促进镇（乡）域经济、社会和环境的协调发展。在此基础上，各涉农涉村部门以称号授予、项目审批为主的村庄规划类型也同时出现，以住房和城乡建设部为主导的村庄整治、村庄建设、危旧房改造、传统村落和民居保护等形成"村庄整治规划""历史文化名村保护规划""传统村落保护规划"，村村通道路工程、村村通广播电视工程、农村饮水安全工程、农村电网建设和改造工程、信息进村入户工程等重大项目，极大地改善了农村的基础设施条件。各地出现了更多结合省情、以解决问题和引导行动为导向的新型村庄规划，并在长期实践过程中逐渐建立具有地方特色的村庄规划"体系"，例如浙江省村庄布局规划、江苏省村庄平面布局规划。

2005 年国务院办公厅印发《省级政府耕地保护责任目标考核办法》；2006 年国家土地督察制度正式建立并实施；2008 年 10 月党的十七届三中全会就农村土地制度改革提出了一系列重要方针政策。2008 年 10 月，国务院印发《全国土地利用总体规划纲要（2006-2020 年）》，强调土地利用总体规划是实施最严格土地管理的纲领性文件，是落实土地宏观调控、规划城乡建设的重要依据；提出现有土地承包关系保持稳定并长久不变，完善土地承包经营权权能；坚持最严格的耕地保护制度，坚决守住 18 亿亩耕地红线，划定永久基本农田；改革征地制度，严格界定公益性和经营性建设用地，逐步缩小征地范围，完善征地补偿机制。

这一时期，国土资源部门落实最严格的耕地保护制度和最严格的节约集约用地制度，通过实行基本农田特殊保护、夯实耕地占补平衡制度、开展土地整治等工作，严守 18 亿亩耕地红线；建立了符合我国国情的国家级、省级、地市级、县级和乡镇级土地利用规划体系；通过强化建设用地标准控制、节地评价考核、完善土地供应政策等手段，倒逼节约集约用地；在卫星遥感和信息技术支撑下，实施土地资源"批、供、用、补、查"全流程监管；国家土地督察推动形成"党委领导、政府负责、部门协同、公众参与、上下联动"的共同责任机制，组织开展全国土地执法百日行动等专项督察。土地管理努力做到保护资源严格规范，保障发展持续有力，维护权益切实有效，服务社会全面优质，为国家经济社会发展作出贡献。

2004—2011 年村庄规划的重要政策文件与规划内涵　　　　　　表 1-3

农业、土地和规划政策	管理部门	文件名称	规划内涵要求
2004 年开始中央恢复出台一号文件，出台的《中共中央 国务院关于促进农民增加收入若干政策的意见》提出：按照统一规划，继续增加财政对农业和农村发展的投入，并且严格执行土地利用总体规划。2005 年党的十六届五中全会召开，提出建设社会主义新农村，建设社会主义新农村被放在经济社会发展工作的第一位，总体建设要求为"生产发展、生活宽裕、乡风文明、村容整洁、管理民主"；2007 年党的十七大提出"统筹城乡发展，推进社会主义新农村建设"，全面开启城乡融合发展和城市反哺农村的城乡关系调整期。 2005 年国务院办公厅印发《省级政府耕地保护责任目标考核办法》，2006 年，国家土地督察制度正式建立并实施。2008 年 10 月，党的十七届三中全会就农村土地制度改革提出了一系列重要方针政策。2008 年 10 月，国务院印发《全国土地利用总体规划纲要（2006—2020 年）》，强调土地利用总体规划是实施最严格土地管理的纲领性文件，是落实土地宏观调控、规划城乡建设的重要依据。提出现有土地承包关系保持稳定并长久不变，完善土地承包经营权权能；坚持最严格的耕地保护制度，坚决守住 18 亿亩耕地红线，划定永久基本农田；改革征地制度，严格界定公益性和经营性建设用地，逐步缩小征地范围，完善征地补偿机制	2008 年"建设部"改为"住房和城乡建设部"	2008 年《中华人民共和国城乡规划法》	乡规划、村庄规划的内容应当包括：规划区范围，住宅、道路、供水、排水、供电、垃圾收集、畜禽养殖场所等农村生产、生活服务设施、公益事业等各项建设的用地布局、建设要求，以及对耕地等自然资源和历史文化遗产保护、防灾减灾等的具体安排。乡规划还应当包括本行政区域内的村庄发展布局。 在乡、村庄规划区内进行乡镇企业、乡村公共设施和公益事业建设的，建设单位或者个人应当向乡、镇人民政府提出申请，由乡、镇人民政府报城市、县人民政府城乡规划主管部门核发乡村建设规划许可证。 在乡、村庄规划区内使用原有宅基地进行农村村民住宅建设的规划管理办法，由省、自治区、直辖市制定
		2008 年《村庄整治技术规范》GB 50445—2008	在安全与防灾、给水设施、垃圾收集与处理、粪便处理、排水设施、道路桥梁及交通安全设施、公共环境、坑塘河道、历史文化遗产与乡土特色保护、生活用能等方面提出村庄整治的技术措施和要求
		《乡（镇）土地利用总体规划数据库标准》TD/T 1025—2010	根据上级土地利用总体规划的要求和本乡（镇）自然社会经济条件，综合研究和确定土地利用的目标、发展方向，统筹安排各类用地，协调各业用地矛盾，确定各类用地规模，划定土地用途区，重点安排好耕地、生态用地及其他基础产业、基础设施用地，确定村镇建设用地和土地整理、复垦、开发的规模和范围，以控制和引导城乡土地利用

图 1-6 猪嘴岭村规划（ 2006 年·农业部规划组《社会主义新农村建设示范村规划汇编》 ）

农业部选派 31 个对口指导与服务单位，分赴全国 35 个社会主义新农村省部共建示范村（场）对口指导示范村规划编制工作，在深入调查研究、充分听取地方政府和群众意见的基础上，会同各级有关部门和示范村，共同完成了 35 个示范村（场）规划的编制工作。

图 1-7 《火田镇土地利用总体规划图》 2006 年

土地利用总体规划（2006—2020 年）按照新农村建设的要求，切实搞好乡级土地利用总体规划和镇规划、乡规划、村庄规划，合理引导农民住宅相对集中建设，促进自然村落适度撤并。

1.1.4 服务美丽乡村建设时期（2012—2017年）

党的十八大以来，国内外宏观背景发生重大变化，我国逐渐步入全面建成小康社会的决定性阶段和经济转型升级、城镇化推进的关键时期。面对资源约束趋紧、环境污染严重、生态系统退化的严峻形势，党的十八大明确提出了包括生态文明建设在内的"五位一体"社会主义建设总布局，生态文明建设上升为国家发展战略和国家发展总体布局重要组成部分，并提出要建设"美丽中国"。以生态文明为核心的美丽乡村建设，无论从实践推进层面，还是理论研究层面都得到了广泛重视。

美丽乡村在地方实践过程中，形成农村人居环境整治、乡村建设规划许可和美丽乡村建设系列步骤，农村人居环境整治起到"止乱"作用，乡村建设规划许可起到"理序"作用，美丽乡村建设起到"提质"作用。2013年第一次全国改善农村人居环境工作会议在杭州召开，总结推广浙江省开展"千村示范 万村整治"工程的经验，同年住房和城乡建设部出台《村庄整治规划编制办法》，编制村庄整治规划要按"依次推进、分步实施"的整治要求，因地制宜确定规划内容和深度，首先保障村庄安全和村民基本生活条件，在此基础上改善村庄公共环境和配套设施，有条件的可按照建设美丽宜居村庄的要求提升人居环境质量，体现出农村人居环境整治成为美丽乡村建设的基础工作。2013年住房和城乡建设部《关于做好2013年全国村庄规划试点工作的通知》，确定北京市北沟村等28个村庄规划为第一批全国村庄规划示范，在行政村域范围内以村庄整治规划为主。2019年中共中央办公厅 国务院办公厅转发《中央农办、农业农村部、国家发展改革委关于深入学习浙江"千村示范、万村整治"工程经验扎实推进农村人居环境整治工作的报告》，对"千村示范、万村整治"工程经验进行总结推广。2014年住房和城乡建设部出台《乡村建设规划许可实施意见》，对在乡、村庄规划区内，进行农村村民住宅、乡镇企业、乡村公共设施和公益事业建设，依法应当申请乡村建设规划许可的，应按本实施意见要求，申请办理乡村建设规划许可证，包括对地块位置、用地范围、用地性质、建筑面积、建筑高度等的要求；体现出乡村建设规划许可成为美丽乡村建设的管理规范，理顺"先规划、后许可、再建设"的流程。2015年出台《美丽乡村建设指南》，规定了美丽乡村的村庄规划和建设、生态环境、经济发展、公共服务、乡风文明、基层组织、长效管理等要求，该标准适用于指导以村为单位的美丽乡村的建设，以标准化、规范化引导美丽乡村建设。

制止耕地"非农化"、防止耕地"非粮化"是耕地保护在这时期的重点任务，同时开始农村"三块地"改革。在美丽乡村建设之外，保护耕地资源，坚决制止耕地"非农化"、防止耕地"非粮化"。2017年《中共中央 国务院关于加强耕地保护和改进占补平衡的意见》印发，要求统筹推进耕地"三位一体"保护，坚决守住18亿亩耕地保护红线。2020年国务院办公厅印发《关于坚决制止耕地"非农化"行为的通知》和《关于防止耕地"非粮化"稳定粮食生产的意见》，科学合理利用耕地资源，不断强化耕地用途管制，将有限的耕地资源优先用于粮食生产，巩固提高粮食综合生产能力，坚决守住耕地红线和粮食安全根基，推动粮食生产稳定发展。2014年中共中央办公厅、国务院办公厅印发《关于农村土地征收、集体经营性建设用地入市、宅基地制度改革试点工作的意见》，2015年起在33个县（市、区）开展试点，并将改革试点成果纳入《土地管理法》2019年修订内容。

2017年国土资源部发布《关于有序开展村土地利用规划编制工作的指导意见》，探索向村级下沉和精细化管理，同时研究制定出台《村土地利用规划编制技术导则》。定义村土地利用规划是细化乡（镇）土地利用总体规划安排，统筹合理安排农村各项土地利用活动，以适应新时期农业农村发展要求。重点以乡（镇）土地利用总体规划为依据，规划基数以土地调查成果为基础和控制，落实基本农田保护、农村建设用地管控、合理控制集体经营性建设用地、科学指导农村土地整治、加强生态环境的修复和治理等。并在乡镇全域进行土地综合整治和生态修复领域试点，2021年《国务院办公厅关于鼓励和支持社会资本参与生态保护修复的意见》发布，建立健全自然、农田、城镇等生态系统保护修复激励机制。全域土地综合整治是新时代土地管理事业的新创举，自然资源部以乡镇为基本实施单元部署开展试点工作，整体推进农用地整理、建设用地整理和乡村生态保护修复，优化生产、生活、生态空间格局。

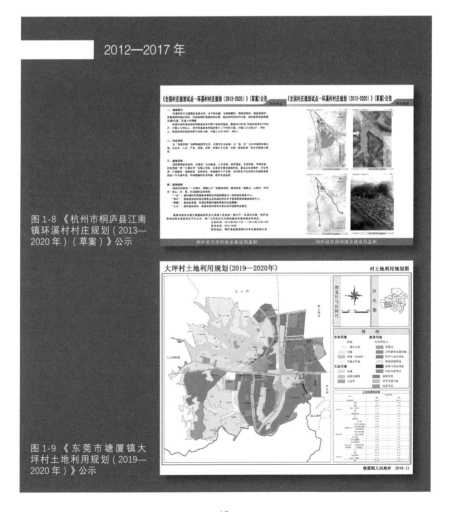

2012—2017 年

图 1-8 《杭州市桐庐县江南镇环溪村村庄规划（2013—2020 年）（草案）》公示

图 1-9 《东莞市塘厦镇大坪村土地利用规划（2019—2020 年）》公示

2012—2017 年村庄规划的重要政策文件与规划内涵　　　　表 1-4

农业、土地和规划政策	管理部门	文件名称	规划内涵要求
党的十八大以来，以习近平同志为核心的党中央将生态文明建设纳入中国特色社会主义"五位一体"总体布局和"四个全面"战略布局，开展了一系列根本性、开创性、长远性工作。2018 年，自然资源部组建，统一行使全民所有自然资源资产所有者职责，统一行使所有国土空间用途管制和生态保护修复职责，为全面加强土地管理事业提供了组织保障。党领导的土地管理事业在"生态文明"和"国家治理体系和治理能力现代化"两个维度上全面升级，坚持人与自然和谐共生，统筹保护和发展，围绕党和国家重大战略进行系统集成改革，实现了历史性变革、系统性重塑、整体性重构	2018 年"国土资源部"新并入"自然资源部" 2018 年"农业部"并入"农业农村部"	2012 年《历史文化名城名镇名村保护规划编制要求（试行）》	历史文化名村保护规划的深度要求与村庄规划相一致，其保护要求和控制范围的规划深度应能够指导保护与建设，包括提出总体保护策略和规划措施，对核心保护范围提出保护要求与控制措施，应当对建设控制地带内的新建、扩建、改建和加建等活动在建筑高度、体量、色彩等方面提出规划控制措施、近期规划措施等；保护规划的成果应当包括规划文本、规划图纸和附件、规划说明书、基础资料汇编收入附件
		2013 年住房和城乡建设部发布《村庄整治规划编制办法》	在保障村庄安全和村民基本生活条件方面，包括村庄安全防灾整治、农房改造、生活给水设施整治、道路交通安全设施整治；在改善村庄公共环境和配套设施方面，包括环境卫生整治、排水污水处理设施、厕所整治、电杆线路整治、村庄公共服务设施完善、村庄节能改造；在提升村庄风貌方面，包括村庄风貌整治、历史文化遗产和乡土特色保护；村庄整治规划成果原则上应达到"一图二表一书"的要求
		2013 年住房和城乡建设部《传统村落保护发展规划编制基本要求（试行）》	传统村落保护规划基本要求：明确保护对象、划定保护区划、明确保护措施、提出规划实施建议、确定保护项目；传统村落发展规划基本要求：人居环境规划；保护发展规划成果包括规划文本、规划图纸和附件、规划说明书、传统村落档案
		2013 年住房和城乡建设部发布《关于做好2013 年全国村庄规划试点工作的通知》	规划基本内容包括村域发展与控制规划、村庄整治规划、田园风光及特色风貌保护规划、村民住宅设计及规划指引；村庄规划成果应包括"一书一表五图"，其中"一书"即规划说明书；"一表"即主要整治项目表；"五图"为现状分析图、村域规划图、村庄规划图、主要整治项目分布图、农房建造及改造设计图等五大类图纸
		2015 年《美丽乡村建设指南》GB/T 32000—2015	规定了美丽乡村的村庄规划和建设、生态环境、经济发展、公共服务、乡风文明、基层组织、长效管理等建设要求，该标准适用于指导以村为单位的美丽乡村的建设
		2017 年国土资源部发布《村土地利用规划编制技术导则》	以乡（镇）土地利用总体规划为依据，坚持最严格的耕地保护制度和最严格的节约用地制度，统筹布局农村生产、生活、生态空间；统筹考虑村庄建设、产业发展、基础设施建设、生态保护等相关规划的用地需求，合理安排农村经济发展、耕地保护、村庄建设、环境整治、生态保护、文化传承、基础设施建设与社会事业发展等各项用地；落实乡（镇）土地利用总体规划确定的基本农田保护任务，明确永久基本农田保护面积、具体地块；加强对农村建设用地规模、布局和时序的管控，优先保障农村公益性设施用地、宅基地，合理控制集体经营性建设用地，提升农村土地资源节约集约利用水平；科学指导农村土地整治和高标准农田建设，遵循"山水林田湖是一个生命共同体"的重要理念，整体推进山水林田湖村路综合整治，发挥综合效益；强化对自然保护区、人文历史景观、地质遗迹、水源涵养地等的保护，加强生态环境的修复和治理，促进人与自然和谐发展。由规划图件、表格和管制规则组成

1.1.5 村庄规划评述

"规划下乡"始于土地制度大变革和服务农业农村现代化进程，以村庄、乡村、农村为对象的各类型规划可以概括为两大类：土地利用规划和村庄建设规划。土地利用规划以土地整治为主，服务农业生产；村庄建设规划以生活和生产设施建设为主，二者在耕地保护的新要求下应融合协调，但由于时代局限和部门主义限制，并未能实现多规融合和共同作用。此后土地利用规划走向以层级传导、用途管制、土地改革、土地整理等为方向的为农服务；村庄建设规划将关注人居环境领域的阶段问题，采取保护建设整治、方案引导的为农服务。同时也出现村庄规划脱离农村实际、建设性破坏等问题。总结既往村庄规划编制、实施和内容体系构成，存在如下问题：

一是多头规划事权、规划目标偏差。此前村庄规划在原农业、住建、国土、文旅等部门均有事权和责任涉及，但在规划对象、目标体系和治理方向上存在差异，未能形成多元的保护、建设、开发、修复等目标在村域的全面统筹。

二是缺乏统一底图、没有统一分类。土地调查、土地确权等数据未与村庄规划编制高效结合，土地分类标准不统一，造成村域基础现状与规划目标无法在土地利用层面统一评价，村庄规划的用途管制与土地改革需求契合度不高，精准落地管理难实现。

三是全域覆盖不足、全要素管控不足。此前村庄规划范围界定模糊，缺乏在行政村村域范围内对生态、生产、生活全要素的规划引导，缺乏对生态、农业、林草、湿地等重要资源要素的有效管控手段。

四是项目体系不完整、存量关注不够。此前村庄规划缺乏对生态和农业空间中生态修复整治、农田整理、补充耕地、地质灾害治理等项目的关注，并对存量农村建设用地的退出、转换等关注不够，与农村土地改革无法适应。

五是部分生搬硬套、规划设计衔接差。此前村庄规划过程中出现套用城市规划、规划管控和规划整治方法雷同等，造成规划编制无法适应村庄实际；用规划替代设计、规划设计衔接差，对村庄保护建设发展未产生有效引导。

六是公众参与不够、实用管用不够。此前村庄规划编制以规划许可管理、整治项目实施、国省称号申报为主要目的，村民作为规划实施的潜在被影响主体，参与程度不够，村民集体共识不足，成果表达沟通较难，忽视村民的主体性。

"三农"目标

目标	土地整理 — 农宅引导/耕地保护 —美丽乡村/农村人居环境整治 — 乡村振兴 — 生态修复

政策演变历程	·1957年农业部《关于帮助农业生产合作社进行土地规划的通知》； ·1959年农业部《关于加强人民公社土地利用规划工作的通知》； ·1999年《关于土地开发整理工作有关问题的通知》	·1990年建设部与国家土地管理局发布《关于协作搞好当前调整完善村镇规划与划定基本农田保护区工作的通知》要求在村镇规划中调整完善和划定基本农田保护区，确定基本农田保护区和村镇建设用地范围	·2005年《中共中央 国务院关于推进社会主义新农村建设的若干意见》提出加快乡村基础设施建设，加强村庄规划和人居环境治理，各级政府要切实加强村庄规划工作，安排资金支持编制村庄规划和开展村庄治理试点。 ·2018年中共中央办公厅、国务院办公厅印发《农村人居环境整治三年行动方案》	·1984年中央一号文件《关于一九八四年农村工作的通知》 ·2005年《中共中央 国务院关于推进社会主义新农村建设的若干意见》
当下政策要求	·2019年《自然资源部关于开展全域土地综合整治试点工作的通知》整体推进农用地整理、建设用地整理和乡村生态保护修复，优化生产、生活、生态空间格局，促进耕地集约节约利用和土地集约节约利用，改善农村人居环境，助推乡村全面振兴	·2019年《中共中央 国务院关于建立国土空间规划体系并监督实施的若干意见》 ·2019年中共中央办公厅、国务院办公厅印发《关于在国土空间规划中统筹划定落实三条控制线的指导意见》	·2019年《关于深入学习浙江"千村示范、万村整治"工程经验扎实推进农村人居环境整治的报告》； ·2021年中共中央办公厅、国务院办公厅印发《农村人居环境整治提升五年行动方案（2021—2025年）》，以农村厕所革命、生活污水垃圾治理、村容村貌提升为重点，巩固拓展农村人居环境整治三年行动成果，全面提升农村人居环境质量	·2018年《中共中央 国务院关于实施乡村振兴战略的意见》； ·2019年中共中央办公厅、国务院办公厅印发《天然林保护修复制度方案》； ·2021年《关于在城乡建设中加强历史文化保护传承的意见》

村庄规划	粮食安全 基本农田	"三区三线" 管控规则	人居环境 生态宜居	乡村振兴—产业兴旺 生产—生态环境

村庄规划将成为乡村振兴多元目标的共识体现

图1-10 村庄规划演变的目标共识

"编管用" 流程

流程	调查/确权—分类—规划/数据库—许可—设计—市场/项目—建设—经营/运维

技术演变历程	·第一次全国土地调查于1984年5月开始一直到1997年年底结束; ·第一次全国农业普查于1994年开始,1998年公布; ·村镇建设统计于1984年正式建立	·2012年历史文化名村、传统村落、一村一品村等	·《乡(镇)土地利用总体规划数据库标准》TD/T1025—2010; ·2011年国土资源部《国土资源部关于加快推进土地利用规划数据库建设的通知》,完善国土资源"一张图"建设	·2000年建设部发布《村镇规划编制办法(试行)》依法办理建设项目选址意见书; ·2008年《中华人民共和国城乡规划法》提出建立乡村建设规划许可制度,2014年住房和城乡建设部出台《乡村建设规划许可实施意见》	·1982年第一个关于"三农"的中央一号文件;1982—1986年"三农"中央一号文件;2004—2022年"三农"中央一号文件;2013年《中共中央关于全面深化改革若干重大问题的决定》
当下技术基础	·2021年公布第三次全国国土调查数据,涉及2.95亿个调查图斑数据; ·农村承包地确权、农村土地承包经营权证、不动产权证书等	·2017年乡村振兴规划;村庄类型划分	·2019年《中共中央 国务院关于建立国土空间规划体系并监督实施的若干意见》提出相关专项规划在编制和审查过程中应加强与有关国土空间规划的衔接及"一张图"的核对,叠加到国土空间规划"一张图"上	·2019年《农业农村部关于规范农村宅基地审批管理的通知》; ·完善审核审批机制,形成农村宅基地批准书、乡村建设规划许可证审批管理制度	·2016年中共中央 国务院《关于稳步推进农村集体产权制度改革的意见》; ·2021年国务院办公厅印发《关于鼓励和支持社会资本参与生态保护修复的意见》; ·农业农村部办公厅 国家乡村振兴局综合司《社会资本投资农业农村指引(2022年)》

村庄规划	底图底数 (全国全要素) 保障权益 (每家每户)	分类施策	规划传导 (普遍) 规划方案 (个例)	建设许可 (房地)	个体家业 市场产业 公共事业

村庄规划将成为国家治理现代化的空间手段

图 1-11　村庄规划演变的空间手段

■ 1.2 新时期村庄规划内涵

1.2.1 新时期村庄规划背景

1.【改革体系背景】生态文明体制

2013年中共中央通过《关于全面深化改革若干重大问题的决定》、2015年中共中央国务院印发《生态文明体制改革总体方案》，从两个文件可以看出生态文明体制是全面深化改革中若干重大问题的组成。通过健全自然资源资产产权制度和用途管制制度、划定生态保护红线、实行资源有偿使用制度和生态补偿制度、改革生态环境保护管理体制，建立起完整的生态文明制度体系，实行最严格的源头保护制度、损害赔偿制度、责任追究制度，完善环境治理和生态修复制度，用制度保护生态环境。而"建立空间规划体系，划定生产、生活、生态空间开发管制界限，落实用途管制""建立国土空间开发保护制度、建立空间规划体系"内容是对国土空间规划层面的最初顶层设计。生态文明体制改革是在树立尊重自然、顺应自然、保护自然的理念，发展和保护相统一的理念，绿水青山就是金山银山的理念，自然价值和自然资本的理念，空间均衡的理念，山水林田湖是一个生命共同体的理念下，以解决生态环境领域突出问题为导向，保障国家生态安全，改善环境质量，提高资源利用效率，推动形成人与自然和谐发展的现代化建设新格局。

涉及农村内容：通过对自然生态空间确权登记、国土空间用途管制、编制空间规划、明确开发边界和保护边界、划定永久基本农田红线、农业灌溉用水量控制和定额管理、低值废弃物实行强制回收、健全国有农用地有偿使用制度、逐步将25度以上不适宜耕种且有损生态的陡坡地退出基本农田、建立农村环境治理体制机制等一系列与农村相关的生态文明体制改革，为农业发展、农村治理提供了系统生态文明路径。

2.【政策支持背景】农村"三块地"改革

2013年中共中央通过《关于全面深化改革若干重大问题的决定》，提出健全城乡发展一体化体制机制，破解城乡二元结构障碍，形成以工促农、以城带乡、工农互惠、城乡一体的新型工农城乡关系，一是加快构建新型农业经营体系，二是赋予农民更多财产权利。实现在坚持和完善最严格的耕地保护制度前提下，赋予农民对承包地占有、使用、收益、流转及承包经营权抵押、担保权能，允许农民以承包经营权入股发展农业产业化经营；保障农户宅基地用益物权，改革完善农村宅基地制度，选择若干试点，慎重稳妥推进农民住房财产权抵押、担保、转让，探索农民增加财产性收入渠道。农村"三块地"改革即农村土地征收、集体经营性建设用地入市、宅基地管理制度改革，其中2019年《土地管理法》修正和2021年《土地管理法实施条例》，明确集体经营性建设用地出让、出租等方案应当载明宗地的土地界址、面积、用途、规划条件、产业准入和生态环境保护要求、使用期限、交易方式、入市价格、集体收益分配安排等内容；对宅基地改革探索宅基地所有权、资格权、使用权"三权分置"，保障农民合理的宅基地需求。

涉及农村内容：将土地承包经营权分为承包权和经营权，实行所有权、承包权、经营权分置并行，着力推进农业现代化，在始终坚持农村土地集体所有权的根本地位和严格保护农户承包权的前提下，加快放活土地经营权，优化土地资源配置，通过"三权分置"实现，培育新型经营主体，促进适度规模经营发展，进一步巩固和完善农村基本经营制度，为发展现代农业、增加农民收入、建设社会主义新农村提供坚实保障。

3.【目标战略背景】实施乡村振兴战略

2017 年党的十九大提出"实施乡村振兴战略",乡村振兴战略坚持农业农村优先发展,按照产业兴旺、生态宜居、乡风文明、治理有效、生活富裕的总要求,建立健全城乡融合发展体制机制和政策体系,加快推进农业农村现代化,科学有序推动乡村产业、人才、文化、生态和组织振兴。2018 年中共中央 国务院印发《乡村振兴战略规划(2018—2022 年)》,从构建乡村振兴新格局、加快农业现代化步伐、发展壮大乡村产业、建设生态宜居的美丽乡村、健全现代乡村治理体系、保障和改善农村民生、完善城乡融合发展政策体系等方面细化实化工作重点和政策措施,并提出村庄规划管理覆盖率 2020 年达到 80%,2022 年达到 90%。2021 年《中共中央 国务院关于实现巩固拓展脱贫攻坚成果同乡村振兴有效衔接的意见》提出:在脱贫攻坚目标任务完成后,设立 5 年过渡期,从集中资源支持脱贫攻坚转向巩固拓展脱贫攻坚成果和全面推进乡村振兴;以长效机制、对口支援、财政投入、金融服务、土地支持、人才智力支持等,促进过渡期衔接。

特别是提出:构建乡村振兴新格局,坚持乡村振兴和新型城镇化双轮驱动,统筹城乡国土空间开发格局,优化乡村生产生活生态空间,分类推进乡村振兴,打造各具特色的现代版"富春山居图"。乡村振兴过程中,通过强化空间用途管制、完善城乡布局结构、推进城乡统一规划实现统筹城乡发展空间,推动村庄规划管理全覆盖,塑造立足乡土社会、富有地域特色、承载田园乡愁、体现现代文明的升级版乡村;统筹利用生产空间、合理布局生活空间、严格保护生态空间实现优化乡村发展布局,形成生产生活生态空间的有机效益;分类推进乡村发展,全国层面划分为集聚提升、融入城镇、特色保护、搬迁撤并类村庄,顺应村庄发展规律和演变趋势,分类推进乡村振兴。

4.【重点任务背景】农村人居环境整治提升

党的十九大报告提出开展农村人居环境整治行动;中央农村工作会议强调,推进健康乡村建设,持续改善农村人居环境;农村人居环境整治提升是实施乡村振兴战略的重点任务,事关广大农民根本福祉,事关农民群众健康,事关美丽中国建设。2018 年和 2021 年中共中央办公厅、国务院办公厅分别印发《农村人居环境整治三年行动方案》和《农村人居环境整治提升五年行动方案(2021—2025 年)》,是在扭转农村长期以来存在的脏乱差局面,村庄环境基本实现干净整洁有序、农民群众环境卫生观念发生可喜变化、生活质量普遍提高的基础上,对我国农村人居环境总体质量水平不高,还存在区域发展不平衡、基本生活设施不完善、管护机制不健全等问题,以及农业农村现代化要求和农民群众对美好生活的向往还有差距的再部署。从扎实推进农村厕所革命、加快推进农村生活污水治理、全面提升农村生活垃圾治理水平、推动村容村貌整体提升、建立健全长效管护机制和充分发挥农民主体作用等方面,全面提升农村人居环境质量。

特别是提出:坚持规划先行,突出统筹推进。树立系统观念,先规划后建设,以县域为单位统筹推进农村人居环境整治提升各项重点任务,重点突破和综合整治、示范带动和整体推进相结合,合理安排建设时序,实现农村人居环境整治提升与公共基础设施改善、乡村产业发展、乡风文明进步等互促互进。顺应村庄发展规律和演变趋势,优化村庄布局,强化规划引领，合理确定村庄分类，科学划定整治范围，统筹考虑主导产业、人居环境、生态保护等村庄发展。引导村集体经济组织、农民合作社、村民等全程参与农村人居环境相关规划、建设、运营和管理；继续选派规划、建筑、园艺、环境等行业相关专业技术人员驻村指导。

5.【治理手段背景】国土空间规划体系

国土空间规划是按照国家空间治理现代化的要求来进行的系统性、整体性、重构性构建，形成"五级三类四体系"——"五级"是从纵向对应我国的行政管理体系，分五个层级，即国家级、省级、市级、县级、乡镇级；国家级规划侧重战略性，省级规划侧重协调性，市县级和乡镇级规划侧重实施性。"三类"是指规划的类型，分为总体规划、详细规划、相关专项规划；总体规划强调规划的综合性，是对一定区域，如行政区全域范围涉及的国土空间保护、开发、利用、修复作全局性的安排；详细规划强调实施性，是对具体地块用途和开发强度等作出的实施性安排，详细规划是开展国土空间开发保护活动，包括实施国土空间用途管制、核发城乡建设项目规划许可，进行各项建设的法定依据；专项规划强调专门性，对特定的区域或者流域，为体现特定功能对空间开发保护利用作出的专门性安排。"四体系"是按照规划流程分为规划编制审批体系、规划实施监督体系，从支撑规划运行角度分为法规政策体系、技术标准体系。

特别是提出：在城镇开发边界外的乡村地区，以一个或几个行政村为单元，由乡镇政府组织编制"多规合一"的实用性村庄规划，作为详细规划，报上一级政府审批。村庄规划成为国土空间规划体系的重要构成，体现了村庄规划作为详细规划的实施性，传导县级、乡镇级国土空间规划对村庄的分类布局，以及国土空间保护、开发、利用、修复等要素与管控要求，面向管理、实施、多元群体解决实际需求和问题，通过"多规合一"实现"一张图"指导村庄规划建设管理，实现村庄规划的"有用，好用，管用"。

1.2.2 "多规合一"实用性村庄规划内涵

"多规分立"具有一定的时代需要，但由于各类规划依据、内容、深度、发挥作用等有所不同，难免造成规划时间不一致问题。"多规合一"实用性村庄规划作为国家空间治理现代化的重要实现途径，成为生态文明体制在农村实现的重要抓手，农村"三块地"改革推行的规划支撑，乡村振兴战略在村域单元的实施落地，是整合多类型规划内容、体系而实现多元目标在村域尺度的调和。

"多规"凸显了多个涉农涉村部门共同治理，落实不同职能部门的规划目标和规划任务；"合一"则体现国土空间规划体系的顶层设计，落实不同行政层级、相关职能部门的事权，发挥不同行政层级职能部门的合力；"实用性"则强调"谁来用、怎么用"规划实施的问题，站在管理与应用的角度，考虑作为业务管理者的自然资源和规划主管部门、作为制定者的镇、村委，作为使用者的村民以及作为参与者的社会各方力量。

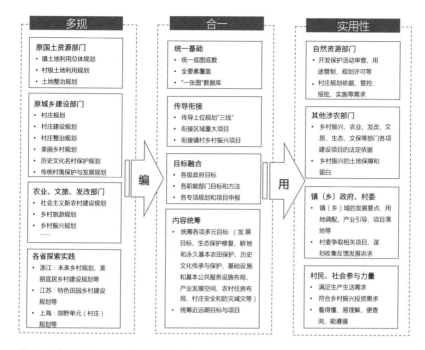

图 1-12 "多规合一"实用性村庄规划的内涵

1.2.3 "多规合一"实用性村庄规划特点

特点一：体系传导、分类施策

在县级国土空间总体规划、村庄分类和布局规划以及乡村振兴战略规划的指引下，根据不同类型村庄发展需要，有序推进"多规合一"的实用性村庄规划编制。村庄规划作为详细规划，传导上位规划的约束性指标和重要控制线；按区位条件、资源禀赋、基础条件和发展趋势，在集聚提升、城郊融合、特色保护、搬迁撤并等村庄分类基础上，明确村庄分类的内涵，提出差异化发展定位、政策导向、规划重点。

特点二：多规合一、全域统筹

整合村土地利用规划、村庄建设规划等，实现土地利用规划、城乡规划等有机融合，编制"多规合一"实用性村庄规划。坚持先规划后建设，通盘考虑土地利用、产业发展、居民点布局、人居环境整治、生态保护和历史文化传承，以第三次国土调查的行政村界线为规划范围,借助第三次国土调查成果对村域内山水林田湖草村等全部国土空间要素进行统筹规划，实现村庄规划全域全要素覆盖。

特点三：底线约束、绿色发展

坚持保护优先、节约优先，严守生态保护红线和永久基本农田，落实最严格的耕地保护制度，把水资源作为最大的刚性约束。优先确定需要保护的各类空间要素，坚持耕地数量不减少、质量不降低、生态有改善和村庄建设用地不增加，优先挖掘利用存量建设空间，推动形成绿色发展方式和生活方式。

特点四：八个统筹、一个明确

村庄规划要统筹村庄发展目标，统筹生态保护修复，统筹耕地和永久基本农田保护，统筹历史文化传承与保护，统筹基础设施和基本公共服务设施布局，统筹产业发展空间，统筹农村住房布局，统筹村庄安全和防灾减灾，要明确规划近期实施项目。

特点五：用地优化、探索留白

允许在不改变县级国土空间规划主要控制指标情况下，优化调整村庄各类用地布局，探索规划"留白"机制。各地可在乡镇国土空间规划和村庄规划中预留不超过 5% 的建设用地机动指标，村民居住、农村公共公益设施、零星分散的乡村文旅设施及农村新产业新业态等用地可申请使用。

特点六：因地制宜、彰显特色

依托村庄自然地理格局和资源禀赋优势，突出中心带动和产业发展特色，坚持以多样化为美，注重地域特色，尊重文化差异，保留村庄特有的村落形态、农（牧）业景观、自然生态景观、乡土文化，把挖掘原生态村居风貌和引入现代元素结合起来，形成特色鲜明、全域秀美、各美其美的村庄风貌，避免乡村建设"千村一面"。

特点七：编管合一、严守流程

村庄规划在报送审批前应在村内公示 30 日，报送审批时应附村民委员会审议意见和村民会议或村民代表会议讨论通过的决议。规划批准之日起 20 个工作日内，规划成果应通过"上墙、上网"等多种方式公开，30 个工作日内，规划成果逐级汇交至省级自然资源主管部门，叠加到国土空间规划"一张图"上。确需修改规划的，严格按程序报原规划审批机关批准。

特点八：信息监督、规划许可

村庄规划批准后，纳入国土空间规划"一张图"实施监督信息系统，作为用地审批和核发乡村建设规划许可证的依据。明确国土空间用途管制规则和村庄建设管控要求，乡村建设等各类空间开发建设活动，必须按照法定村庄规划实施乡村建设规划许可管理，明确农村宅基地和村民自建住房、村公共设施和公益事业建设用地、集体经营性建设用地等报批报建程序，确保乡村建设活动"有规可依"。建设用地确需占用农用地的，应统筹农用地转用审批和规划许可，减少申请环节，优化办理流程。

特点九：实施评估、动态维护

村庄规划原则上以五年为周期开展实施评估，评估后确需调整的，按法定程序进行调整。上位规划调整的，村庄规划可按法定程序同步更新。在不突破约束性指标和管控底线的前提下，鼓励各地探索村庄规划动态维护机制。

特点十：乡镇组织、高效落实

乡镇党委、政府是组织编制和实施村庄规划的责任主体，建立完善村庄规划决策机制，制定和完善符合本地实际的乡村规划委员会运行管理机制，明确工作职责和议事规则，统一管理村庄规划编制与实施，加强对农村宅基地、农房建设、风貌管控的有效管理，规范村庄规划建设行为，杜绝村庄规划编制、修改、审批的随意性。

特点十一：开门编制、简明实用

坚持村民主体地位，鼓励全过程公众参与，充分发挥村党组织、村民委员会和农村集体经济组织作用，赋予村民更大的决策权，使村庄规划成为凝聚村民对美好生活向往的载体。规划围绕村民最关心、最直接、最现实的问题，形成简明扼要的规划成果，让村民看得懂、记得住，实现能落地、好监督的工作目标。鼓励采用"前图后则"（即规划图表＋管制规则）的成果表达形式，详略得当、有重点、有区别地予以规划干预，村民委员会要将规划主要内容纳入村规民约。

特点十二：责任规划、共同缔造

探索建立村庄责任规划师制度，建立服务村庄规划工作的团队和个人，指导村庄规划实施和推进公众参与，提供陪伴式的规划服务。以村庄责任规划师为桥梁，引导大专院校和规划设计机构、农林旅专业技术人员下乡提供志愿服务，激励引导熟悉当地情况的乡贤能人、能工巧匠积极参与村庄规划编制，支持投资乡村建设的企业积极参与村庄规划，多元主体充分发挥各自优势，提升村庄规划编制质量、提高乡村地区规划管理水平等，构建全方位、全过程、全周期的规划、建设、运营一体化村庄规划和驻村规划服务机制。

■ 1.3 各省导则解析

各省、自治区和直辖市自然资源厅（局）先后在自然资源部办公厅《关于加强村庄规划促进乡村振兴的通知》（自然资办发〔2019〕35号）文件指导下，出台村庄规划编制工作的技术大纲/导则/指南/规程/指引，并在村庄规划编制省市实施过程中，根据各省村庄实际和编管要求进行修订，系统地对村庄规划的总则、基数转换、组织编制、规划评估、规划内容、实施措施、规划成果、审查要点等进行引导。本手册总结各地区村庄规划的共性内容、要求和形式，为村庄规划编制地域实践找到方法共通领域。

《关于加强村庄规划促进乡村振兴的通知》村庄规划要求　　　　表1-5

标题	文件要求
编制对象	结合国土空间规划编制在县域层面基本完成村庄布局工作，有条件、有需求的村庄应编尽编。 暂时没有条件编制村庄规划的，应在县、乡镇国土空间规划中明确村庄国土空间用途管制规则和建设管控要求，作为实施国土空间用途管制、核发乡村建设项目规划许可的依据。对已经编制的原村庄规划、村土地利用规划，经评估符合要求的，可不再另行编制；需补充完善的，完善后再行报批
规划范围	村庄规划范围为村域全部国土空间，可以一个或几个行政村为单元编制

续表

标题	文件要求
主要任务	1. 统筹村庄发展目标。落实上位规划要求，充分考虑人口资源环境条件和经济社会发展、人居环境整治等要求，研究制定村庄发展、国土空间开发保护、人居环境整治目标，明确各项约束性指标。 2. 统筹生态保护修复。落实生态保护红线划定成果，明确森林、河湖、草原等生态空间，尽可能多地保留乡村原有的地貌、自然形态等，系统保护好乡村自然风光和田园景观。加强生态环境系统修复和整治，慎砍树、禁挖山、不填湖，优化乡村水系、林网、绿道等生态空间格局。 3. 统筹耕地和永久基本农田保护。落实永久基本农田和永久基本农田储备区划定成果，落实补充耕地任务，守好耕地红线。统筹安排农、林、牧、副、渔等农业发展空间，推动循环农业、生态农业发展。完善农田水利配套设施布局，保障设施农业和农业产业园发展合理空间，促进农业转型升级。 4. 统筹历史文化传承与保护。深入挖掘乡村历史文化资源，划定乡村历史文化保护线，提出历史文化景观整体保护措施，保护好历史遗存的真实性。防止大拆大建，做到应保尽保。加强各类建设的风貌规划和引导，保护好村庄的特色风貌。 5. 统筹基础设施和基本公共服务设施布局。在县域、乡镇域范围内统筹考虑村庄发展布局以及基础设施和公共服务设施用地布局，规划建立全域覆盖、普惠共享、城乡一体的基础设施和公共服务设施网络。以安全、经济、方便群众使用为原则，因地制宜提出村域基础设施和公共服务设施的选址、规模、标准等要求。 6. 统筹产业发展空间。统筹城乡产业发展，优化城乡产业用地布局，引导工业向城镇产业空间集聚，合理保障农村新产业新业态发展用地，明确产业用地用途、强度等要求。除少量必需的农产品生产加工外，一般不在农村地区安排新增工业用地。 7. 统筹农村住房布局。按照上位规划确定的农村居民点布局和建设用地管控要求，合理确定宅基地规模，划定宅基地建设范围，严格落实"一户一宅"。充分考虑当地建筑文化特色和居民生活习惯，因地制宜提出住宅的规划设计要求。 8. 统筹村庄安全和防灾减灾。分析村域内地质灾害、洪涝等隐患，划定灾害影响范围和安全防护范围，提出综合防灾减灾的目标以及预防和应对各类灾害危害的措施。 9. 明确规划近期实施项目。研究提出近期急需推进的生态修复整治、农田整理、补充耕地、产业发展、基础设施和公共服务设施建设、人居环境整治、历史文化保护等项目，明确资金规模及筹措方式、建设主体和方式等
政策支持	1. 优化调整用地布局。允许在不改变县级国土空间规划主要控制指标情况下，优化调整村庄各类用地布局。涉及永久基本农田和生态保护红线调整的，严格按国家有关规定执行，调整结果依法落实到村庄规划中。 2. 探索规划"留白"机制。各地可在乡镇国土空间规划和村庄规划中预留不超过5%的建设用地机动指标，村民居住、农村公共公益设施、零星分散的乡村文旅设施及农村新产业新业态等用地可申请使用。对一时难以明确具体用途的建设用地，可暂不明确规划用地性质。建设项目规划审批时落地机动指标、明确规划用地性质，项目批准后更新数据库。机动指标使用不得占用永久基本农田和生态保护红线

各省、自治区和直辖市村庄规划编制要求
表1-6

发布时间及导则名称	村庄分类	规划内容构成	成果构成
2019年4月《湖南省村庄规划编制技术大纲（试行）》	集聚提升类、城郊融合类、特色保护类、搬迁撤并类、其他类	包括发展定位与目标、国土空间布局及用途管制、住房布局规划、产业发展规划、道路交通规划、公共和基础设施规划、生态保护修复和综合整治规划、防灾减灾规划、历史文化及特色风貌保护规划、近期行动计划	"文本+图"形式（文本、图件、表格、数据库、附件），"前图后则"形式（图件+图说明、表格、数据库、纳入村规民约的条款建议、附件）

发布时间及导则名称	村庄分类	规划内容构成	成果构成
2019年5月《广东省村庄规划编制基本技术指南（试行）》	—	村庄发展目标、生态保护修复、耕地和永久基本农田保护、历史文化传承与保护、产业和建设空间安排、村庄安全和防灾减灾、近期建设行动	村庄规划基本成果应包括"一图一表一规则"
2019年5月《四川省村规划编制技术导则(试行)》	—	分析评价、目标定位与规模确定、村域国土空间总体布局规划、自然生态保护与修复规划、耕地与基本农田保护规划、产业与建设用地布局规划、土地整治与土壤修复规划、基础设施和公共服务设施规划、居民点建设规划	村规划成果包括规划文本、图件、表格、数据库等
2019年7月《广西壮族自治区村庄规划编制技术导则（试行）》	—	村庄发展基础分析、上位规划及相关规划分析、发展定位与目标、产业发展空间布局、村庄空间管控及用地布局、基础设施和基本公共服务设施布局、农村居民点选址规划、建筑风貌引导、村域国土空间治理与生态修复、历史文化传承与保护规划、村庄安全和防灾减灾规划、保障措施及近期实施计划	规划成果包含规划说明、图纸、表格及数据库
2019年9月《福建省村庄规划编制指南（试行）》	集聚提升中心村庄、转型融合城郊村庄、保护开发特色村庄、搬迁撤并衰退村庄、待定类村庄	管控边界、村庄居民点布局、历史文化保护与传承、安全防灾减灾、国土综合整治与生态修复、人居环境整治、近期实施项目、管制规则	管理版成果[基本成果：一表一图一库一规则，扩展成果（文本、图集、说明、其他成果）]，村民版成果
2023年12月《山东省村庄规划编制技术规程》	集聚提升类、城郊融合类、特色保护类、拆迁撤并类、暂不分类	村庄发展定位与目标、国土空间布局与用途管制、生态修复与国土综合整治、历史文化保护与风貌塑造、公共服务设施、道路交通设施、公用工程、安全与防灾减灾、居民点建设、人居环境整治、近期行动计划	报批备案版(文本、图件、数据库、附件)，村民公示成果(二图一表一则)
2019年9月《天津市村庄规划编制导则（试行）》	集聚提升类、城郊融合类、特色保护类、搬迁撤并类	村庄发展分析、目标与定位、国土空间布局优化、自然生态保护与修复、耕地和永久基本农田保护、农村产业融合发展、农村住房建设、公共服务设施配置、基础设施建设、历史文化保护与乡村风貌塑造、村庄安全与防灾减灾、国土空间综合整治、近期建设行动、其他要求	规划文本、文本附表、规划图件、规划附件、数据库
2019年11月《河北省村庄规划编制导则（试行）》	城郊融合类、集聚提升类、特色保护类、搬迁撤并类、保留改善类	发展定位目标和规模预测、国土空间布局、产业发展布局、宅基地布局与住房建设、道路交通、基础设施和公共服务设施、生态保护修复和土地整治、历史文化保护与传承、景观风貌和绿化、安全和防灾减灾、近期建设安排、规划管制规则与实施保障	管理版规划成果（规划文本、规划图纸、附件、数据库），村民版规划成果(规划图纸、规划文字)

续表

发布时间及导则名称	村庄分类	规划内容构成	成果构成
2019年12月《山西省村庄规划编制指南（试行）》	—	现状分析、上位及相关规划解读、定位及目标、生态保护修复、农业空间布局、建设用地布局、国土空间整治、人居环境整治、历史文化保护与传承、近期实施方案	报批版成果（规划文本、规划图纸、规划说明、规划附件、数据库），公示版成果（一图一表一说明）
2020年3月《安徽省村庄规划编制指南（试行）》	集聚提升类、城郊融合类、特色保护类、搬迁撤并类、其他类	村庄发展职能（定位）与目标、空间总体布局及用途管制、国土空间生态修复、历史文化保护与特色风貌、基础设施和公共服务设施、村庄安全和防灾减灾、人居环境整治、近期行动计划	村民公示版（两图一表一则），报批备案版（文本、图件、数据库、附件）
2020年3月《新疆维吾尔自治区村庄规划编制技术指南（试行）》	集聚提升类、城郊融合类、特色保护类、富民兴边类、搬迁撤并类、其他待定类	村庄分类、发展目标和规模确定、村庄国土空间布局、生态保护与修复、耕地和永久基本农田保护、历史文化传承与保护、产业发展、建设空间布局、宅基地规划、公共服务设施、道路交通、基础设施、村庄安全和防灾减灾、近期实施项目	汇交版成果（文本＋图、前图后则），公示版成果
2023年3月《宁夏回族自治区村庄规划编制指南（2023年修订版）》	集聚提升类、城郊融合类、特色保护类、搬迁撤并类、整治改善类	分析评价、上位规划衔接落实、发展定位与目标、国土空间总体布局、产业发展空间布局、国土综合整治与生态保护修复、历史文化保护利用及传承、居民点规划布局、建筑设计引导、基础设施和公共服务布局、村庄安全与防灾减灾、规划实施	完整版（文本、规划图件、数据库、附件），公示版（村民手册、规划展板）
2023年2月《陕西省实用性村庄规划编制技术要点（2023年）》	—	发展定位与目标、村域空间布局规划、产业发展规划、住房布局规划、基础设施和公共服务设施规划、村庄安全和防灾减灾规划、历史文化及特色风貌保护规划、耕地与永久基本农田保护规划、生态保护修复和国土综合整治规划、村容村貌提升规划、近期建设计划	备案版（文本、图件、表格、数据库、附件），村民版（图件、表格、公约）
2020年4月《西藏自治区村庄规划编制技术导则（试行）》	集聚提升(河谷农区、高寒牧区)、城郊融合、特色保护、守土固边、搬迁撤并、其他类	基础分析、主要目标指标、村域国土空间总体布局规划、生态与自然资源保护、产业发展、农村居民点、基础设施和基本公共服务设施布局、综合整治、安全和防灾减灾、近期安排、保障措施	公众版、管理版（文本、规划图件、规划附表、数据库、附件）
2020年6月《海南省村庄规划编制技术导则（试行）》	集聚提升类、城郊融合类、特色保护类、基础整治类、搬迁撤并类	村域规划内容（村庄发展定位与目标、村域国土空间总体布局规划、生态保护修复、耕地和永久基本农田保护及乡村特色风貌塑造、基础设施和公共服务设施布局、产业发展空间布局、村庄安全和防灾减灾、人居环境整治）、村庄建设规划内容（村庄开发边界划定、村庄建设布局规划、农房建设管理要求、村庄配套设施建设）	简明规划成果（四图两表一规则一库），综合性规划（文本、图件、数据库和附件）

发布时间及导则名称	村庄分类	规划内容构成	成果构成
2020年6月《黑龙江省村庄规划编制技术指引（试行）》	集聚提升类、城郊融合类、特色保护类、边境巩固类、搬迁撤并类	现状分析与评价、发展定位与目标、空间布局优化规划、耕地和永久基本农田保护、生态修复与国土综合整治、基础设施和公共服务设施布局、产业发展布局规划、村庄集中建设区规划、历史文化和特色风貌保护、村庄安全和防灾减灾、近期实施项目、强制性内容要求	报批备案版成果（基本成果"一图一表一规则"，扩展成果"规划说明、规划图集、其他成果"），村民公示版成果
2020年7月《青海省村庄规划编制技术导则（试行）》	集聚提升类、城郊融合类、特色保护类、搬迁撤并类、稳定发展类、其他类	发展定位目标和规模预测、村域国土空间布局及用途管制、村域国土空间布局规划、国土综合整治与生态保护修复、历史文化保护与传承、景观风貌和绿化、安全和防灾减灾、近期规划实施项目安排、规划管制规则与实施保障	报批备案版成果（规划文本、图件、表格、附件、数据库），村民公示版成果（二图一表一公约）
2023年10月《江苏省村庄规划编制指南（2023版）》	—	发展目标、用地布局和用途管控、耕地和永久基本农田保护、国土空间综合整治和生态修复、产业空间布局、历史文化保护传承和风貌引导、公共服务设施规划、道路交通规划、公用设施规划、防灾减灾规划、村庄平面布局、建筑设计引导、村容村貌提升、村庄配套设施、近期实施计划	简易版、基础版、深化版
2021年2月《江西省村庄规划编制技术指南（试行）》	集聚提升类、城郊融合类、特色保护类、搬迁撤并类、其他类	基本内容（人口规模预测、农村宅基地现状底数与规划布局、耕地和永久基本农田保护、落实生态保护红线、国土空间布局与用途管制通则、生态保护修复与国土综合整治、安全和防灾减灾、自然村（组）总平面布局指引），选做内容（预期性指标、产业空间引导、基础设施和公共服务设施、村庄类型与分类指引、风貌指引、特色保护类村庄保护规划、人居环境整治措施、近期行动计划）	报批备案版（文本、图件、数据库、附件），村民公示版（三图一公约）
2021年3月《甘肃省村庄规划编制导则（试行）》	集聚提升类、城郊融合类、特色保护类、搬迁撤并类、其他类	目标定位与规模预测、国土空间布局、产业布局、居民点布局与建设管控、基础设施和公共服务设施、历史文化保护与传承、国土综合整治与生态保护修复、安全和防灾减灾、近期建设安排	管理版（规划文本、规划图纸、附件、数据库），村民手册
2023年2月《云南省"多规合一"实用性村庄规划编制指南（试行）（修订版）》	集聚发展类、整治提升类、城郊融合类、特色保护类、拆迁撤并类	发展目标、空间格局、国土空间用地布局、产业发展、基础设施和公共服务设施配置、历史文化传承与保护、国土综合整治、防灾减灾	管理版成果（文本、图件、附件、数据库），村民版成果（规划读本）

续表

发布时间及导则名称	村庄分类	规划内容构成	成果构成
2021年4月《内蒙古村庄规划编制规程（地方标准）》	聚集提升类、城郊融合类、特色保护类、搬迁撤并类	规划定位与目标、村域国土空间布局及用途管制、耕地与永久基本农田保护、道路交通规划、住房布局规划、产业发展规划、基础设施规划、防灾减灾规划、公共服务设施规划、绿地与景观规划、历史文化及特色风貌保护、生态保护修复、人居环境整治	一般规定（规划文本、规划说明、规划表格、规划图件、规划数据库及其他资料）
2021年5月《浙江省村庄规划编制技术要点（试行）》	集聚建设、整治提升、城郊融合、特色保护、搬迁撤并	目标定位、空间控制底线和强制性内容、用地布局、公共服务设施与基础设施布局、景观风貌与村庄设计要求、区块管控、地块法定图则、实施项目、规划实施保障	管理者层面的成果（文本（含表）、管制规则、规划数据库、按需确定图纸），使用者层面（一图读懂村庄规划、一书村规民约）
2023年8月《河南省实用性村庄规划编制导则（第二次修订）》	—	现状分析、发展目标、村域布局、耕地与永久基本农田保护、全域国土综合整治与生态修复、产业发展、村庄风貌、基础设施、公共服务设施、历史文化保护利用、安全与防灾减灾、近期建设项目、管护机制	村庄规划成果（文本、图件、数据库、附件），村规民约和上墙图纸
2021年7月《贵州省村庄规划编制技术指南（试行）》	集聚发展类村庄、整治提升类村庄、特色保护类村庄、城郊融合类村庄、搬迁撤并类村庄、暂不分类村庄	村域规划内容（村庄发展目标、国土空间布局、国土空间用途管制、基础设施和公共服务设施、安全和防灾减灾、产业发展布局、生态修复和国土综合整治、历史文化保护、近期实施项目安排），自然村（组）规划内容（自然村（组）空间布局、村庄配套设施建设、农房住宅建设管控与风貌引导、农村人居环境整治）	备案版成果（文本、图件、数据库、附表），村民版成果（二图一表一公约）
2021年7月《吉林省村庄规划编制技术指南（试行）》	集聚提升类、兴边富民类、城郊融合类、特色保护类、稳定改善类、搬迁撤并类村庄	发展定位和目标、强制性内、用地布局、基础设施布局、公共服务设施布局、历史文化保护和传承、村庄风貌引导、规划管控、近期项目安排、规划实施保障	简易版（四图三表一库），完全版（文本、图件、数据库、附件）
2021年9月《湖北省村庄规划编制技术规程（试行）》	集聚发展类、农耕传承类、城郊融合类、特色保护类	基础分析、产业发展指引、国土空间用途管控、国土空间用地布局、基础设施与公共服务设施、安全与防灾减灾、国土综合整治和生态修复、农村居民点建设规划、景观风貌与村庄设计、近期项目安排	技术成果（一文本（含表）一图件（按需确定）一规划数据库），公示成果（一图读懂村庄规划＋村规民约）
2021年9月《辽宁省村庄规划编制导则（试行）》	集聚建设类、整治提升类、城郊融合类、特色保护类、搬迁撤并类	现状分析、发展目标、边界划定与管控、居民点用地规划、配套设施规划、历史文化保护、安全防灾减灾、土地综合整治、村庄设计与风貌营造、近期实施项目、规划内容分类引导	管理版（文本、图集、说明、其他附件、数据库），村民版（规划读本、村规民约）

■ 1.4 构建手册体系

基于上述的总结，将规划编制放置于国土空间规划体系下，与生态文明体制改革相贯穿、与上位国土空间规划相承接、与乡村振兴战略实施相衔接、与农村人居环境整治提升相结合、与农村"三块地"改革相适应，在现行各类村庄规划的优势规划方法和规划管理手段的改革延续基础上，对"多规合一"实用性村庄规划各省导则的共性内容进行重新体系搭构，作为本手册的章节体系。

"多规合一"实用性村庄规划内容体系及编制要求　　　　　　表 1-7

章节内容		编制要求	具体内容
	1. 现状调查与分析	准确反映、收集需求、发现问题、合规识别	按照村庄规划的调查要求，开展详细驻村规划，完成现状汇总、问题发现、诉求收集、基础数据处理等，解读上位规划和相关规划，明确村庄规划的重点工作
	2. 规划定位与目标	凸显优势、高度凝练、量化目标、分类施策	根据上位规划的定位和村庄分类，按照村庄及其周边区域的区位条件、资源优势、基础依托、品牌价值等，提出村庄未来的发展方向与重点等，统筹提出规划期末村庄发展定位和目标；严格落实上级规划确定的量化指标分解要求，围绕村庄发展目标细化规划控制指标；制定符合村庄保护开发的差异性空间策略
	3. 国土空间布局与用途管制	上位传导、贴近实际、符合规律、分类管制	落实生态保护红线、永久基本农田保护红线、历史文化保护等各类控制线，在不改变上位国土空间规划主要控制指标的前提下，优化调整村域用地布局，明确各类土地规划用途；以用地布局规划内容为依据，制定相应的村庄规划用途管制规则；落实上位规划预留机动指标和本次村庄规划留白用地
核心规划篇章	4. 居民点规划与整治	在各内容体系要求下，核心处理各章节交错的五对关系，即规划传导关系、要素交错关系、实施资金关系、土地性质关系、空间风貌关系	按照上位规划确定的居民点布局和分类，提出村庄建设用地边界、新增建设用地管控、户均宅基地标准和布局，达到村庄建设规划许可要求；结合村庄人居环境现状基础，制定村庄人居环境整治规划方案和引导
	5. 产业空间布局规划		落实农业农村、文化旅游、乡村振兴、发改、乡镇人民政府等部门的产业发展构想，综合村庄的资源特色、产业基础和发展诉求，研判村庄产业发展形势，梳理产业发展方向和思路；在国土空间布局和用途管制要求下，规划提出对耕地、农业设施用地、一二三产业融合发展用地、集体经济用地等产业用地布局及管控要求，对"非农化""非粮化"问题提出整治要求，配套相关产业基础设施
	6. 基础设施和公共服务设施规划		道路交通规划，注重落实县域、镇（乡）域道路交通布局安排，与过境公路、铁路充分衔接，确定村域内道路等级、走向、断面，停车、候车设施用地安排，提高道路交通安全性；落实上位规划在县域、镇（乡）统筹安排的村庄公共服务设施，结合村庄生产生活圈和村庄人口变化，完善村庄基本公共服务设施配置，盘活存量设施利用；统筹公用基础设施布局，建立城乡一体化的基础设施网络，涵盖给水、排水、电力、电信、能源、环卫等，同时符合能源利用、生态环境、农村人居环境整治等各项要求

续表

章节内容		编制要求	具体内容
核心规划篇章	7. 历史文化保护与乡风文明	在各内容体系要求下，核心处理各章节交错的五对关系，即规划传导关系、要素交错关系、实施资金关系、土地性质关系、空间风貌关系	落实历史文化名村、传统村落、特色村寨、文物保护单位等保护要求，根据村庄各类历史文化遗存划定保护控制线，提出整体保护和具体措施；充分挖掘地域文化、传统风俗及非物质文化遗产项目，提出保护的具体方式利用展示要求，构建村规民约
	8. 全域土地综合整治		落实和细化上位规划确定的全域国土空间综合整治目标和项目安排，以山、水、林、田、湖、草、村全要素为整治对象，实施农用地整理、建设用地整理、乡村历史文化保护等整治任务，进一步明确各类整治项目工程的重点任务、范围和时序等；推进河流、湖泊、湿地、森林、矿山、海洋等治理，修复生态系统，增加生物多样性，改善乡村生态功能
	9. 村庄安全与防灾减灾		落实上位规划和防灾减灾工作要求，根据村庄实际明确必要的消防、洪涝、地质、抗震、气象等灾害的防灾减灾的疏散场所、生命线和设施规划建设要求，在用地上进行规划保障落实，探索提出人畜分离、防疫设施点规划等内容
	10. 近期实施项目	项目完整、满足近期、便于申报、分期实施	落实上位规划确定的各类区域设施项目、镇村乡村振兴项目等，汇总本次规划内容各体系项目构成，落实具体项目内容、规模、期限、投资等，形成项目库，提出不同实施主体项目的实施模式
	11. 规划沟通、公示与审查	高效沟通、公示可行、审查合规、符合备案	建立高效的规划编制沟通流程，提出差异化、可理解的公示内容，提出村庄规划审查要点，提出规划实施的路径要点

■ 1.5 规划作用阶段

"多规合一"实用性村庄规划的地位：根据《中共中央 国务院关于建立国土空间规划体系并监督实施的若干意见》和《自然资源部办公厅关于加强村庄规划促进乡村振兴的通知》，村庄规划是法定规划，是国土空间规划体系中乡村地区的详细规划，是乡镇级国土空间总体规划的深化和细化，是开展国土空间开发保护活动、实施国土空间用途管制、核发乡村建设项目规划许可、进行各项建设等的法定依据。

坚持"先规划后建设"，村庄规划在乡村振兴和农村人居环境整治项目实施过程中，涉及由规划向设计的传导，即在用途管制和建设项目规划许可后，需通过各专项设计，实现项目的新建、改建、扩建、翻建等专项设计，统筹村域空间管控和要素布局，包括房屋建筑市政设计、历史文化遗产保护设计、绿化景观设计、土地综合整治设计、生态修复设计、地质灾害整治设计等类型。

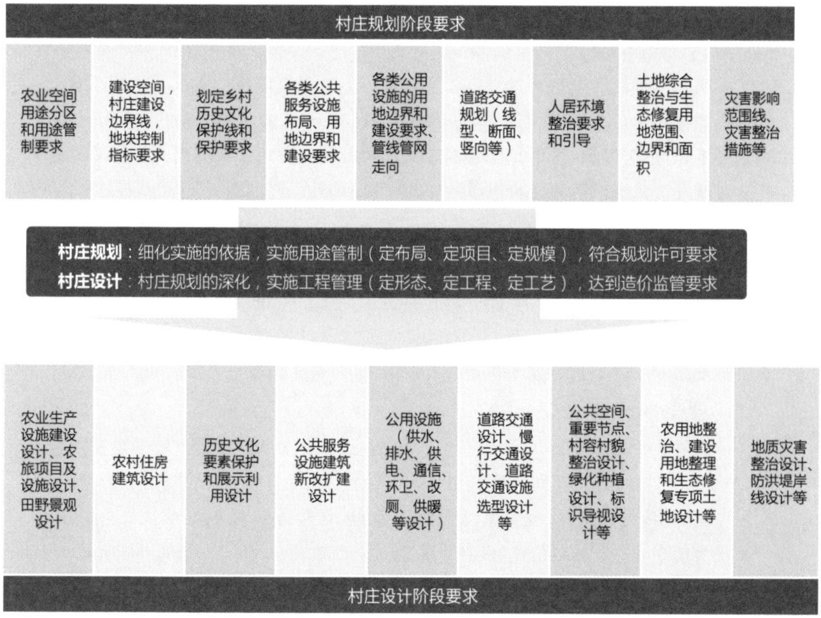

村庄规划阶段要求									
农业空间用途分区和用途管制要求	建设空间，村庄建设边界线，地块控制指标要求	划定乡村历史文化保护线和保护要求	各类公共服务设施布局、用途边界和建设要求	各类公用设施的用地边界和建设要求、管线管网走向	道路交通规划（线型、断面、竖向等）	人居环境整治要求和引导	土地综合整治与生态修复用地范围、边界和面积	灾害影响范围线、灾害整治措施等

村庄规划：细化实施的依据，实施用途管制（定布局、定项目、定规模），符合规划许可要求
村庄设计：村庄规划的深化，实施工程管理（定形态、定工程、定工艺），达到造价监管要求

农业生产设施建设设计、农旅项目及设施设计、田野景观设计	农村住房建筑设计	历史文化要素保护和展示利用设计	公共服务设施建筑新改扩建设计	公用设施（供水、排水、供电、通信、环卫、改厕、供暖等设计）	道路交通设计、慢行交通设计、道路交通设施选型设计等	公共空间、重要节点、村容村貌整治设计、绿化种植设计、标识导视设计等	农用地整治、建设用地整理和生态修复专项土地设计等	地质灾害整治设计、防洪堤岸线设计等
村庄设计阶段要求								

图 1-13 村庄规划与村庄设计的关系

■ 1.6 手册内容特点

1. 内容体系的"全"

——综合目前各省、自治区和直辖市村庄规划导则（规程），融合"乡村振兴规划""村庄建设规划""村土地利用规划""土地整治规划""名村/传统村落保护规划""农村人居环境整治规划""乡村旅游规划"等"多规"要求，本手册提炼"多规合一"实用性村庄规划共性内容和要点，全内容体系指导村庄规划编制，普遍适用。

2. 编制过程的"细"

——从"多规合一"实用性村庄规划编制的全流程出发，对规划准备、调查、编制、沟通、公示、评审、数据库等全过程进行详细编制指导，分解各阶段、各篇章、各图纸的要点和难点，从仅关注编制结果，到关注编制全过程，手把手教"多规合一"实用性村庄规划编制中涉及的文本、图件、说明、数据库、附表、附件等的制作。

31

3. 技术知识的"广"

——村庄规划涉及城乡规划、人文地理、土地资源管理、农业资源与环境、地理信息系统（GIS）、建筑、风景园林等多个学科，本手册在各章节提供专业名词和常见表述注释，同时增加最新政策文件解读、技术规范引用，为各学科和行业背景规划师提供多元技术知识指导。

4. 表达方式的"新"

——采用图、文、表结合的方式编制手册，采用逻辑关系图解和图纸示例，解释说明规划"多规合一"实用性村庄规划的内容、逻辑、关系、要点，让规划编制技术深入浅出、图文并茂，同时引入针对涉及"多规合一"实用性村庄规划编制的 GIS 操作实验和数据库内容。

5. 成果构成的"实"

——结合"多规合一"实用性村庄规划在编制、公示、管理、实施中实用性成果要求，总结和深化规划成果的"文本、图件、图则、管制规则、表格、数据库、村民手册"等内容，让村民能看懂、愿意发表意见，让管理者省流程、实现许可高效，让实施者能贯彻、实现规划落实。

■ 第1章参考文献

[1] 何兴华.城市规划下乡六十年的反思与启示 [J].城市发展研究，2019，26（10）：11.
[2] 孙莹，张尚武.我国乡村规划研究评述与展望 [J].城市规划学刊，2017（4）：7.
[3] 中国村镇建设 70 年成就收集课题组.新中国成立 70 周年村镇建设发展历程回顾 [J].小城镇建设，2019，37（9）：8.
[4] 林坚，赵冰，刘诗毅.土地管理制度视角下现代中国城乡土地利用的规划演进 [J].国际城市规划，2019，34（4）：8.
[5] 林坚，周琳，张叶笑，等.土地利用规划学 30 年发展综述 [J].中国土地科学，2017，31（9）：10.
[6] 梁学庆，吴玲，黄辉玲.新中国 50 年土地（利用）规划的回顾与展望 [J].中国农业科技导报，2005（3）：13-16.
[7] 自然资源部网站.党领导土地管理事业的历史经验与启示 [J].辽宁自然资源，2022（1）：8.
[8] 何永祺，许牧，范志书，李世华，任红，逯德福.我国土地规划事业的历史回顾与展望 [J].自然资源研究，1981（3）：5-14.

第 2 章

综合现状调查与分析

CHAPTER SUMMARY

章节概要

第 2 章重点介绍 "多规合一"实用性村庄规划编制的基础性工作——综合现状调查与分析,村庄规划编制对象为不同地区环境、不同地域规模、不同发展基础的村庄。开展全面详细的调查,有助于快速建立起对村庄的基本认知。本章提供从调查内容体系、调查工作方法、调查内容分析的一般路径,到掌握村庄发展的现状实际、当下需求、迫切问题、未来构想等,并借助遥感、测绘、调查、普查、统计、规划等地理信息数据库,完善形成村庄规划的工作底图底数;与相关规划和村庄规划组织、管理、实施、参与的实际行政体系衔接,形成村庄规划的前端基础工作,并试图回答规划师在以下调查过程遇到的疑问:

· 村庄调查要调查什么内容,如何与规划内容衔接?

· 如何组织一次高效率、准确的调查活动?

· 调查成果如何分析,如何梳理、总结出有效信息?

· 如何快速认识数据库和属性表?

· GIS 如何辅助如何加载和分析,形成村庄规划工作底图?

启动综合现状调查

核：现场核对，解决"三调"不新、不细、不实等问题

村庄规划
调查底图底数

第三次全国国土调查成果
高分辨率卫星影像
大比例尺地形图

引：引用资料，补充确权、普查、统计、文献、规划等资料

落：落实规划，解读相关规划、传导管控、落实"三线"等

获：驻村调查，驻村入户掌握保护、建设、发展等现状

村庄规划
工作底图底数

完善"三调"成果
叠加相关资料
标注调查情况

解：沟通了解，了解多方的迫切需求和沟通发展想法

扩展调查
[走访调查村庄所在乡镇、周边园区、景区、企业、合作社、区域设施等，作为村庄调查的补充]

综合现状调查与分析过程

调查

陈述分析　特质分析　趋势分析　问题分析　需求分析

GIS

现状基数转换　综合地形分析　土地利用现状分析

综合现状调查与分析成果

四图　·"三调"数据图　·综合现状图
　　　·基期土地利用图　·地形分析图

四表　·底数转换表　·发展需求清单
　　　·规划评估表　·迫切问题台账

逻辑体系LOGICAL SYSTEM

图 2-1 综合现状调查与分析

35

2 | 综合现状调查与分析

INVESTIGATION AND ANALYSIS OF COMPREHENSIVE CURRENT SITUATION

■ 2.1 基础数据处理

本次村庄规划以第三次全国国土调查数据为工作基础数据（简称："三调"），落实上位国土空间规划的同时，严守生态保护红线、永久基本农田保护红线以及城镇开发边界（简称："三线"），按照《国土空间调查、规划、用途管制用地用海分类指南》（自然资发〔2023〕234号），细化现状调查和评估，统一底图底数。

2.1.1 "三调"数据

第三次全国土地调查数据，是对现状土地利用情况的全面调查。"三调"成果数据以数据库的形式储存并使用，其中矢量数据按照空间要素采用分层的方法进行组织管理，分为九个分层要素。由于数据库内容较多，在此对村庄规划涉及的主要要素图层做一简单说明（详细内容可参考《第三次全国国土调查技术规程》TD/T 1055—2019 自然资源部及《国土调查数据库标准（试行修订稿）》自然资源部 2019 年 4 月）。

图 2-2 《第三次全国国土调查技术规程》
TD/T 1055-2019 自然资源部

图 2-3 《国土调查数据库标准（试行修订稿）》
自然资源部 2019 年 4 月

广义的"三调"数据指国土调查数据库中的所有要素，狭义的"三调"主要指国土调查数据库中的地类图斑（DLTB）及村级调查区（CJDCQ）图层要素。

1. 地类图斑（DLTB）： 该图层是对土地利用现状的详细调查数据，为村庄规划主要使用数据，至少包含 30 个字段（各地根据实际情况略有不同），主要使用字段和字段名称如表 2-1 所示。

2. 村级调查区（CJDCQ）：该图层为村庄规划编制过程中法定行政村域范围图层，可直接查询该村庄的行政村范围。

村庄规划地类图斑主要属性字段对照表及释义
（完整内容参考《国土调查数据库标准（试行修订稿）》表12）　　　　表2-1

字段序号	字段名称	字段代码	字段释义
5	地类编码	DLBM	地类编码和名称按《第三次全国国土调查技术规程》执行，是地类图斑（DLTB）要素图层中最主要的字段，是对现状土地利用性质的详细调查数据，也是村庄规划中最基础的底图数据
6	地类名称	DLMC	
7	权属性质	QSXZ	国有土地所有权（10）、国有土地使用权（20）、集体土地所有权（30）、集体土地使用权（40）
8	权属单位代码	QSDWDM	权属单位代码和名称为该地类图斑实际权属单位的代码和名称
9	权属单位名称	QSDWMC	
10	坐落单位代码	ZLDWDM	坐落单位代码指该地类图斑实际坐落单位的代码，村域范围一般以坐落单位代码和名称为主
11	坐落单位名称	ZLDWMC	
12	图斑面积	TBMJ	图斑面积指用经过核定的地类图斑多边形边界内部所有地类的面积，为坐标计算的椭球面积
17	耕地类型	GDLX	坡地耕地（PD）、梯田耕地（TT）
18	耕地坡度级别	GDPDJB	划分为五级：≤2°（1）、（2°~6°）(2)、（6°~15°）(3)、（15°~25°）(4)、>25°（5）
19	线状地物宽度	XZDWKD	指河流、铁路、公路、管道用地、农村道路、林带和沟渠等线状地物的平均宽度
22	种植属性代码	ZZSXDM	划分为八种类型，分别为：种植粮食作物（LS）、种植非粮作物（FLS）、粮与非粮轮作（LYFL）、未耕种（WG）、休耕（XG）、林粮间作（LLJZ）、即可恢复（JKHF）、工程恢复（GCHF）
23	种植属性名称	ZZSXMC	
24	耕地等别	GDDB	根据GB/T 28407开展耕地分等调查评价，填写利用等
26	城镇村属性码	CZCSXM	城市（201或201A）、建制镇（202或202A）、村庄用地（203或203A），城镇村外部的盐田及采矿用地和特殊用地，按实地利用现状调查，并标注"204"或"205"属性

□ **"三调"数据的处理**：以"三调"为基础底图数据，综合现状调查与分析部分主要包括两方面的内容。

一是国土空间基数转换，结合自然资源部印发的《国土空间调查、规划、用途管制用地用海分类指南》（自然资发〔2023〕234号）文件，对土地利用现状图斑进行基数转换，细化现状调查评估，统一底图底数（详细内容参考本手册实验二内容）。

二是土地利用现状的分析，以地类图斑（DLTB）要素图层中的坐落单位代码和名称确定的行政村范围为规划范围，地类编码和地类名称为土地利用现状的基础，结合《第三次全国国土调查技术规程》中对土地"三大类"的分类标准进行分析，并落实生态保护红线和永久基本农田保护红线，对冲突图斑进行分析（详细内容参考本手册实验四内容）。

2.1.2 调查数据

　　本次村庄规划以行政村为基本单元，为科学、合理编制村庄规划，规划基础调查数据还应包含（不局限于）以下数据："三调"影像、高清正射影像、重点区域地形数据、公益林数据、集体用地"三权"数据、水源地保护数据、重大项目区域基础设施选址数据、文保数据、土地整治项目数据、高标准农田数据以及地质灾害数据（各地区根据实际情况制定本村所需要的基础调查数据）。

　　以宅基地确权数据和公益林数据为例，展示村庄规划中其他调查数据的获取、查询及使用。

　　1. 宅基地确权数据： 宅基地使用权是指农村居民为建造自有居住房屋对本集体土地的占用、使用的权利。农村宅基地使用权只有具备本集体经济组织成员资格的人才能取得，在很大程度上具有福利性质和社会保障功能。宅基地确权数据中有宗地确权和房屋确权两种，一般以宗地确权数据为主。主要属性字段对照及释义如表2-2所示。

不动产宗地主要属性字段对照及释义表　　　　　　　　　　　　表2-2

字段序号	字段名称	字段代码	字段释义
1	土地坐落	TDZL	用于标注宅基地位置，识别村民小组及宅基地编号
2	权属人名称	QSRMC	宅基地权属人的名称，用于识别宅基地权属

　　宅基地确权数据在村庄规划中的作用主要有两个：

　　一是核查宅基所在的村民小组，为宅基地搬迁、宅基地置换等规划内容提供有效信息。

　　二是宅基地确权数据可以与"三调"数据结合使用，用于核查宅基地是否存在扩建情况，在规划时可利用宅基地确权数据对现状"超标"宅基地面积进行扣除，腾挪多余建设用地指标，用于村庄产业及其他设施的布局和规划。

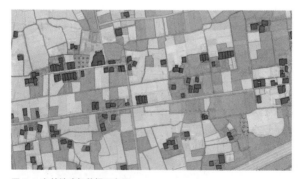

图 2-4 宅基地确权数据示意图
（图中底图彩色斑块为数据可视化后的"三调"数据，红色的斑块为宅基地确权数据）

2. 公益林数据：公益林，也称生态公益林，是以保护和改善人类生存环境、保持生态平衡、保存物种资源、科学实验、森林旅游、国土保安等需要为主要经营目标的森林和灌木林。其建设、保护和管理由各级人民政府投入为主。按事权等级划分为国家生态公益林和地方生态公益林（其中包括省级、市级和县级）。公益林区划界定数据主要属性字段对照及释义如表 2-3 所示。

公益林区划界定数据主要属性字段对照及释义表（2019 年 4 月）　　　　表 2-3

字段序号	字段名称	字段代码	字段释义
1	省	SHENG	区、市、集团公司
2	县	XIAN	市、区、旗、林业局
3	乡	XIANG	镇、苏木、林场
4	村	CUN	最小行政单元
13	面积	MIAN_JI	为地理坐标面积，ArcGIS 计算得到，单位为公顷
14	土地所有权属	TDQS	分为两类：国有（1）、集体（2）
15	土地使用权属	TDSYQS	分为四类：国有（1）、集体（2）、个人（3）、其他（9）
16	林木所有权属	LMQS	分为四类：国有（1）、集体（2）、个人（3）、其他（9）
17	林木使用权属	LMSYQS	分为四类：国有（1）、集体（2）、个人（3）、其他（9）
18	林权权利人（所有者或经营者）	LQ_QLR	指林权所有者和经营者，为具体林权权利人名称
21	事权等级	SHI_QUAN_D	分为两类：国家级（10）、省级（20）
22	国家级公益林保护等级	GJGYL_BHDJ	分为两类：一级（1）、二级（2）

□**说明**：国家级公益林的界定和管理应遵循《国家级公益林区划界定办法》和《国家级公益林区划界定办法》

2.1.3 公开数据

村庄规划涉及的互联网公开数据主要包含以下几类：LandSat 系列卫星数字产品、数字高程数据（来源：地理空间数据云网站），行政区要素、道路要素、水系要素、居民点要素（来源：天地图数据 API），1:25 全国基础地理数据库（来源全国地理信息资源目录服务系统）等数据。

以 LandSat 系列卫星数字产品和国家地理信息公共服务平台为例介绍公开数据的查询、下载和使用。

1. LandSat 系列卫星数字产品：公开 TM（Thematic Mapper）影像数据，常用 Landsat 8 OLI_TIRS 卫星数字产品。2013 年 2 月 11 日，美国航空航天局（NASA）成功发射 Landsat-8 卫星。Landsat-8 卫星上携带两个传感器，分别是 OLI 陆地成像仪（Operational

Land Imager）和 TIRS 热红外传感器（Thermal Infrared Sensor）。 Landsat 8 OLI_TIRS
卫星数字产品空间分辨率为 30 米，时间分辨率为 16 天，村庄规划中可用作村庄国土空间
开发适宜性评价、植被覆盖度的计算以及土地利用现状的识别。

	波段	波长（微米）	分辨率（米）
Landsat 8 OLI陆地成像仪 TIRS热红外传感器	波段1-气溶胶	0.43~0.45	30
	波段2-蓝	0.45~0.51	30
	波段3-绿	0.53~0.59	30
	波段4-红	0.64~0.67	30
	波段5-近红	0.85~0.88	30
	波段6-SWIR1	1.57~1.65	30
	波段7-SWIR2	2.11~2.29	30
	波段8-全色	0.50~0.68	15
	波段9- Cirrus	1.36~1.38	30
	波段10-TIRS热红外传感器1	10.60~11.19	100
	波段11-TIRS热红外传感器2	11.50~12.51	100

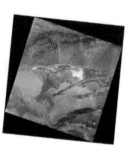

Landsat 8 波段说明及 TM 影像示意图

□**具体下载步骤如下：**

◆**步骤一：** 打开任意浏览器搜索【地理空间数据云】或输入网址【www.gscloud.cn】
进入地理空间数据云官网，注册并登录账号。

◆**步骤二：** 点击网页左上角高级检索功能，添加数据集【LandSat 系列卫星数字产品】，
空间位置选项中可按照经纬度、行政区、地图选择和条带号选择规划范围，通常以
行政区为主要检索对象。时间范围一般选择最新影像拍摄时间，月份最好选择 7 ~ 10
月份（时间可自行调整），云量设置小于等于 1%，越小越好。

◆**步骤三：** 点击影像片区的下载按钮直接下载即可。

图 2-5 TM 影像检索及数据集示意图（以甘肃省兰州市七里河区为例）

2.DEM 数字高程数据： 公开数字高程数据，常用 GDEMV3 30M 分辨率数字高程数据。2019 年 8 月 5 日，NASA 和 METI 共同发布了 ASTER GDEM V3 版本，在 V2 的基础之上，新增了 36 万光学立体像对数据，主要用于减少高程值空白区域、水域数值异常。GDEMV3 30M 分辨率数字高程数据空间分辨率为 30 米。

本次村庄规划中 DEM 数据主要用地形分析，对村庄产业选择、项目位置布局、居民点布局的优化选址提供科学依据。

□**具体下载步骤如下：**

◆**步骤一：** 同 TM 影像下载【步骤一】。

◆**步骤二：** 将数据集选择更换为 GDEMV3 30M 即可。

◆**步骤三：** 点击下载按钮下载即可。

3. 国家地理信息公共服务平台［www.tianditu.gov.cn］：天地图、各类自然地理及社会经济专题地图、天地图 API、国家标准地图服务、国家基础地理信息。其中成果目录可下载行政区要素、道路要素、水系要素、居民点要素等基础地理信息矢量数据。

4. 基础地理信息数据库： 全国地理信息资源目录服务系统中基础地理信息的下载，村庄规划中常用 1：25 万全国基础地理数据库。目前，下载数据采用 1：25 万标准图幅提供；图层内容含水系（点、线、面层），公路、铁路（线层），居民地（点、面层），居民地地名（注记点），自然地名（注记点）等 9 类要素层。具体如下表所示：

目前提供下载的1:25万公开版基础地理数据共有4个数据集9个数据层。

数据分层的命名采用4个字符，第一个字符代表数据分类，第二、三个字符是数据内容的缩写，第四个字符代表几何类型。

要素分类	数据分层		几何类型	主要要素内容
水系 (H)	水系（面）	HYDA	面	湖泊、水库、双线河流等
	水系（线）	HYDL	线	单线河流、沟渠、河流结构线等
	水系（点）	HYDP	点	泉、井等
居民地及设施 (R)	居民地（面）	RESA	面	居民地
	居民地（点）	RESP	点	普通房屋、蒙古包、放牧点等
交通 (L)	铁路	LRRL	线	标准轨铁路、窄轨铁路等
	公路	LRDL	线	国道、省道、县道、乡道、其他公路、街道、乡村道路等
地名及注记 (A)	居民地地名（点）	AGNP	点	各级行政地名和城乡居民地名称等
	自然地名（点）	AANP	点	交通要素名、纪念地和古迹名、山名、水系名、海洋地域名、自然地域名等

□**具体下载步骤如下：**

◆**步骤一：** 打开任意浏览器搜索【全国地理信息资源目录服务系统】或输入网址【mulu.tianditu.gov.cn】进入全国地理信息资源目录服务系统官网，注册并登录账号。

◆**步骤二：** 点击数据下载，选择 1：25 万全国基础地理数据库，点击查询窗口选择村庄所在的最小单元。□ J48c004002　2017　2000国家...　SHP　🔍📋

◆**步骤三：** 点击目录最右侧购物车窗口加入购物车。

◆**步骤四：** 点击网页右上角成果车结算数据 🛒成果车(1)　退出，填写相应信息提交订单后即可下载。

5. 其他相关信息数据库

图 2-6 地理空间数据云及中国国家地名信息库官网示意图

· 地理空间数据云：https://www.gscloud.
cn/home
· 获取数据内容：30 米分辨率 DEM，分
析村域地形

· 中国国家地名信息库：https://dmfw.mca.
gov.cn/
· 获取数据内容：覆盖全国行政村地名来
历与含义、历史沿革

图 2-7 甘肃地方志及中国传统村落数字博物馆官网示意图

· 甘肃地方志网：http://www.gsdfszw.
org.cn/
· 获取数据内容：市志和县志、统计年鉴
等

· 中国传统村落数字博物馆：http://www.
dmctv.cn/
· 获取数据内容：中国传统村落名录及简
介、影像等

图 2-8 天地图及农业农村部官网示意图

· 天地图：https://www.tianditu.gov.cn
· 获取数据内容：全国各地村庄卫星影像

· 农 业 农 村 部：http://zdscxx.moa.gov.
cn:8080/nyb/pc/sourceArea.jsp
· 获取数据内容：全国农产品地理标志信息等

■ 2.2 相关规划解读

2.2.1 发展类规划解读

2018年9月发布的《中共中央 国务院关于统一规划体系更好发挥国家发展规划战略导向作用的意见》提出：更好发挥国家发展规划的战略导向作用，国家发展规划经全国人民代表大会审查批准，居于规划体系最上位，是其他各级各类规划的总遵循；并指出省级及以下各类相关规划编制实施参照本意见执行。村庄规划编制需要以所在市县的《中华人民共和国国民经济和社会发展第十四个五年规划和2035年远景目标纲要》为最上位规划依据，村庄规划编制过程中要"服从发展规划、融入规划战略、落实重点项目、实现规划目标、创新发展内容"。

发展类规划解读要点   表2-4

序号	规划类型	组织编制部门	本规划主要内容	规划解读重点
1	区县国民经济和社会发展第十四个五年规划和二〇三五年远景目标纲要	发展和改革委员会（局）	县域国民经济和社会发展的发展基础和发展环境，"十四五"期间指导思想、战略定位、发展目标、远景展望，产业经济高质量发展、城乡空间格局、新型城镇化、基础设施建设、乡村振兴有效、生态环境保护、创业就业、创新发展、安全体系等内容	重点解读县域战略定位、产业与城乡发展布局、重点项目，以及乡村振兴、农村人居环境、乡村体系等内容

2.2.2 国土类规划解读

国土类规划解读要点   表2-5

序号	规划类型	组织编制部门	本规划主要内容	规划解读重点
1	市国土空间总体规划	自然资源局	进行村庄分类和功能定位，划定三条控制线，明确规模指标，规划确定各级各类设施，划定产业发展功能区、风貌管控区、建立历史文化名村、历史街区、传统村落名录等	落实县、乡镇级国土空间总体规划确定的村庄分类与定位、生态保护红线、永久基本农田、城镇开发边界，因地制宜地根据村庄历史文化遗产划定历史文化保护线、地质灾害和洪涝灾害风险控制线等管控边界，以"三调"为基础划好村庄建设边界等，延续和细化用途管制规则
2	区县国土空间总体规划		对上级国土空间规划要求细化落实，侧重实施性，提出规划战略、目标、重要指标，明确国土空间开发保护格局，划定用地分区，制定管制规则，进行国土空间要素统筹配置，明确基础设施等建设项目安排，统筹城乡产业发展和产业空间布局，明确国土综合整治和生态修复安排，指导下位规划，协调相关规划，结合乡村振兴战略的实施，提出村庄规划指引	
3	乡镇国土空间总体规划			

2019年5月发布的《中共中央 国务院关于建立国土空间规划体系并监督实施的若干意见》，对应我国的行政管理体系和规划类型提出"五级三类的国土空间规划体系"，提出在市县级以下编制详细规划，并将村庄规划纳入详细规划。在城镇开发边界外的乡村地区，以一个或几个行政村为单元，由乡镇政府组织编制"多规合一"的实用性村庄规划，需依据批

准的市级、县级、乡镇级国土空间总体规划进行编制和修改，村庄规划编制过程中要"传导上位规划、衔接划定成果、延续管控要求、深化管控内容、面向规划实施"。

2.2.3 涉农类规划解读

伴随着乡村振兴战略的实施，"乡村振兴战略规划"围绕"二十字方针"引导乡村全面振兴发展的重要指导，各地区相关涉农部门组织编制"村庄分类和布局规划""农村生活污水治理专项规划""农村水利治理规划""乡村道路交通规划"等涉农规划，从村庄布局、污水、道路交通、农田水利等方面，引导村庄规划编制过程中要"落实振兴要求、传导分类布局、融入区域产业、衔接基础配套、连接区域市政"。

涉农类规划解读要点   表 2-6

序号	规划类型	组织编制部门	规划解读重点
1	乡村振兴战略规划	农业农村局	重点解读村庄在分类、一二三产业融合发展、农村人居环境整治、农村基层治理等方面要求
2	巩固拓展脱贫攻坚成果同乡村振兴有效衔接规划	乡村振兴局	重点解读本规划关于脱贫攻坚与乡村振兴政策有效衔接政策，针对脱贫村的规划衔接安排
3	村庄分类和布局规划	自然资源局	重点解读村庄在分类、村庄布局、村庄建设用地规模调整、乡镇域基础设施和公共服务配置、乡村生活圈等方面要求
4	农村生活污水治理专项规划	生态环境局	重点解读本地区适用的农村生活污水治理工艺，各村组间生活污水如何收集处理
5	乡村道路交通规划	交通局	重点解读通村公路、通组公路的建设规划，以及村庄通公共交通组织关系
6	畜牧业/渔业/柑橘/产业等产业发展规划	农业农村局	重点解读区域农业产业的近期发展思路，与本村产业的衔接关系，一二三产在产业链上供应、加工、物流、电商、销售关系

2.2.4 专项类规划解读

村庄规划在其他专项规划中提取有效涉农规划内容，专项规划包括国土空间规划体系的专项规划，也包括交通、水利、教育、环保、文保等行业专项规划，引导村庄规划编制过程中要"有效衔接规划、纳入规划实施、争取项目支撑"。

专项类规划解读要点   表 2-7

序号	规划类型	组织编制部门	规划解读重点
1	土地综合整治专项规划	自然资源局	衔接涉农专项规划与本村镇相关内容，包括农村道路交通，农村党建、教育、医疗、农技等服务设施布局，以及农村生活污水、农田水利、高标准农田规划，分布在村庄的各级文物保护单位保护边界、建设控制地带，以及重点乡村旅游村、旅游线路、旅游项目和旅游公共服务设施等
2	生态修复专项规划	自然资源局	
3	文物保护单位保护规划	文物局	
4	全域旅游发展总体规划	文化和旅游局	
5	中小学和幼儿园布局规划	教育局	

2.2.5 村庄类规划评估

村庄在发展过程中，由各相关业务主管部门组织编制完成相关规划，诸如：住房和城乡建设部门的"社会主义新农村规划""美丽乡村规划""传统村落保护发展规划""农村人居环境整治规划""村庄建设规划""历史文化名村保护规划"等，原国土资源部门的"村土地利用规划"，农业和文旅部门的"乡村旅游规划""田园综合体规划"等；以及各省结合省情提出的规划，诸如：江苏省"特色田园乡村建设规划"、江西省"秀美乡村规划"、甘肃省"生态文明小康村规划"等；在村庄项目申报、历史保护、发展建设和人居环境整治过程中，发挥了特定作用和价值。

在村庄规划编制过程中，对已有相关村庄规划的行政村，从合规性、实效性、适用性开展规划实施评估和评述，做到"汇总规划冲突、扬弃脱离实际、吸纳规划共识、延扩保护内容、评判实施效率"。

现有村庄规划的适应性评估，以行政村为单元，围绕以下内容评估现有村庄规划的适应性。

1. 上位土地利用总体规划。村庄建设用地布局是否符合上位土地利用总体规划。

2. 永久基本农田保护。评估村庄规划中是否划定和落实永久基本农田保护范围，建设用地是否有占用永久基本农田情况，占用面积多少。

3. 生态保护红线划定。评估村庄规划中是否划定和衔接生态保护红线，建设用地是否占用生态保护红线，占用面积多少。

4. 宅基地建设需求。编制的村庄规划建设用地能否满足宅基地建设需求。

5. 地质灾害隐患避让。评估村庄规划是否落实地质灾害防治相关要求。

6. 乡村振兴产业项目落地。评估乡村振兴产业项目是否在村庄规划中进行安排；分析村庄规划能否满足乡村振兴产业项目落地实施需求。

7. 农村人居环境整治项目。评估农村人居环境整治项目是否在村庄规划中进行安排；村庄规划是否可以满足基础设施和公共服务设施的建设需求。

8. 县（市、区）、乡镇发展诉求及村民意愿。评估县（区、市）、乡镇、村民对现有村庄规划的认可度，结合政府发展要求、村委需求、村民诉求，综合评估村庄规划的编制意愿。

村庄类规划评估要点

表2-8

序号	之前规划名称	原组织编制部门	规划评估和评述重点
1	社会主义新农村规划、美丽乡村规划、生态宜居村规划、农村人居环境整治规划、村庄建设规划、传统村落保护发展规划、历史文化名村保护规划等	住房和城乡建设局文物局	保护对象体系和保护范围界线的规划完备性，村庄基础设施和公共服务建设、人居环境整治、新建农宅引导与规划的一致性等进行评估
2	村土地利用规划等	原国土资源局	对建设空间、农业空间、生态空间安排，土地利用规模和布局，耕地保有量和基本农田，宅基地安排，土地整治等进行评估
3	乡村旅游规划、田园综合体规划等	农业农村局文化和旅游局	乡村旅游发展、乡村旅游用地与规划衔接性评估
4	江苏省"特色田园乡村建设规划"、江西省"秀美乡村规划"、甘肃省"生态文明小康村规划"等	各地方	同实用性村庄规划的有效衔接内容评估

2.2.6 "三线"规划数据

"三线"即生态保护红线、永久基本农田保护红线以及城镇开发边界,其中生态保护红线是保障和维护国家生态安全的底线和生命线,必须严格按照《生态保护红线管理办法》进行保护;永久基本农田保护红线是保障国家粮食安全的重要区域;城镇开发边界是保障城镇建设,进行城镇建设和发展的重要区域。

1. **生态保护红线:** 指在生态空间范围内具有特殊重要生态功能、必须强制性严格保护的区域,是保障和维护国家生态安全的底线和生命线,通常包括具有重要水源涵养、生物多样性维护、水土保持、防风固沙、海岸生态稳定等功能的生态功能重要区域,以及水土流失、土地沙化、石漠化、盐渍化等生态环境敏感脆弱区域。生态保护红线主要属性字段对照及释义如表2-9所示。

生态保护红线主要属性字段对照表及释义

(完整内容参考《生态保护红线监管技术规范台账数据库建设(试行)》) 表2-9

字段序号	字段名称	字段代码	字段释义
3	行政区名称	XZQMC	县级行政区为基本单元划定
4	行政区划代码	XZQHDM	
6	红线名称	HXMC	红线名称参考《生态保护红线划定指南》红线命名方式
7	红线类型	HXLX	红线类型包括重要性功能和敏感性功能。重要性功能包括水源涵养、生物多样性保护、水土保持、防风固沙、其他生态功能;敏感性类型包括水土流失、土地沙化、石漠化、其他敏感性
9	面积	MJ	经过核定的多边形边界内部所有地类的面积,为坐标计算的椭球面积
11	自然保护地名称	ZRBHDMC	生态保护红线中,科学评估后所划定的自然保护地
12	自然保护地级别	ZRBHDJB	分为五个等级:国家级(1)、省级(2)、市级(3)、县级(4)、其他(5)
13	自然保护地类型	ZRBHDLX	分为四种类型,对应的名称及编码分别为:国家公园(1)、自然保护区(2)、自然公园(3)、其他保护区(4)
14	自然保护地分区	ZRBHDFQ	分为两种类型,对应的名称及编码分别为:核心保护区(1)、一般控制区(2)

□**说明:** 生态保护红线的划定严格遵守《生态保护红线划定指南》,数据库标准以《生态保护红线监管技术规范台账数据库建设(试行)》为准,生态保护红线的管理参考《生态保护红线管理办法(试行)》。本手册所涉及的标准及指南均以国家相关部门及各地区所在地相关部门发布的最新标准为准。

图 2-9 《生态保护红线划定指南》 2017 年 5 月 环境保护部

图 2-10 《生态保护红线监管技术 规范台账数据库建设（试行）》 2020 年 11 月 生态环境部

图 2-11 《生态保护红线管理 办法（试行）》

2. 永久基本农田保护红线：按照一定时期的人口和社会经济发展对农产品的需求，依据土地利用总体规划确定的不得占用的耕地（永久基本农田保护图斑以"三调"图斑为基础，因此结合"三调"【地类图斑】直接使用即可）。

□**说明**：根据《关于全面实行永久基本农田特殊保护的通知》（国土资规〔2018〕1号），坚持农业农村优先发展战略，坚持最严格的耕地保护制度和最严格的节约用地制度，以守住永久基本农田控制线为目标，以建立健全"划、建、管、补、护"长效机制为重点，巩固划定成果，完善保护措施，提高监管水平，逐步构建形成保护有力、建设有效、管理有序的永久基本农田特殊保护格局。

3. 城镇开发边界：在国土空间规划中划定的，在一定时期内因城镇发展需求，可以进行城镇开发和城镇集中建设、重点完善城镇空能的区域边界。城镇开发边界内可分为城镇集中建设区、城镇有条件建设区和特别用途区。

城镇集中建设区：根据规划城镇建设用地规模，为满足城镇居民生产生活需要，划定的一定时期内允许开展长征开发和集中建设的地域空间。城镇有条件建设区：为应对城镇发展不确定性，在城镇集中建设区外划定的，在满足特定条件下方可进行城镇开发和集中建设的地域空间。城镇特别用途区：为完善城镇功能，提升人居环境品质，保持城镇开发边界的完整性，根据规划管理划入开发边界内的重点地区，主要包括城镇关联密切的生态涵养、休闲游憩、防护隔离、自然和历史文化保护等地域空间。

□**说明**：本次村庄规划范围为城镇开发边界外的乡村地区，在编制村庄规划过程中，各省市根据已划定现行的城镇开发边界并结合三调【村级调查区】中村级行政区边界，对城镇开发边界外，村级调查区范围内的区域进行核实，以村域为基本单元（不包含城镇开发边界），编制覆盖全域，科学有效、管控到位的实用性村庄规划。

47

■ 2.3 驻村调查内容

2.3.1 村庄基本概况

是对村庄基本情况概要表述，调查包括标准地名、行政隶属关系、历史沿革变迁、是否涉及飞地、村庄荣誉称号、村"两委"构成、党员数量、第一书记和驻村工作队、帮扶企事业单位等。在乡镇和村委编撰的村情简介中均有表述。

村庄基本概况调查与规划编制衔接　　表2-10

序号	村庄基本概况	规划编制阶段应用
1	标准地名、行政隶属关系、历史沿革变迁、是否涉及飞地等	与"三调"数据库中坐落单位名称（ZLDWDM）、权属单位名称（QSDWMC）等核对，规划名称和数据库中范围、单位名称一致
2	村庄荣誉称号	作为乡村振兴的重要依托基础，并与村庄发展定位、发展目标、历史文化保护、村规民约等相衔接，延续和发展荣誉称号内涵
3	村"两委"构成、党员数量、第一书记和驻村工作队、帮扶企事业单位等	作为乡村振兴的内组织力量和外部借助力量，作为村庄规划实施的组织保障

2.3.2 社会经济概况

是对村庄人口和产业发展概要表述，调查包括户籍人口、常住人口、老年人口、外来常住人口、旅游人口等，一二三产业发展情况、土地流转情况、农业品牌、村集体经济、村民收入来源等，以及政企村对产业发展思路、投资意愿或项目计划、农业基础设施建设需求等。一般在村情简介、新农合医保缴费统计、农民合作社简介、土地流转合同统计中有表述，可在驻村时详细调查。

社会经济概况调查与规划编制衔接　　表2-11

序号	社会经济概况	规划编制阶段应用
1	户籍人口、常住人口、老年人口、外来常住人口、旅游人口等	是预测户籍和常住人口、预测村庄实际服务人口的基础数据，分户新建宅基地、公共服务设施和公用设施规模预测的基础依据，规划新建和改扩建"一老一幼"设施的服务对象依据
2	一二三产业发展情况、土地流转情况、农业品牌、村集体经济、村民收入来源等	核对产业发展现状用地与"三线"划定成果、农村产业用地管控要求关系，产业规划引导可依托资源、升级基础、发展条件等
3	政企村对产业发展思路、投资意愿或项目计划、村集体经济发展诉求等	核对拟发展产业项目的选址和规模与"三线"划定成果、农村产业用地管控要求关系，以及集体经营性用地规划布局等
4	农用地综合整治需求、农业基础设施建设需求、农业面源污染治理需求	规划农业基础设施与土地综合整治项目，推进高标准农田建设、"旱改水"、宜林地和园地整治、污染土壤修复、农村面源污染治理等

2.3.3 自然资源概况

是对山水林湖草沙冰等自然资源概要表述，调查包括自然地形、自然保护地、山水林湖草沙冰和主要生态问题等。可借助地形图、DEM 数字高程模型数据分析、自然保护地规划、生态保护红线划定成果等进行详细调查。

自然资源概况调查与规划编制衔接　　表 2-12

序号	自然资源概况	规划编制阶段应用
1	自然地形地势	作为基础设施管线布局、居民点新建布局、国土综合整治、农业种植调整等的地形条件依据
2	自然保护地(国家公园、自然保护区、自然公园)，山、水、林、湖、草、沙、冰等	作为村庄生态保护红线、一般生态空间的划定依据，规划落实生态保护和生态管控要求，开展国土绿化
3	主要生态问题(冰川冻土消融、荒漠化沙化、石漠化、水土流失、草场退化、生境退化、河湖海岸线缩减、湿地萎缩、地下水漏斗区、废弃矿山矿坑、采空区、污染土壤等)	作为国土综合整治、生态保护修复和地质灾害治理的规划对象

2.3.4 历史文化资源概况

是对村庄历史文化保护传承体系的概要表述，调查包括历史文化名村（传统村落）、各级文物保护单位、历史地段、历史建筑、文化线路，村庄传统格局、历史风貌、人文环境及其所依存的地形地貌、河湖水系等自然景观环境，工业遗产、农业文化遗产、灌溉工程遗产，非物质文化遗产、地名文化遗产，文化服务设施，村规民约、家风家训。在文物保护部门、文旅部门相关申报存档资料、市县志、保护规划等资料中有表述，可在驻村时详细调查，明确位置。

历史文化资源概况调查与规划编制衔接　　表 2-13

序号	历史文化资源	规划编制阶段应用
1	历史文化名村（传统村落）、各级文物保护单位、历史地段、历史建筑、文化线路等	划定各类保护对象的保护范围和必要的建设控制地带，划定地下文物埋藏区，明确保护重点和保护要求
2	村庄传统格局、历史风貌、人文环境及其所依存的地形地貌、河湖水系等自然景观环境，工业遗产、农业文化遗产、灌溉工程遗产等	强预防性保护、日常保养和保护修缮
3	非物质文化遗产、地名文化遗产，文化服务设施，村规民约、家风家训等	传承非物质文化遗产，发挥非物质文化遗产的社会功能和当代价值，保护地名文化遗产，建立地名标识系统；传承村规民约、家风家训、礼仪节庆，提高乡风文明

2.3.5 居民点建设概况

居民点布局调查涉及核对村庄分类与布局中的居民点留、并、撤指引要求，核对居民点与城镇开发边界、生态保护红线、基本农田红线关系，若有新建或迁建、并建居民点需求，现场核对计划新建或迁建、并建居民点位置，新建户数、村民小组构成、户均新建标准、占地面积、配建要求等；调查掌握现状保留居民点情况，包括空心村空置宅院、废弃宅院、未建宅院等数量和分布，以及典型宅院、宅基地面积、层数、建筑面积、建筑结构、宅院功能和存在的主要问题；掌握分户新建需求、翻建住房需求、改建住房需求等，同时对新建或翻建住房的需求进行调查，在本省宅基地面积范围内，对层数、建筑面积、建筑结构、宅院功能和造价要求等进行调查。

居民点建设概况调查与规划编制衔接　表 2-14

序号	居民点建设概况	规划编制阶段应用
1	计划新建或迁建、并建居民点位置，新建户数、村民小组构成、户均新建标准、占地面积、配建要求等	核对居民点与城镇开发边界、生态保护红线、基本农田红线关系，对新建居民点布局进行引导
2	现状保留居民点情况，包括空心村空置宅院、废弃宅院、未建宅院等数量和分布，以及典型宅院、宅基地面积、层数、建筑面积、建筑结构、宅院功能和存在的主要问题	规划提升村容村貌的对象和典型院落
3	分户新建需求、翻建住房需求、改建住房需求等，同时对新建或翻建住房的需求进行调查，在本省宅基地面积范围内，对层数、建筑面积、建筑结构、宅院功能和造价要求等进行调查	引导新建、翻建和改建农宅农房设计，提高新建农宅设计水平

2.3.6 公共服务设施概况

对村庄内部现状公共服务设施开展调查，掌握现状各类型村庄常需公共服务设施的配置情况、使用面积、使用情况和新改扩建的需求，涉及村委会、党群服务中心、幼儿园、卫生室、老年人日间照料中心、文化活动中心、活动室、乡村舞台、乡村广场、村史馆等；对新增公共服务设施，统计新增公共服务设施的类型、拟新建或改建位置、建筑面积、建筑功能要求等；掌握需在镇区或城区满足的公共服务设施。

公共服务设施概况调查与规划编制衔接　表 2-15

序号	公共服务设施概况	规划编制阶段应用
1	现状各类型村庄常需公共服务设施的配置情况、使用面积、使用情况和新改扩建的需求，涉及村委会、党群服务中心、幼儿园、卫生室、老年人日间照料中心、文化活动中心、活动室、乡村舞台、乡村广场、村史馆等	评估公共服务设施使用现状，对其功能、风貌、环境、设施等在规划阶段进行提升与整治
2	新增公共服务设施，统计新增公共服务设施的类型、拟新建或改建位置、建筑面积、建筑功能要求等	评估新建公共服务设施需要，结合乡村生活圈，布局优化公共服务设施
3	在镇区或城区满足的公共服务设施	规划加强与此类公共服务设施的交通联系、交通组织等

2.3.7 公用基础设施概况

包括对道路交通、供水、排水、环卫、电力、电信、供暖、能源、灌溉等系统公用基础设施的系统调查，关注对外交通、村村通公交、村庄道路硬化、集中停车场等设施建设现状，关注供水水源与水量现状、供水管网现状，关注雨水和生活污水的排水方式、排水管渠和污水处理设施现状，关注公厕、户厕改造、垃圾收集方式、保洁人员与保洁制度等，关注供电电源和输电线路、变电配电设施、路灯情况和新能源风光电，关注通信基站、网络宽带、固话线路、乡村大喇叭等现状，关注集中或户内供暖方式，以及厨炊能源结构。

公用基础设施调查与规划编制衔接　　　　　　　　　表 2-16

序号	公用基础设施	规划编制阶段应用
1	对外交通、村村通公交、村庄道路硬化、集中停车场等设施建设现状等	在村庄规划中组织道路交通，提高村庄交通可达性，满足村民多元交通需求
2	水源与水量、现状供水管网现状，供电电源和输电线路、变电配电设施、路灯情况和新能源风光电，通信基站、网络宽带、固话线路、乡村大喇叭等现状，集中或户内供暖方式，以及厨炊能源结构等	在村庄规划中保障村民供水、电力、电信、供暖、能源，满足村庄现代生活多元需求
3	雨水和生活污水的排水方式现状、排水管渠和污水处理设施现状，公厕、户厕改造、垃圾收集方式，保洁人员与保洁制度等	解决农村人居环境在改厕、污水、生活垃圾方面的突出问题，实现环境卫生的综合提升

2.3.8 自然灾害概况

包括对村庄较频繁发生的气象水文灾害、地质地震灾害、海洋灾害、生物灾害、生态环境灾害等调查，掌握灾害对村民生活、农业生产造成的损失和影响；调查村庄现有的微型消防站、消防水池、灭火设施等配备情况及其空间分布。

自然灾害调查与规划编制衔接　　　　　　　　　　表 2-17

序号	自然灾害概况	规划编制阶段应用
1	气象水文灾害：干旱、洪涝、台风、暴雨、大风、冰雹、雷电、低温、高温、沙尘暴、大雾等	与产业规划结合，关注气象水文灾害潜在造成的农业减产，以及暴雨造成的洪涝灾害
2	地质地震灾害：地震、崩塌、滑坡、泥石流、地面塌陷、地面沉降、地裂缝等	提高村庄新规划建设建筑抗震，划定地质灾害的影响区，结合居民点建设，规避地质灾害影响
3	海洋灾害：风暴潮、海冰、赤潮等	沿海村庄潜在面临的风险
4	生物灾害：植物病虫害、疫ției灾害、鼠害、草害、赤潮、森林草原火灾等	与自然资源保护和畜牧业生产结合，防范相应生物灾害，应对森林草原火灾
5	生态环境灾害：水土流失灾害、风蚀沙化灾害、盐渍化灾害、石漠化灾害等	与生态修复规划结合，提高生态环境灾害应对能力
6	事故灾害：火灾、交通事故等，以及消防设施建设情况	与道路交通和给水工程规划结合，提高应对灾害能力

一份村庄调查表

XX县XX镇"多规合一"实用性村庄规划驻村调查表
[XX县自然资源局 监制]

村庄名称		XX县XX镇XX村						
联系人1		填写村党支部书记		电话		手机号，并确认可添加微信		
联系人2		填写村委会主任		电话		手机号，并确认可添加微信		
一、村庄基本概况								
1.1 村庄特色		例如：远近闻名的养殖村，地方戏曲非遗传承村						
1.2 历史沿革		是否涉及行政村迁并，行政村标准地名是否变更，是否涉及飞地						
1.3 荣誉称号		荣誉名称				授予部门与时间		拍摄铭牌或证书
		例如：国家历史文化名村、中国传统村落、国家森林乡村、全国乡村治理示范村等						
		例如：浙江省省级旅游休闲示范村、河南省民主法治村、山东省景区化村庄、福建省省级园林式村庄、湖北省省级生态村等						
		例如：XX市脱贫攻坚先进村、XX市级美丽乡村、XX县先进基层党支部、XX卫生文明村等						
1.4 村"两委"构成		村"两委"班子成员、党员数量						拍摄公示栏
1.5 第一书记、工作队或帮扶企事业单位		第一书记、工作队，帮扶企事业单位的基本情况						拍摄公示栏
二、社会经济概况								
2.1 人口现状	户籍人口户籍在本村	全村		一组	二组	三组	四组	根据自然村组数量续列
		户数（户）						
		人口数（人）						
	常住人口户籍在本村并长期居住	全村		一组	二组	三组	四组	根据自然村组数量续列
		户数（户）						
		人口数（人）						
	老年人口（人）	统计65岁及以上人口						
	外来人口（人）	户籍不在本村但长期生活在本村人口，可根据情况统计说明从事工农商等行业						
2.2 产业现状	第一产业情况	农作物种植	主要种植特色，成片种植种类、种植规模和年产量，并在调查底图上标注位置					
		作物种植设施农业	主要种植特色，成片种植种类、种植规模和年产量，并在调查底图上标注位置					
		畜禽水产养殖设施农业	主要养殖特色，大中型养殖点养殖品种、养殖规模和年产量，并在调查底图上标注位置					
		生态畜牧	夏季与冬季牧场，养殖规模、年出栏量等，并在调查底图上标注位置					
		林下经济	主要林下特色，成片林下种养殖种类、种养殖规模和年产量，并在调查底图上标注位置					
	第二产业情况	服务种植养殖业的农产品加工（包括家庭工场、手工作坊、乡村车间等）	项目名称、主营范围、用地权属性质（国有建设用地或集体经营性用地）、产业类型、产业规模、销路情况等，并在调查底图上标注位置					
		在村域范围内的其他工业厂区	目名称、主营范围、用地权属性质（国有建设用地或集体经营性用地）、产业类型、产业规模等，并在调查底图上标注位置					
	第三产业情况	电商物流（市场、电子商务、仓储保鲜冷链、产地低温直销配送等）	项目名称、主营范围、用地权属性质（国有建设用地或集体经营性用地）、产业规模、销路情况等，并在调查底图上标注位置					
		乡村旅游（采摘园、乡村民宿、农家乐、生态观光等）	项目名称、主营范围、用地权属性质（国有建设用地或集体经营性用地）、游客来源、民宿床位数、消费定价等，并在调查底图上标注位置					
		其他新兴业态	文化、创意、教育、康养等产业					
	农业品牌情况	有影响力的特产，种、养殖的地理标志农产品或区域公用品牌，精深加工的特色农产品品牌等						
	农村集体经济组织/合作社/种粮大户/养殖大户等情况	村集体经济、龙头企业、家庭农场、农民合作社等的基本情况，产业规模和年效益						
	土地流转规模（亩）							
	人均纯收入（元/人）	村民收入主要来源	从事农业相关行业或外出务工等					
2.3 产业发展构想与问题	产业发展思路或项目	村庄计划实施的产业项目，包括种养殖产业结构调整、新建精深加工，电子商务、仓储物流、市场，以及发展乡村旅游和休闲农业等项目，相关投资发展意向和产业发展区域预留等						
	需建设农业基础设施	包括农田水利、灌溉、机耕路、电力等						
	农业面源污染问题	例如：化肥农药、农膜、秸秆焚烧、畜禽粪污，废水、废液、固体废弃物入田等问题						
	产业发展面临的问题	例如：农产品滞销、劳动力不足、规模化不足、农业科技不够等						

三、自然资源概况			
3.1 地形环境	自然地形地势		例如：山地、盆地、平原、丘陵、沟谷等
3.2 自然保护地	各类自然保护地		国家公园、自然保护区、自然公园（森林公园、地质公园、海洋公园、湿地公园等），以各职能部门划定数据为准
3.3 山水林田湖草沙冰	山：山体		与村内核对分布和现存状况，以各职能部门划定数据为准
	水：主要河流、水库、塘坝、海域、海岸线、湿地、水源地、灌渠等		与村内核对分布和现存状况，以各职能部门划定数据为准
	林：公益林、天然林、防护林、商品林等		与村内核对分布和现存状况，以各职能部门划定数据为准
	湖：天然湖泊等		与村内核对分布和现存状况，以各职能部门划定数据为准
	草：天然草原、人工草地等		与村内核对分布和现存状况，以各职能部门划定数据为准
	沙：沙漠、沙地、戈壁等		与村内核对分布和现存状况，以各职能部门划定数据为准
	冰：冰川、冻土等		与村内核对分布和现存状况，以各职能部门划定数据为准
3.4 生态修复和国土绿化区域	主要生态问题		村庄内是否存在冰川土消融、荒漠化沙化、石漠化、水土流失、草场退化、生境退化、河湖海岸线缩减、湿地萎缩、地下水漏斗区、废弃矿山矿坑、采空区、污染土壤等生态问题

四、历史文化资源概况		
4.1 物质文化遗产	历史文化名村（传统村落）	包括历史文化名村、传统村落
	不可移动文物	包括国家级文保单位、省级文保单位、市县级文保单位
	历史地段、历史建筑	包括传统民居、近现代代表建筑、名人故居、革命文物旧址等
	文化线路	包括长城、大运河、古驿道、古邮路、边关地道、长征线路等
	传统格局、历史风貌、人文环境及其所依存的地形地貌、河湖水系等自然景观环境	包括山水环境、传统风貌、城垣或村围遗存、传统街巷格局、轴线视廊与重要建筑布局、制高点、古井、古树、古桥、古碑、驳岸、铺地等历史环境要素、民族信仰要素等
	工业遗产、农业文化遗产、灌溉工程遗产	包括传统农业系统，农耕文明、游牧文明等，灌溉工程遗产等
4.2 非物质文化遗产	非物质文化遗产	包括源于传统文化主题，非物质文化遗产和传承人，节事活动、民间传说、宗祠祭祀、礼仪节庆、老字号、历史名人、姓氏家谱、社会关系等
	地名文化遗产	包括古地名、少数民族地名、集体记忆地名等
4.3 文化服务设施	文化服务设施	包括考古遗址公园、遗址博物馆、陈列馆、村史馆、烈士陵园等
4.4 乡风文明	乡风文明和村规民约	包括村规民约、家风家训、道德模范、劳动模范、身边好人等

五、居民点建设概况						
5.1 居民点布局	居民点留、并、撤	核对村庄分类与布局中的居民点留、并、撤指引要求，核对居民点与城镇开发边界、生态保护红线、基本农田红线关系				
	新建或迁建、并建居民点	现场核对计划新建或迁建、并建居民点位置，新建户数、村民小组构成、户均新建标准、占地面积、配建要求等				
5.2 现状宅院	空置宅院（院）	建筑质量好长期无人居住	废弃宅院（院）	建筑质量差或坍塌长期无人居住	未建宅院（户）	宅基地空置未建设
	现状住房情况	典型宅院	宅基地面积	层数	建筑面积	宅院结构与功能	主要问题
5.3 新建宅院	分户新建需求（户）	"一户一宅"分户新建	翻建住房需求(户)	老旧房屋翻建或加建	改建住房需求（户）	主要用于民宿发展
	新建或翻建住房需求	典型宅院	宅基地面积	层数	建筑面积	宅院结构与功能	造价要求
		根据本省政策制定				砖混结构，前后院，三室两厅，独立卫浴	控制在 1000 元 / 平方米
	新建居民点风貌要求	宅院建筑风格与风貌等					

六、公共服务设施概况						
6.1 村庄内部现状公共服务设施	名称	位置	建设年代	建筑面积（平方米）	使用状况	现状升级需求
	村委会 / 党群服务中心	在调研底图标注			使用中、闲置、废弃	是否满足当前需求，有无改扩建需求
	卫生室	在调研底图标注				是否满足当前需求，有无改扩建需求
	文化活动中心	在调研底图标注				是否满足当前需求，有无改扩建需求
	老年人日间照料中心 / 幸福院 / 养老院	在调研底图标注				是否满足当前需求，有无改扩建需求
	小学	在调研底图标注				是否满足当前需求，有无改扩建需求
	幼儿园	在调研底图标注				是否满足当前需求，有无改扩建需求
	活动室 / 图书室	在调研底图标注				是否满足当前需求，有无改扩建需求
	村史馆	在调研底图标注				是否满足当前需求，有无改扩建需求
	乡村旅游服务中心	在调研底图标注				是否满足当前需求，有无改扩建需求
	乡村舞台	在调研底图标注				是否满足当前需求，有无改扩建需求
	乡村广场 / 运动场	在调研底图标注				是否满足当前需求，有无改扩建需求
	超市 / 商店 / 餐饮 / 快递点等	在调研底图标注				是否满足当前需求，有无改扩建需求
	公墓 / 墓地 / 骨灰堂等	在调研底图标注				丧葬习俗和移风易俗要求
	其他1：	在调研底图标注				是否满足当前需求，有无改扩建需求
	其他2：	在调研底图标注				是否满足当前需求，有无改扩建需求

续表

	名称	选址位置	占地面积（平方米）	建筑面积（平方米）	建筑功能	新建或改建需求
6.2 需新建公共服务设施	老年人日间照料中心	原小学	1200	600	满足就餐、午休、棋牌活动、室外健身等	设置20床位
6.3 区域公共服务设施需在镇区或城区满足的公共服务设施	名称	位置	访问频率	其他		

七、公用基础设施概况		
7.1 道路交通	对外交通	高速公路及其进出入口、国道、省道、码头、运河等名称
	村村通公交、镇村公交	公交线路、站点、每日班次等
	村庄道路硬化情况	包括主次干路，已完成硬化村组情况
	集中停车场	现状停车场位置、规模、新建需求
	村庄道路交通与停车设施建设需求	新建道路、原路硬化、扩建翻新、路面黑化、桥梁隧道、安全设施等需求，在调研底图上标注起止点、宽度
7.2 供水情况	供水水源与水量	供水水源或水源地、供水量满足情况
	现状供水管网	在调研底图标注主要供水管网走向、管径
	未供水区域	在调研底图标注需供水设施区域
7.3 排水情况	排水方式	均自然散排、雨污合流、雨污分流、其他
	现状排水管渠	在调研底图标注主要排水管渠走向、管径或尺寸
	未设置排水设施区域	在调研底图标注完善排水设施区域
	污水处理设施	现状位置、容量、处理技术等
	黑臭水体治理	是否存在黑臭水体、位置、规模、造成原因
7.4 环卫情况	公共厕所情况	公厕位置、卫生状况等，在调研底图标注
	户厕改厕情况	已完成改厕户数 / 待改厕户数 / 改厕采用技术 / 厕所粪污处理方式
	垃圾收集方式	分类收集形式
	垃圾收集点、转运站、处理场	垃圾收集点位置与收集方式 / 转运站位置与转运方式 / 垃圾集中处理场位置与转运方式
	保洁人员与保洁制度	保洁人员数量、垃圾转运车数量、日常保洁维护情况
7.5 电力情况	供电电源和输电线路	村庄农电来源和主要输电线路、高压电等，在调研底图标注
	变电配电设施	变电配电设施位置和负荷，在调研底图标注
	路灯情况	有路灯路段，需配路灯路段，在调研底图标注
	风电、光电情况	有无风电光电设施、上网电量、运营性质等，在调研底图标注
	供电设施建设需求	在调研底图标注需供电设施情况
7.6 电信情况	通信基站	现状通信基站位置、运营商、信号情况等，在调研底图标注
	网络宽带、固话线路	网络宽带、固话线路主要走向，在调研底图标注
	乡村大喇叭	乡村大喇叭位置、日常使用情况等，在调研底图标注
	公共监控设施	监控情况、运营情况，在调研底图标注
7.7 供热情况	集中供暖	供暖方式、规模、供暖时间、收费等，在调研底图标注
	户内供暖	煤炉、炕、空调、电暖气、地热、自建锅炉、空气能等
7.8 能源情况	厨炊能源结构	天然气、液化石油气、沼气、电、太阳能、煤、柴等使用情况

八、防灾减灾概况		
8.1 气象水文灾害	干旱、洪涝、台风、暴雨、大风、冰雹、雷电、低温、高温、沙尘暴、大雾等	在村内短期内较频繁发生过，对居民点、农业生产影响
8.2 地质地震灾害	地震、崩塌、滑坡、泥石流、地面塌陷、地面沉降、地裂缝等	在村内曾发生灾害的分布区域，对居民点、农业生产影响，以各职能部门划定数据为准
8.3 海洋灾害	风暴潮、海冰、赤潮等	在村内曾发生灾害的分布区域，对居民点、农业生产影响
8.4 生物灾害	植物病虫害、疫病灾害、鼠害、草害、赤潮、森林草原火灾等	在村内曾发生灾害的分布区域，对居民点、农业生产影响，以各职能部门划定数据为准
8.5 生态环境灾害	水土流失灾害、风蚀沙化灾害、盐渍化灾害、石漠化灾害等	在村内曾发生灾害的分布区域，对居民点、农业生产影响，以各职能部门划定数据为准
8.6 事故灾害	火灾、交通事故等	在村内曾发生灾害的分布区域，对居民点、农业生产影响
	消防设施情况	微型消防站、消防水池、灭火设施等，在调研底图标注

九、其他需补充
1.
2.
3.
4.
5.

■两张村庄调查底图

应结合高分辨率卫星影像，根据第三次国土调查成果或年度更新数据，叠合行政村边界、"三线"划定成果、重要地物和村民小组自然村地名，依据《国土空间调查、规划、用途管制用地用海分类指南》，统一底图底数。统一采用 2000 国家大地坐标系和 1985 国家高程基准作为空间定位基础，形成坐标一致、边界吻合、上下贯通的调研底图。

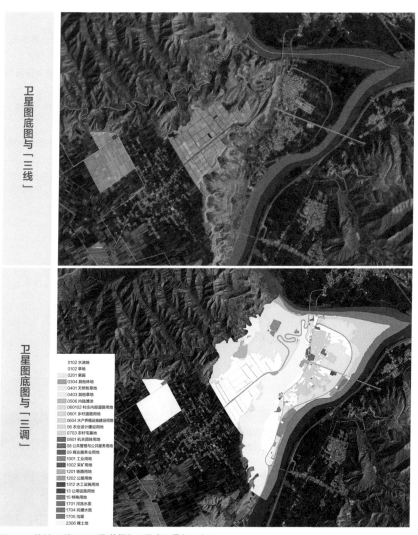

卫星图底图与「三线」

卫星图底图与「三调」

0102 水浇地
0102 旱地
0201 果园
0304 其他林地
0401 天然牧草地
0403 其他草地
0506 内陆滩涂
060102 村庄内部道路用地
0601 乡村道路用地
0604 水产养殖设施建设用地
06 农业设计建设用地
0703 农村宅基地
0801 机关团体用地
08 公共管理与公共服务用地
09 商业服务业用地
1001 工业用地
1002 采矿用地
1201 铁路用地
1202 公路用地
1312 水工设施用地
13 公用设施用地
15 特殊用地
1701 河流水面
1704 坑塘水面
1705 沟渠
2306 裸土地

图 2-12 某村"三线"及"三调"数据与卫星底图叠加示意图

■一套拍照和航拍要求

拍摄对象（手机、相机拍摄）

1. 现状公共设施：村委会、幼儿园、卫生室、文化活动中心、村史馆、老年人日间照料中心、公厕等，以及村务公开栏；

2. 现状开敞空间：乡村广场、文化舞台、休闲节点、健身节点等公共空间，拟计划补充建设用地；

3. 典型民居宅院：新建民居宅院、传统民居宅院，室内客厅、卧室、厨房、卫生间、储藏间等现状格局；

4. 现状道路街巷：通村路、通组路、机耕路、入户巷道等道路，以及未硬化路段、停车场、村村通站牌；

5. 现状公用设施：各类供水、供电设施、污水处理设施、垃圾收集设施，相关设施附属铭牌等；

6. 农业产业设施：农田果园、灌渠、设施大棚、集中养殖场、手工作坊、冷链、晒场、电商网点、乡村旅游等；

7. 历史文化资源：文保单位、古树名木、古建筑、传统古民居、古碑古井等，以及非遗表演、手工艺加工等；

8. 典型人居环境问题：黑臭水体、污水横流、旱厕、露天垃圾堆放点、畜禽粪便堆放点、泥泞路段、残破院墙等；

9. 工作照片：座谈、入户、踏勘、交流等工作照片。

拍摄要点

1. 一般人视高度（1.7~1.8 米），建筑物、构筑物、设施、道路等对象需居中、水平、完整，转角 30 ～ 45 度拍摄；

2. 拍摄对象均需附摄周边道路、广场、自然环境，后期能清晰识别周边地理环境信息；

3. 对整治改造、典型问题、脏乱差等；

4. 对宣传栏、公示栏、广告牌、文化墙、设施铭牌、碑刻等，文字需拍摄清晰可辨识；

5. 保证每一场景 4 张以上的照片，像素不低于 1200 万像素。

拍摄示意

图 2-13 拍照成果示意图

航拍对象（无人机航拍）

1. 村庄各集中居民点，村容村貌待提升区域，拟新建、并建居民点区域，拟发展旅游、设施农业区域等；

2. 地面调研禁区，特指村庄地质灾害隐患区（诸如滑坡点、淹没区、采空区等）、环境设施区域（诸如大型垃圾填埋场、污水处理厂等），以及自然保护地（诸如湿地沼泽、水库水面、密林、野生动物出没区）等；

3. 历史文化价值保护对象，需宏观视野拍摄传统民居群、山水环境、肌理格局等，建立影像档案；

4. 道路交通暂时无法到达区域，但具潜在涉及生态修复、国土整治区域；

5. 其他需要特别标记的设施、建筑、环境等。

航拍方式

1. 航拍视频和照片，高度 50~100 米，飞控半径范围内环线飞行拍摄，达到 1080P 清晰度以上；

2. 360 度全景拍摄，高度 100~120 米，定点飞行，转角 20% 重合度拼接拍摄；

3. 倾斜摄影，高度 80 米，借助飞控软件设置自动飞行拍摄。

航拍注意

1. 严格按照当地无人机禁飞区要求，禁止靠近军管区、净空区、重要设施区等；

2. 谨防高压线、通信基站塔、鸽群、山体等；

3. 牢记起飞点、飞行路线和拍摄区域；

4. 时刻关注无人机电量，筹划返航距离与时间点；

5. 关注飞行天气，雨雪、大风天气不起飞，冬季注意电量耗损。

航拍示意

航拍视频和照片　　　　　　360度全景拍摄　　　　　　倾斜摄影

图 2-14 无人机航拍成果示意图

■一套入户调查问卷

为提高公众参与程度，着力解决农民最关心、最直接、最现实的利益问题，采用入户调查问卷形式，入户调查填写调查问卷，填写比例为全村总户数的 20% 以上。入户对象可以是村委会干部、村民小组组长、村民代表、村民等。

基本信息：
____省____市（州）____县（市、区）____（镇、街道）____村
一、家庭基本情况
●信息与人口
1. 户主姓名____性别：____年龄：____职业：____
文化程度：A. 未上过学；B. 小学；C. 初中；D. 高中；E. 中专；F. 大学；G. 硕士及以上
本户有____人，外出务工经商____人
留在家中____人，其中家务农____人。
●收入状况
2. 您的家庭收入为____（元）
3. 家庭收入主要来源：（最多选两项）
A. 农业林产收入；B. 牲畜产品收入；C. 水产养殖收入；D. 自营工商业；E. 外地务农或务工收入；
F. 家庭成员政府机关或村干部收入；G. 出租土地 / 设备 / 房屋；H. 社会保障收入；I. 其他收入
其中每人每月平均的基本生活费支出大约是：
A.500 元以下；B.500~1000 元；C.1000~3000 元；D.3000 元以上

二、土地利用情况
●耕地
1. 您家的承包耕地面积为____亩，共有____块
是否有基本农田：A. 是；B. 否；C. 不清楚
2. 承包耕地：A. 是；B. 否
若是：流转方式（可多选）：A. 转让；B. 出租；C. 互换；D. 入股；E. 抵押；F. 其他
流转面积____亩，流转____年，由谁转让____；
转让给谁 A. 本村村民；B. 外村村民；C. 村集体；D. 种养大户、E. 农业企业、F. 其他
转让 / 转租费用地是____元 / 年 / 亩，价格是否满意：A. 是；B. 否
流转前主要种植 / 养殖（可多选）：A. 稻麦等粮食作物；B. 油菜蔬果等经济作物；C. 桑树果树等；
D. 花卉等；E. 水产
若是：主要种植 / 养殖（可多选）稻麦等粮食作物、油菜蔬果等经济作物、桑树、果树等、花卉等、水产，
将来是、否有意愿转让，若是，意愿转让价格是____元 / 年 / 亩
●宅基地
3. 您家的宅基地面积为____平方米，房屋建筑面积为____平方米，建筑层数____层
4. 目前住宅属于哪一种？
A. 独门独院；B. 联排；C. 多层
5. 房屋修建年份（填写年份）____年
6. 您目前的房屋主要用途（多选）：
A. 自住；B. 出租；C. 经营；D. 混用；E. 其他
7. 您家中有____部私家车
8. 是否有专用停车库（位）？A. 是；B. 否
●林地、草地
9. 您家的承包林地面积为____亩，共有____块主要用途？
A. 林业；B. 林果业；C. 其他；D. 无
10. 您家的承包草地面积为____亩，共有____块？

三、居住意愿

1. 在未来五年您家是否需要新建住房？
A. 是；B. 否
2. 如果新建房，您希望建在什么地方？
A. 规划新村内；B. 原地重建；C. 不确定；D. 其他
3. 现在居住条件是否满意？
A. 是；B. 否
4. 您或家人希望居住的地方？
A. 留在本村；B. 不在本村
5. 如果能够明显改善居住条件，您是否愿意搬迁到新家村社区或镇区居住？
A. 有合适补助的话愿意；B. 不愿意
6. 如果提供新的宅基地给您，您愿不愿意从村中搬出，归还现有宅基地？
A. 愿意；B. 要有一定的补偿才愿意；C. 不愿意
7. 您能接受的集中安置住房类型（可多选）：
A. 多 / 高层公寓；B. 靠在一起的独家房屋；C. 独门独院

四、设施建设

● 交通条件
1. 家门口主要道路有____条？是水泥 / 柏油硬化路面？
2. 经过本村的公交每天班次方便吗？
3. 从住处到田地道路是否方便？
● 公用设施
4. 您的孩子目前（或未来打算）就读的幼儿园是？
A. 本村内幼儿园；B. 邻近村庄幼儿园；C. 本乡镇幼儿园；D. 市区幼儿园；E. 随父母到外地上幼儿园；
F. 其他
5. 您的孩子目前（或未来打算）就读的小学是？
A. 本村或邻近村庄教学点；B. 直接在本村内小学就读；C. 邻近村庄小学；D. 本乡镇中心小学；
E. 市区小学；F. 随父母到外地就读；G. 其他
6. 您的孩子目前（或未来打算）就读的中学是？
A. 本乡镇内中学；B. 市区初中；C. 随父母到外地就读；D. 其他
7. 您对现有就读环境是否满意？
A. 是；B. 否
如不满意主要原因是（可多选）？
A. 师资力量、教学水平；B. 班级人数过多；C. 学校距离太远；D. 校车费用问题；E. 其他
8. 您平时就医地点是？
A. 本村卫生室；B. 本乡镇中心卫生院分院；C. 本乡镇中心卫生院；D. 市区医院；E. 其他
9. 如到卫生室就医，通常进行哪些治疗（可多选）？
A. 感冒发烧；B. 突发急诊；C. 健康检查；D. 输液；E. 其他
10. 您对现有村卫生室就医环境是否满意？
A. 是 B. 否
如不满意主要原因是（可多选）？
A. 医疗药品、设备；B. 医护人员水平；C. 就医环境卫生；D. 其他
11. 您更喜欢哪种养老方式：
A. 搬入敬老院；B. 集中居住在新村社区的老年房；C. 自己住在家里；D. 其他
12. 如果在家里养老需要哪些服务项目（可多选）？
A. 餐饮；B. 医疗康复；C. 家政服务；D. 陪伴；E. 其他
13. 你平时参与较多的文体生活是（可多选）？
A. 在家看电视、阅读；B. 和邻居打牌打麻将；C. 和邻居喝茶聊天；D. 去村公共文化室看电影、上网、
阅读；E. 去参加广场文化活动（如广场跳舞等）；F. 去参加文艺兴趣小组或业余文艺团队（唱戏、
跳舞等）；G. 到村健身场地健身、打球；H. 其他
14. 您是否知道本村有文化体育服务设施？
A. 是；B. 否

15. 你对本村文化体育服务设施的使用频率是?
A. 每日; B. 2～3天; C. 每周; D. 每月; E. 几乎不去
16. 如果不经常去主要原因是(可多选)?
A. 离家太远; B. 地方太小; C. 设施陈旧; D. 没有集体活动吸引; E. 其他
17. 如果本村未来完善文体设施,您认为应该把有限的钱花在哪些地方(可多选)?
A. 建设乒乓球室、篮球场、室内台球室等; B. 建设广场舞地; C. 建设休闲散步道;
D. 增设棋牌室、文化活动室等; E. 组织更多集体文体活动; F. 放映更多电影; G. 其他
18. 您平时购买日用品的主要途径是(可多选)?
A. 村内便民超市; B. 镇上商铺; C. 集贸市场; D. 市区商铺; E. 网购; F. 其他
19. 您对目前使用的商业设施是否满意?
A. 是; B. 否
20. 如不满意主要原因是?
A. 商品种类太少; B. 商品质量太差; C. 购物环境不佳; D. 设施距离太远; E. 其他
●环境
21. 您觉得本村环境整治中最需要解决的问题?(多选)先后顺序,如:
A. 拆除临时搭建的建筑 B. 拆除危房 C. 理顺杂乱无序的道路结构 D. 增建道路、扩宽道路宽度
E. 增建停车场 F. 垃圾处理问题 G. 污水集中处理 H. 改善村民饮水问题 I. 改善村庄绿化环境
22. 您觉得本村的环境状况怎么样?
很好、一般、污染、严重污染
污染来源(可多选)空气污染、水污染、生活垃圾污染、农业化肥污染、噪声污染、工厂污染、
其他

五、政策认知与响应
1. 对宅基地实行"一户一宅"制度是、否了解?
2. 对宅基地申请、审批程序是、否了解?
3. 对宅基地管理现状是否满意? 满意(管理规范、程序公开);基本满意(管理应进一步规范、程序应进一步公开透明);不满意(管理混乱、程序不公开透明)
4. 村里"一户多宅"是、否应该拆除?
5. 您认为村里"空心房"(没人住的废弃房屋)如何处理? 拆除他用放置不管、卖给他人、租给他人、村里回收、拆除他用
6. 您是、否听说过"基本农田保护"政策?
7. 你是、否听说过"土地整治""高标准农田建设"政策?
8. 您是、否听说过"乡村振兴战略"政策?
9. 您认为村里适合发展什么产业?(可多选)种植、养殖、休闲农业、观光旅游、工业、其他

六、人口流动与城镇化
1. 您的家庭是否有外出务工人员?
A. 有; B. 没有
外出务工每人每月平均收入是: A. 500元以下; B. 500～1000元; C. 1000～3000元;
D. 3000～5000元; E. 5000元以上
外出务工主要工作地点
A. 本乡; B. 县城; C. 市区; D. 市域工业园区; E. 本省其他城市; F. 外省其他城市
外出务工回家频率: A. 每日往返; B. 每周回一次家; C. 每月回一次家; D. 一季度回一次;
E. 半年回一次; F. 过年才回家; G. 几年回一次; H. 不回
2. 如果外出务工人员选择留在打工地继续发展,主要原因是什么?
A. 生活条件更好,配套设施更齐全; B. 子女能得到更好教育; C. 工作机会多,工资高;
D. 就业环境相对公平; E. 医疗水平高; F. 已经融入城市,身份得到认可; G. 工作已经取得一定成就,不想离开; H. 其他
3. 如果外出务工人员选择返乡,主要的原因是什么?
A. 自然环境好(空气新鲜,有山有水); B. 故土难离(对家乡和亲朋好友有感情); C. 舍不得村里宅基地和承包土地; D. 希望回家照顾老人和孩子; E. 村里熟人多,好办事; F. 在大城市买不起房;
G. 工作压力小,工作不忙; H. 在城市里每天上下班时间太长,城市里容易堵车; I. 其他
4. 您是否愿意由农村户籍转为城镇户籍?
A. 是; B. 否
5. 若转为城镇户籍,您是否愿意有偿放弃宅基地?
A. 是; B. 否

七、交通与出行需求

1. 您日常生活到集镇的出行方式主要是（可多选）？
A. 步行；B. 自行车；C. 电动车；D. 摩托车；E. 小汽车；F. 公共交通

2. 您多久去一趟集镇？
A. 1～3天；B. 一周左右；C. 一月左右；D. 一年左右
去集镇最主要的三个目的：
A. 工作；B. 购物、娱乐；C. 进货送货；D. 走亲访友；E. 就医看病；F. 接送孩子上下学；
G. 其他

3. 您多久去一趟市区？
A. 1～3天；B. 一周左右；C. 一月左右；D. 一年左右
去市区最主要的三个目的：
A. 工作；B. 购物、娱乐；C. 进货送货；D. 走亲访友；E. 就医看病；F. 接送孩子上下学；
G. 其他

4. 您对现有通村公共交通是否满意？
A. 是；B. 否

5. 如不满意主要原因是（可多选）？
A. 线路安排不合理；B. 上班高峰期班次太少；C. 招呼站没有遮风挡雨的设施；D. 其他

八、村庄发展建议

1. 您目前最关心的三个问题是：
A. 家庭收入；B. 住房建设；C. 子女教育；D. 医疗医保；E. 水电路气房等基础设施；F. 村庄环境；
G. 搞好农业；H. 其他

2. 您认为近年村庄发展较好的领域（可多选）：
A. 经济发展；B. 教育设施；C. 医疗设施；D. 文化体育设施；E. 住房建设；F. 垃圾收集处理设施；
G. 污水收集处理设施；H. 水电路气等基础设施；I. 村庄风貌和环境；J. 农田基础设施；K. 其他

3. 您认为近年村庄发展较差的领域（可多选）：
A. 经济发展；B. 教育设施；C. 医疗设施；D. 文化体育设施；E. 住房建设；F. 垃圾收集处理设施；
G. 污水收集处理设施；H. 水电路气等基础设施；I. 村庄风貌和环境；J. 农田基础设施；K. 其他

4. 您觉得村中目前亟待完善的三项公共服务设施：
A. 卫生所；B. 小学；C. 幼儿园；D. 养老院；E. 文化活动室、图书室；F. 商店；G. 活动健身广场；
H. 祠堂；I. 戏台等娱乐设施；J. 其他

5. 您觉得村中目前亟待完善的三项基础设施：
A. 通行政村路；B. 通自然村路；C. 自来水；D. 电网改造；E. 户用燃气；F. 污水收集和处理设施；
G. 垃圾收集设施；H. 垃圾处理设施；I. 网络通信设施；J. 其他

6. 您觉得村中目前亟待完善的三项农业设施：
A. 机耕道路；B. 农田水利；C. 农田电力；D. 农田网络通信；E. 农业技术服务机构；F. 农资销售点；
G. 农机服务机构；H. 农田林网；J. 其他

7. 您认为本村建设最重要三件事是：
A. 增加投入和补贴；B. 改善农业生产条件；C. 提升公共服务设施；D. 基础设施建设；
E. 发展特色经济；F. 其他

■ 2.4 调查工作方法

在明确规划调查对象和内容的情况下，在各地村庄规划导则的框架下，根据村庄规划组织、管理、实施、参与的实际，通过驻村调查、座谈走访、入户调查、田野踏勘、乡贤访谈、公众参与、宣讲解释、宣传动员等工作方式，系统组织村庄规划调查工作。调查工作的开展情况，直接关系到能否有效地获取村庄现状信息、获得村委会和村民发展诉求、发现村庄实际问题，为下一阶段村庄规划编制中解决实际问题、满足村庄发展需求等提供重要支撑。根据规划编制单位参与情况，调查工作分解为以下四个阶段（图 2-17）。

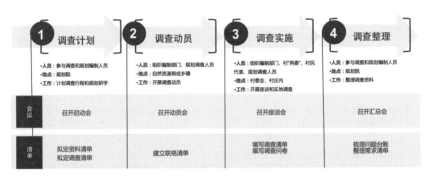

图 2-15 村庄调查工作方法体系示意图

2.4.1 调查计划

由村庄规划编制单位，基于现有基础资料和规划导则要求，提前组织了解村庄所在地区情况，研判村庄调查和规划重点，并拟定资料清单和调查清单。说明调研计划和调查清单，包括对组员进行分组分工、安排调查行程进度、注意事项等，以及组织集体学习所在省、市村庄规划编制导则和已公示的村庄规划成果。

图 2-16 村庄调研与规划启动会召开流程图

2.4.2 调查动员

根据村庄规划涉及的乡镇情况和村庄规模，组织全县或全镇村庄规划动员会议，为各乡镇、行政村建立起"村庄规划是乡村振兴的基础性工作，是乡村进行各项建设的法定依据"的基础认识。通过宣贯规划政策、强调规划重要性、说明编制计划、培训规划内容、建立沟通联络等方式，为进一步开展入村调查提供基础。

图 2-17 全县或全镇村庄规划动员会召开流程图

2.4.3 调查实施

在驻村调查实施阶段，提前联系村"两委"，自然资源局与乡镇本次村庄规划相关负责人带领入村，首先组织入村座谈会，交代本次调查意图、规划意义，说明规划院调研的主要任务，建议采取问答方式，一问一答掌握村庄总体情况；再根据村庄范围面积、调研重点和发展实际，安排现场踏勘、入户走访、拍照记录等，最后实施航拍；最后返回村委会，对填写资料、问卷和其他资料进行补充和完善。

图 2-18 入村调查座谈会与实地踏勘流程图

名词解释：

[1] 村"两委"：是设在乡镇（街道）下一级行政村的组织机构，即村党支部委员会、村民委员会，分别根据《中国共产党农村基层组织工作条例》与《村民委员会组织法》产生。村党支部委员会是党的农村基层组织，受乡镇党委领导，一般设委员 3~5 名，其中书记 1 名，必要时可以设副书记 1 名，村级组织活动场所；村民委员会属于基层群众性自治组织，一般设置主任 1 人、副主任 1~3 人和委员若干人。

[2] 驻村第一书记和工作队：根据 2021 年 5 月《关于向重点乡村持续选派驻村第一书记和工作队的意见》表述，对脱贫村、易地扶贫搬迁安置村（社区）、乡村振兴任务重的村、党组织软弱涣散村等，从省市县机关优秀干部、年轻干部，国有企业、事业单位优秀人员和以往因年龄原因从领导岗位上调整下来、尚未退休的干部中选派，主要职责任务为建强村党组织、推进强村富民、提升治理水平、为民办事服务。

[3] 党群服务中心：根据 2020 年 7 月《关于加强和改进城市基层党的建设工作的意见》表述，党群服务中心是面向党员、基层干部、入党积极分子和周边群众开展党务政策咨询、办理党内业务、传播党建理论知识、提供党员政治生活的场所。包含提供党建指导、党群服务、教育管理、创业服务、人才联络、志愿帮扶、干部下沉挂钩以及文化、便民、医疗、养老、教育、助老等党政联系服务基层的内容。

[4] 行政村、自然村、村民小组：根据 2010 年 10 月修订《村民委员会组织法》和《第三次全国农业普查·行政村普查表指标解释》表述，行政村是村民委员会进行村民自治的管理范围，是中国基层群众性自治单位；自然村指在农村地域内由居民自然聚居而形成的村落，自然村一般都应该有自己的名称，属于空间概念；村民小组村民委员会可以根据村民居住状况、集体土地所有权关系等分设若干村民小组，属于组织概念。

2.4.4 调查整理

在完成各项调查后，逐一回收各村调查表、调查底图、入户调查问卷、复印材料、宣传资料、驻村调查日志等，按乡镇分村归档，对重要资料进行复印数字化，方便完整查阅；对调查获得的数字化资料、航拍、照片、录像、相关文件等资料，按文件夹分类整理，涉及地形图、高清航拍影像等资料需保密存档。

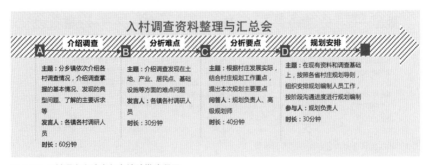

图 2-19 入村调查座谈会与实地踏勘流程图

■ 2.5 调查内容分析

调查内容的分析按照陈述分析、特征分析、趋势分析、问题分析和需求分析进行，通过陈述和特征分析对村庄特征和基本情况进行汇总；趋势分析是分析村庄在内外部优势条件影响下显现的发展趋势；问题分析是对标乡村振兴要求，分析仍然存在的现实问题与典型差距；需求分析是围绕乡镇、村"两委"、村民等分析村庄建设发展的需求。

图 2-20 调查内容流程图

村庄常见问题汇总　　　　　　　　　　　　　　表 2-18

序号	现状类别	常见问题
1	社会经济方面	老年人口比例高、常住人口少、劳动力少、用工成本高、村民收入渠道单一、村民农业收入较低、无可依托农业品牌、农业产业新业态不足，基本农田被侵占、畜禽水产养殖设施农业存在污染、乡村旅游发展滞后，化肥农药、农膜、秸秆焚烧、畜禽粪污，废水、废液、固体废弃物入田等问题
2	自然资源方面	存在自然保护地侵占问题，存在山水林湖草沙冰等生态破坏问题，存在冰川冻土消融、荒漠化沙化、石漠化、水土流失、草场退化、生境退化、河湖海岸线缩减、湿地萎缩、地下水漏斗区、废弃矿山矿坑、采空区、污染土壤等生态问题
3	历史文化资源方面	存在历史文化名村、传统村落建设性破坏问题，存在山水环境、传统风貌、城垣或村围遗存、传统街巷格局、轴线视廊与重要建筑布局破坏、传统民居不适宜现代生活等问题
4	居民点建设方面	存在一户多宅问题、空置废弃宅院问题、危旧房问题、新建居民点风貌不协调、未批建设问题等
5	公共服务设施方面	公共服务设施配建不齐全问题、闲置废弃问题等
6	公用基础设施方面	存在道路交通未硬化、不通畅等问题，存在供水、排水、环卫、电力、电信、供暖、能源等系统公用基础设施不健全问题，存在户厕改造、垃圾收集、黑臭水体等方面问题
7	防灾减灾方面	存在气象水文灾害、地质地震灾害、海洋灾害、生物灾害、生态环境灾害威胁，存在消防设施不足问题

■ 2.6 GIS 实验操作

本次村庄规划是国土空间规划体系中的重要一环，以 GIS 系列软件为规划的基础工作平台，通过规划前期数据整理和规划信息建库的基本方法，支撑村庄规划数据管理平台的建设。本节内容主要以规划前期数据整理和基础分析为主，分为四个小实验，分别进行详细的操作步骤的梳理与展示（本册使用 ArcGIS10.8.1 作为 GIS 平台）。

实验一：数据库建立与出图设置

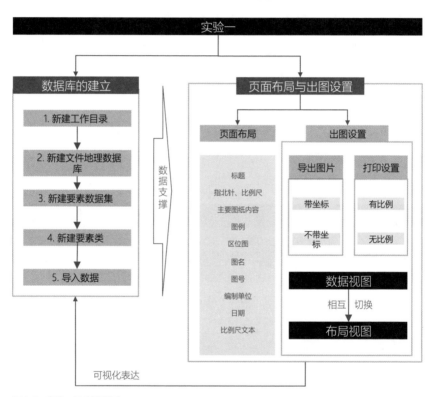

图 2-21 实验一技术流程图

1. 数据库的建立

国土空间规划背景下的村庄规划数据体系较为庞杂，为妥善管理数据，并能在规划完成后提交符合质量标准的数据，需要在工作初期就建立标准村庄规划数据库，并在整个过程中严格按照标准来制图和生产数据。本手册参照《甘肃省村庄规划数据库标准》（2021 年 9 月）演示如何建库。

◆步骤一：**新建工作目录。**

➢ 利用 Windows 资源管理器创建一个新的文件夹，用作工作目录（例如 D:\ 村庄规划手册 \GIS 实验 \chp01\ 练习数据 \ 规划信息建库）。

图 2-22 新建工作目录

◆步骤二：**新建文件地理数据库。**

➢ 打开一个空白底图文档，在【目录】面板中，【文件夹连接】项目中找到之前建立的工作目录【D:\ 村庄规划手册 \GIS 实验 \chp01\ 练习数据 \ 规划信息建库】（若找不到，点击 按钮新建一个链接目录）。

➢ 在目录面板中选择【规划信息建库】文件夹，右键新建【文件地理数据库】，将其命名为【XXXXXXXXXXXX 村级行政区村庄规划矢量数据】（12 位村庄行政区代码 + 村庄行政区名称 + 村庄规划矢量数据）。

图 2-23 新建数据库

◆**步骤三：新建要素数据集。**

➢ 右键点击【 XXXXXXXXXXXX 村级行政区村庄规划矢量数据】，新建要素数据集，显示【新建要素数据集】对话框。

➢ 设置【名称】为【境界与行政区】点击下一步。

➢ 设置坐标系，选择【投影坐标系】–【Gauss Kruger】–【CGCS2000】–【选择与原始村级调查区相同的投影坐标系】（村级调查区图层右键【属性】–【源】即可查看【投影坐标系】）。

➢ 设置容差，默认即可。点击【完成】结束。

➢ 重复以上操作，完成【基期年现状】和【目标年规划】等其他要素数据集的创建。

图 2-24 新建要素数据集

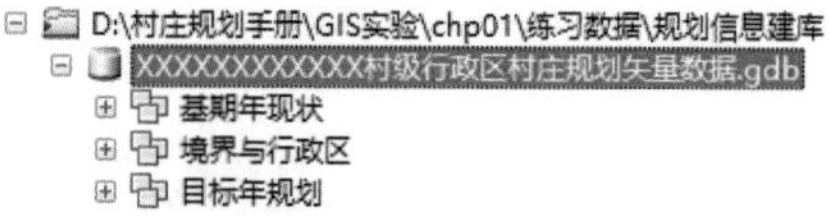

    □ ☐ D:\村庄规划手册\GIS实验\chp01\练习数据\规划信息建库
      □ ☐ XXXXXXXXXXXX村级行政区村庄规划矢量数据.gdb
        ⊞ ☐ 基期年现状
        ⊞ ☐ 境界与行政区
        ⊞ ☐ 目标年规划

图 2-25 完成要素数据集的创建

◆**步骤四：新建要素类。**

➢ 右键点击【境界与行政区】要素数据集，新建【要素类】，显示【新建要素类】对话框。

➢ 设置【名称】为【CJXZQ】，别名为村级行政区。

➢ 设置【类型】为面要素，点击【下一步】（其他新建要素类参照"村庄规划数据库要素图层表"，其中 Polygon 为面要素，Line 为线要素，Point 为点要素）。

➢ 设置非空间属性。点击【字段名】列下的空白单元格，按照"村级行政区属性结构描述表"所示字段名称、类型、长度等字段。

➢ 重复上述操作，新建【基期年现状】和【目标年规划】等其他要素类。

村庄规划数据库要素图层表

表 2-19

序号	图层分类	图层名称	几何特征	属性表名	约束条件	备注
1	境界与行政区	村级行政区	Polygon	CJXZQ	M	
2	基期年现状	基期现状用地	Polygon	JQXZYD	M	注1
3		生态保护红线	Polygon	STBHHX	C	注2
4		永久基本农田	Polygon	YJJBNT	C	注3
5		永久基本农田储备区	Polygon	YJJBNTCBQ	C	注4
6		村庄建设边界	Polygon	ZJDJSFWX	M	
7		其他控制线	Polygon	QTKZX	C	包括蓝线、绿线、紫线、黄线
8		规划用地分类	Polygon	GHYDFL	M	
9		交通道路设施	Polygon	JTDLSS	M	
10	目标年规划	基本公共服务设施	Polygon	JBGGFWSS	O	
11		乡村公用设施（线）	Line	XCGYSSX	C	
12		乡村公用设施（面）	Polygon	XCGYSSM	C	
13		防灾减灾设施	Polygon	FZJZSS	C	
14		国土综合整治和生态修复工程	Polygon	ZHZZHSTXF	C	
15		历史文化保护范围	Polygon	LSWHBHFW	C	注5
16		增减挂钩建新区	Polygon	ZJGGJXQ	C	
17		增减挂钩拆旧区	Polygon	ZJGGCJQ	C	

注1：以"三调"成果为基础，结合补充调查，按照《国土空间调查、规划、用途管制用地用海分类指南》进行转换，形成基期现状用地。
注2：按照《关于印发生态保护红线评估调整成果及数据提交要求的函》。
注3：按照《永久基本农田数据库标准》（2019）。
注4：约束条件取值：M（必选）、O（可选）、C（条件必选），下同。
注5：村域内涉及历史文化文物保护的范围。

村庄规划数据库要素图层表

表 2-20

序号	字段名称	字段代码	字段类型	字段长度	小数位数	值域	约束条件	备注
1	标识码	BSM	Char	20		> 0	M	
2	要素代码	YSDM	Char	10		表1	M	
3	行政区代码	XZQDM	Char	12		非空	M	注1
4	行政区名称	XZQMC	Char	100		非空	M	注1
5	面积	MJ	Float	16	2	> 0	M	
6	村庄分类	CZFL	Char	100			M	注2
7	备注	BZ	Char	255			O	

注1："行政区代码"在现有行政区代码的基础上扩展到村级代码，即：县级行政区划代码 + 乡级行政区划代码 + 村级行政区代码，县及县以上行政区划代码采用 GB/T 2260 中的6位数字码，行政区名称采用 GB/T 2260 中的名称，县级以下行政区代码采用 GB/T 10114 中的规定，乡镇级行政区代码为3位数字码，乡镇级行政区名称直接采用乡镇名称，村级行政区代码为3位数字码，村级行政区名称直接采用行政村名称。
注2：村庄分类包括特色保护类村庄、城郊融合类村庄、集聚提升类村庄、拆迁撤并类村庄、其他类村庄。

图 2-26 新建要素类

图 2-27 添加字段

图 2-28 完成所有要素类的创建

◆**步骤五：导入数据。**

➤ 右键【CJXZQ】要素图层，单击【加载】–【加载数据】。

➤ 单击【下一页】，单击文件夹图标选择位置。

➤ 加载原始数据或规划后的数据，进行字段匹配。

➤ 单击【下一页】完成规划数据库的建立和数据的导入。

图 2-29 数据加载   图 2-30 字段匹配

2. 页面布局和出图设置

规划图纸页面布局和出图设置是 GIS 应用于村庄规划的一项重要功能，其中页面布局可根据各地村庄规划导则内容进行布置，能够清晰表达规划内容和页面布局美观即可。出图设置主要有导出图片和打印两种类型，前者主要用于文本插图、图册制作，后者主要用于调研图纸的打印。

● 页面布局（以《甘肃省村庄规划编制导则（试行）》为例）

◆步骤一：打开 ArcMap 软件，点击内容框左下角视图切换工具，切换 ArcMap 至【布局视图】。

◆步骤二：在图纸框以外的地方右键【页面和打印设置】，设置纸张大小和地图页面大小（详见出图设置）。

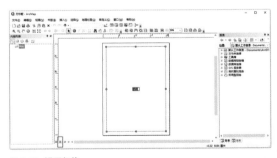

图 2-31 视图切换   图 2-32 页面设置

◆**步骤三：页面布局（以竖版为例）。**

➢插入标题（XXX乡（镇）XXX村"多规合一"实用性村庄规划）。

➢比例尺，村庄规划中一般以米为单位设置比例尺，页面上方比例尺窗口可调整比例尺，也可点击【内容列表】–【图层】–右键【属性】–【数据框】中设置。

➢指北针，根据页面布局自行选择即可。

➢比例尺文本，一般置于图纸主要内容下方或比例尺上方。

➢内图廓线等要素，用于分割图纸内容。自行设置位置和内容。

图 2-33 插入图纸内容

☐**说明：**ArcMap有两种视图。数据视图是系统启用时的默认视图，该视图主要用于数据编辑，其中只显示数据内容，而不显示图框、比例尺、图例等非数据内容；布局视图用于最后出图排版，该视图中可以绘制图名、图框、指北针、比例尺、图例等。

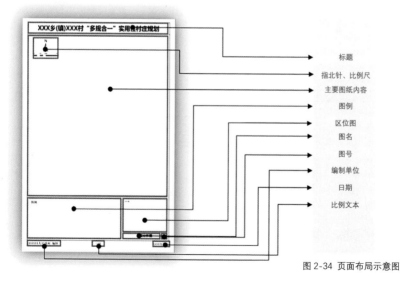

图 2-34 页面布局示意图

● 出图设置

◆ **类型一：导出图片【布局视图】**

➤ 切换至布局视图。点击切换布局视图按钮。

➤ 导出图纸。点击主界面菜单【文件】–【导出地图…】，显示【导出地图】对话框，设置【保存类型】【分辨率】【文件名】和【保存路径】，点击【保存】，即可保存为指定类型的图片文件。

◆ **类型二：导出图片【数据视图（带坐标）】**

➤ 切换至数据视图。点击切换数据视图按钮。

➤ 导出带坐标的图片。点击主界面菜单【文件】–【导出地图…】，显示【导出地图】对话框。

➤ 设置【保存类型】为 TIFF（*.tif），并设置【文件名】和保存路径。

➤ 点击【选项】栏下的【常规】选项卡，勾选【写入坐标文件】（生成图片会附带同名的 *.jgw 文件，加载影像时，原影像坐标位置不变），设置【分辨率】。

➤ 切换至【格式】选项卡，在【压缩：】下拉菜单中选择【LZW】（tiff 文件较大，需要进行压缩，其中 LZW 压缩为无损压缩），设置【背景色：】为【北极白】，勾选【写入 GeoTIFF 标签】。

➤ 点击【保存】按钮即可保存带坐标的图片文件。当加载图片时，该图片会出现在对应的坐标位置。

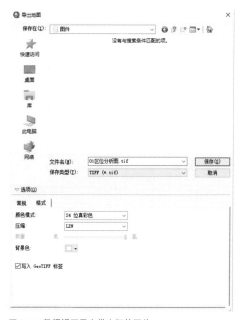

图 2-35 数据视图导出带坐标的图片

● 打印设置

◆ **类型一：无比例打印**

若不需要按照精准的比例来打印，这时可以减少设置步骤，按如下方式操作：

➢ 若在数据视图下，缩放到准备打印的区域；若在布局视图下，则无需缩放。

➢ 点击主界面菜单【文件】–【页面和打印…】，显示【页面和打印设置】对话框。

➢ 设置打印机类型（与 CAD 打印相似，可设置虚拟打印）。

➢ 设置纸张【方向】。

➢ 设置纸张【大小】，如设为 A4。若之前设置过页面大小，当打印机纸张和现有页面大小不一致时（如地图页面是 A3，而打印纸张是 A4），则必须首先在【地图页面大小】栏取消勾选【使用打印机纸张设置】，否则页面大小会随之改变为 A4，导致布局发生变化。

➢ 点击确定完成打印设置。

➢ 点击主界面菜单【文件】–【打印】，显示【打印】窗口。点击【确定】开始打印。A3 的地图页面会自动缩放到 A4 纸张大小。

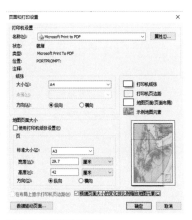

图 2-36 页面和打印设置   图 2-37 打印窗口

□ **打印设置技巧：** 当打印纸张大小和现有页面大小不一致时，一定要先取消【使用打印机纸张设置】，然后再设置纸张大小，否则布局视图的版面大小会调整为纸张的大小，从而导致布局视图发生变化。此外，【根据页面大小的变化按比例缩放地图元素】选项请慎勾选，会导致布局视图中的图框、比例尺、图例等图面元素的大小发生变化，且不可逆。有特殊需求，可根据自身需求进行设置。

◆ **类型二：按比例打印**

规划调研时，一般需要按照比例尺精确地打印，以便在图纸上进行测量和计算，按如下方式操作：

➢ 页面视图切换到布局视图。

在工具栏设置图纸比例尺为 1：1000（可在下拉菜单中选择预设好的比例，也可手动输入比例），数据框中的地图内容也会随之缩放到该比例尺。

□**小技巧**：若比例尺对话框为灰色无法设置，有两个原因：
一是由于没有地图单位，可在【内容列表】中选择最顶部的【图层】右键打开【数据框属性】对话框，切换至【常规】选项卡，设置【单位\地图】为【米】；
二是图层设置可固定比例尺，切换至自由即可。在【内容列表】中选择最顶部的【图层】右键打开【数据框属性】对话框，切换至【数据框】选项卡，【范围】下拉菜单中选择【自动】即可。

图 2-38 原因一示意图

图 2-39 原因二示意图

➢ 点击主界面菜单【文件】-【页面和打印…】，显示【页面和打印设置】对话框。设置打印机类型，取消【地图页面大小】栏里的【使用打印机纸张设置】。在【纸张】栏设置纸张大为 A4，设置【方向】。点击确定完成打印设置。

➢ 点击主界面菜单【文件】-【打印…】，显示打印窗口。在【平铺】栏选择【将地图平铺到打印机纸张上】，从其右侧示意图上可以看到需要 4 张 A4 纸拼接到一起才能容纳下该比例尺的图纸。ArcMap 会自动分成四张图纸打印。

➢ 点击【确定】开始逐页打印。

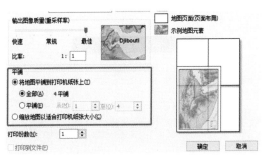

图 2-40 打印平铺示意图

实验二：现状基数转换

根据《中共中央 国务院关于建立国土空间规划体系并监督实施的若干意见》《自然资源部关于全面开展国土空间规划工作的通知》要求，本轮的国土空间规划统一以"三调"作为现状底数和底图基础。但由于"三调"数据采用的是"三调"工作分类（13 个一级类，68 个二级类），国土空间规划编制采用的是国土空间规划用途分类（24 个一级类，106 个二级类，39 个三级类），两者在分类上存在一定差异，因此以《国土空间调查、规划、用途管制用地用海分类指南》（自然资发〔2023〕234 号）为基准，将"三调"地类转换为规划地类。

基数转换有两种类型，分别为"一一对应"和"一对多"，现将基数转换操作步骤具体演示如下。

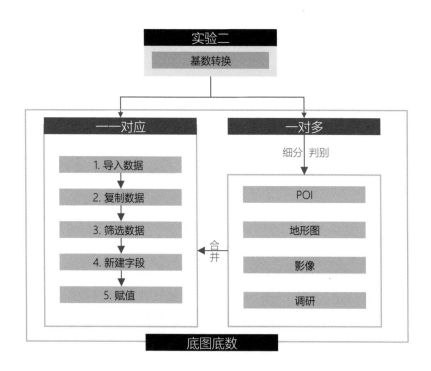

图 2-41 实验二技术流程图

> □**说明：** 目前，国土空间规划背景下的村庄规划基数转换以《国土空间调查、规划、用途管制用地用海分类指南》（自然资发〔2023〕234 号）为基准，若国家和地方有新的标准更新，以最新标准为主。

1. 基数转换"——对应"

"——对应"基数转换表   表 2-21

"三调" 二级地类编码	"三调" 二级地类名称	基期现状 二级地类编码	基期现状 二级地类名称	转换类型
0303	红树林地	0507	红树林地	——对应
0304	森林沼泽	0501	森林沼泽	——对应
0306	灌丛沼泽	0502	灌丛沼泽	——对应
0402	沼泽草地	0503	沼泽草地	——对应
0603	盐田	1003	盐田	——对应
1105	沿海滩涂	0505	沿海滩涂	——对应
1106	内陆滩涂	0506	内陆滩涂	——对应
1108	沼泽地	0504	其他沼泽地	——对应
0101	水田	0101	水田	——对应
0102	水浇地	0102	水浇地	——对应
0103	旱地	0103	旱地	——对应
0201	果园	0201	果园	——对应
0202	茶园	0202	茶园	——对应
0203	橡胶园	0203	橡胶园	——对应
0301	乔木林地	0301	乔木林地	——对应
0302	竹林地	0302	竹林地	——对应
0305	灌木林地	0303	灌木林地	——对应
0307	其他林地	0304	其他林地	——对应
0401	天然牧草地	0401	天然牧草地	——对应
0403	人工牧草地	0402	人工牧草地	——对应
0601	工业用地	1001	工业用地	——对应
0602	采矿用地	1002	采矿用地	——对应

续表

"三调"二级地类编码	"三调"二级地类名称	基期现状二级地类编码	基期现状二级地类名称	转换类型
0701	城镇住宅用地	0701	城镇住宅用地	一一对应
0702	农村宅基地	0703	农村宅基地	一一对应
08H1	机关团体新闻出版用地	0801	机关团体用地	一一对应
1002	轨道交通用地	1206	城市轨道交通用地	一一对应
1003	公路用地	1202	公路用地	一一对应
1004	城镇村道路用地	1207	城镇村道路用地	一一对应
1006	农村道路	0601	农村道路	一一对应
1007	机场用地	1203	机场用地	一一对应
1009	管道运输用地	1205	管道运输用地	一一对应
1101	河流水面	1701	河流水面	一一对应
1102	湖泊水面	1702	湖泊水面	一一对应
1103	水库水面	1703	水库水面	一一对应
1104	坑塘水面	1704	坑塘水面	一一对应
1107	沟渠	1107	沟渠	一一对应
1109	水工建筑用地	1312	水工设施用地	一一对应
1110	冰川及永久积雪	1706	冰川及常年积雪	一一对应
1201	空闲地	2301	空闲地	一一对应
1202	设施农用地	0602	设施农用地	一一对应
1203	田坎	2302	田坎	一一对应
1204	盐碱地	2304	盐碱地	一一对应
1205	沙地	2305	沙地	一一对应
1206	裸土地	2306	裸土地	一一对应
1207	裸岩石砾地	2307	裸岩石砾地	一一对应

注：本表内容来自《国土空间调查、规划、用途管制用地用海分类指南》（自然资发〔2023〕234号）。

◆**步骤一：** 将原始"三调数据"【DLTB】导出到规划数据库。

➤ 新建 ArcMap 工程文件，加载"三调"数据库中【DLTB】数据，在【内容列表】中右键【打开属性表】。

➤ 点击属性表左上角【按属性选择】按钮，打开查询对话框。

➤ 在对话框中输入函数【ZLDWMC ='XXX 村'】点击【应用】（若出现多个同名村庄，按照【ZLDWDM】唯一字段进行筛选）。

➤ 在【内容列表】中右键【数据】-【导出数据】。【导出】下拉菜单中选择【所选要素】，更改输出位置及名称，如【D:\村庄规划手册 \GIS 实验 \chp02\ 规划数据库 .gdb\XXX 村规划地类】，点击【确定】。

◆**步骤二：** 新建字段。

➤ 右键【内容列表】中的【XXX 村规划地类】图层，点击【打开属性表】。

➤ 点击【属性表】左上角【表选项】，选择【添加字段】（若为灰色无法点击，则检查该图层是否处于编辑状态，添加字段要在非编辑状态）。

➤【名称】为【JQXZYDFLMC】，【类型】选择【文本】，【别名】输入【基期现状用地分类名称】，【长度】输入【20】，其他选项默认即可。

➤ 重复上述操作，添加【JQXZYDFLDM】（基期现状用地分类代码）字段。

图 2-42 添加基期现状用地分类代码和用地分类名称字段

◆**步骤三：** 利用【字段计算器】更改名称及代码。

➤ 点击属性表左上角【按属性选择】按钮，打开查询对话框。

➤ 以【DLMC】为筛选条件筛选字段进行改名。例如输入【DLMC ='水浇地'】点击【应用】（若对代码较为熟悉，推荐采用代码进行查询）。

➤ 点击【属性表】左下角切换按钮，将其切换到【显示所选记录】 ⋈ ◂ 1 ▸ ⋈ ▦ ▤ (0 / 882 已选择)

➤ 右键属性表中【JQXZYDFLDM】选择【字段计算器】。

➤ 在代码框中输入【"水浇地"】点击【确定】即可。

□**说明：** 在【字段计算器中】所有的符号必须为英文状态下的半角符号。如需要输入水浇地等字符串格式的名称，则必须切换到英文状态下输入【""】才能够计算；若输入代码，默认为数值（如输入 0101，则计算出来结果为 101）,也必须在代码上加入【""】即输入【"0101"】计算得到【0101】。

◆**步骤四:** 重复以上步骤,将"一一对应"的字段和代码全部利用字段计算器进行改写。

图 2-43 字段计算器

图 2-44 属性表示意图

2. 基数转换"一对多"

"一对多"基数转换表

表 2-22

"三调"二级地类编码	"三调"二级地类名称	基期现状二级地类编码	基期现状二级地类名称	转换类型
0204	其他园地	0204	油料园地	一对多
		0205	其他园地	一对多
0404	其他草地	0403	其他草地	一对多
		2302	后备耕地	一对多
05H1	商业服务业设施用地	0702	城镇社区服务设施用地	一对多
		0704	农村社区服务设施用地	一对多
		0901	商业用地	一对多
		0902	商务金融用地	一对多
		0903	娱乐用地	一对多
		0904	其他商业服务业用地	一对多
0508	物流仓储用地	1101	物流仓储用地	一对多
		1102	储备库用地	一对多

"三调"二级地类编码	"三调"二级地类名称	基期现状二级地类编码	基期现状二级地类名称	转换类型
08H2	科教文卫用地	0802	科研用地	一对多
		0803	文化用地	一对多
		0804	教育用地	一对多
		0805	体育用地	一对多
		0806	医疗卫生用地	一对多
		0807	社会福利用地	一对多
		0702	城镇社区服务设施用地	一对多
		0704	农村社区服务设施用地	一对多
0809	公用设施用地	1301	供水用地	一对多
		1302	排水用地	一对多
		1303	供电用地	一对多
		1304	供燃气用地	一对多
		1305	供热用地	一对多
		1306	通信用地	一对多
		1307	邮政用地	一对多
		1308	广播电视设施用地	一对多
		1309	环卫用地	一对多
		1310	消防用地	一对多
		1312	其他公用设施用地	一对多
0810	公园与绿地	1401	公园绿地	一对多
		1402	防护绿地	一对多
		1403	广场用地	一对多
09	特殊用地	1501	军事设施用地	一对多
		1502	使领馆用地	一对多
		1503	宗教用地	一对多
		1504	文物古迹用地	一对多
		1505	监教场所用地	一对多
		1506	殡葬用地	一对多
		1507	其他特殊用地	一对多

续表

"三调"二级地类编码	"三调"二级地类名称	基期现状二级地类编码	基期现状二级地类名称	转换类型
1001	铁路用地	1201	铁路用地	一对多
		1208	交通场站用地	一对多
1005	交通服务场站用地	1208	交通场站用地	一对多
		1209	其他交通设施用地	一对多
1008	港口码头用地	1204	港口码头用地	一对多
		1208	交通场站用地	一对多

注：本表内容来自《国土空间调查、规划、用途管制用地用海分类指南》（自然资发〔2023〕234号）

"一对多"基数转换时，需要对地类进行细分，将地类划分到其所属的二级类（部分用地需划分到三级类），地类细分方式如下。

◆**方法一**：基于POI辅助用地细分

城市兴趣点（Point of Interest，POI）主要指与人们生活密切相关的一些地理实体，承载着这些地理实体的属性信息。通过抓取网络电子地图中的POI数据，经过处理分析，可以辅助帮助进行用地现状的识别，细分"三调"地类。

◆**方法二**：基于地形图辅助用地细分

进行地形图测量时，一般会带有用地现状，通过分析地形图实现相关用地的细分。

◆**方法三**：基于影像判读辅助用地细分

影像是对现状地理特征的最直观反映。通过判读高清影像，如高清正射影像、航拍等影像数据，可细分三调现状地类。

◆**方法四**：基于补充调查辅助用地细分

当以上三种方式都无法准确判读用地信息时，则需要进行补充调研，通过实地调研的情况完成用地的细分。

"一对多"基数转换步骤如下。

◆**步骤**：由于"一一对应"和"一对多"基数转换都是基于【字段计算器】进行用地改名和代码重新赋值，因此步骤基本相同。其基本原理为：【新建字段】-【筛选】-【字段计算器】-【赋值】。

□**说明**：基数转换后的成果结合用地分类符号形成【基期现状用地图】，符号化类型及符号的匹配原理可参考（实验五）中规划制图及符号化相关内容。

实验三：综合地形分析

地形分析的主要任务是提取反映地形的特征要素，找出地形的空间分布特征。村庄规划中的地形分析主要为居民点选址及产业项目选址提出可行方案，同时识别具有安全隐患的地区，为生态修复项目提供科学支撑。主要内容包括高程分析、坡度分析、坡向分析以及起伏度分析等内容（不同地区可根据实际情况选取地形分析的因子）。

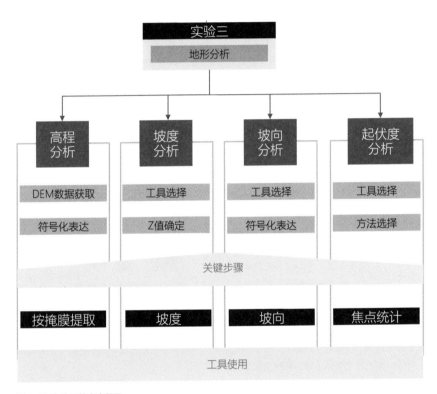

图 2-45 实验三技术流程图

1. 高程分析

高程分析为地形分析中最基础的分析内容，以 DEM（数字高程模型）为基础数据，通过 GIS 符号化进行识别。高程分析有助于分析村庄海拔，对村庄产业选择、项目位置布局、居民点布局有一定的影响。具体分析步骤如下。

◆**步骤一：** 提取村级行政区范围的 DEM。

➤将从公开数据下载后的 DEM 数据（或根据地形图制作的 DEM 数据）加载到 ArcMap 中。

➤选择"三调"数据中【CJDCQ】查询筛选出编制规划的行政村范围，导出数据到【基础地理信息数据库】。

➤打开主界面【工具】栏中的【工具箱】

➤选择【Spatial Analyst 工具】–【提取分析】–【按掩膜提取】双击打开工具。

➤【输入栅格】为原始 DEM 数据，【输入栅格数据或要素掩膜数据】为行政村村级调查区范围，【输出栅格】为【D:\村庄规划手册\GIS 实验\chp03\地形分析数据库 .gdb\XXX村 DEM】。

图 2-46 按掩膜提取

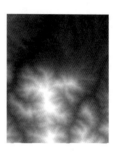

图 2-47 裁剪后的 DEM 数据

◆**步骤二：** 符号化 DEM 数据。右键点击【内容列表】中【XXX 村 DEM】–【属性】选择【符号系统】对话框，点击【色带】下拉菜单选择可表现出高程变化的颜色即可（可勾选【使用山体阴影对话框】增加高程变化图面丰富度）。

图 2-48 符号系统设置

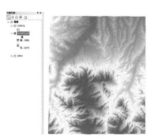

图 2-49 高程分析结果示意图

◆**步骤三：** 切换至布局视图，按照出图要求添加比例尺、指北针、图例等要素。

◆**步骤四：** 导出图片。

□**小技巧**：关于出图设置及符号化图层保存。

制作好地形分析数据关于出图方法有三种，可根据个人喜好及实际情况进行选择：

方法一：新建 ArcMap 工程文件，进行地形分析，分析完成后设置数据的符号化方便表达，切换至【布局视图】插入比例尺、指北针、图例等地图要素，并设置页面布局（详见实验一）。缺点：较为复杂。

方法二：直接在制作完成的 GIS 底图中进行地形分析，并设置符号化表达（注意对该工程文件进行【另存为…】保存，防止原始 GIS 底图文件被修改）。缺点：容易造成 GIS 底图原始数据被修改，且运算时容易造成软件崩溃。

方法三：新建 ArcMap 工程文件，进行地形分析，分析完成后设置数据的符号化方便表达，在【内容列表】右键点击地形分析数据【另存为图层文件…】，再打开制作完成的 GIS 底图加载该图层文件，符号化表达也将保存在图层文件中（推荐使用该方法进行出图设置，方便简洁）。

---

2. 坡度分析

地形坡度对于规划的建设和布局有着多方面的影响。如：在平地要求不小于 0.3% 的坡度，以利于地面水的排除、汇集，减少排水管道泵站的设置。坡度过陡会出现水土冲刷等问题，同时地形坡度对于道路的选线、纵坡的确定及土石方工程量的影响尤为显著。村庄各项设施用地对坡度都有所要求，参考《城市用地竖向规划规范》CJJ 83—99。具体分析步骤如下。

◆**步骤一：** 导入行政村域范围的 DEM 数据。

◆**步骤二：** 打开主界面【工具】栏中的【工具箱】 ⊞▤◩◔◪ ▸·。选择【Spatial Analyst 工具】–【表面分析】双击打开【坡度】对话框。

◆**步骤三：** 在【坡度】对话框中输入或选择相应数据。

➢ 打开【输入字段】下拉菜单，选择行政村 DEM 数据。

➢【输出栅格】选择【D:\村庄规划手册\GIS 实验\chp03\地形分析数据库.gdb\XXX 村坡度】。

➢【方法】选择【PLANAR】（可点击窗口中【显示帮助】按钮，按照相关信息选择相应的方法）。

➢【Z 因子】的输入和计算参考说明。

➢【Z 单位】通常选择米即可。

◆**步骤四：** 进行符号化设置

➢ 在【内容列表】中右键【XXX 村坡度】图层，打开【属性】对话框，选择【符号化】选项卡。

➢ 在【分类】选项中点击【分类（Y）…】按钮。弹出分类对话框。

➢【分类方法】选择【自然间断点分级法】，【类别】在规划应用中一般选择【5】点击右侧中断值后面的【%】 中断值(B) %可对中断值的类型进行切换（数值或百分比），常用中断值类型为数值。

➢ 以数值为单位，可直接输入分段的坡度数值。例如以 3°、8°、15°、25° 可将数值分为五段。点击【确定】–【应用】即可。

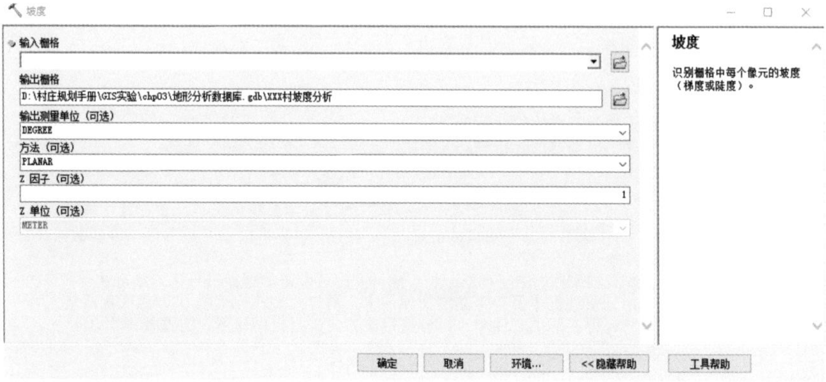

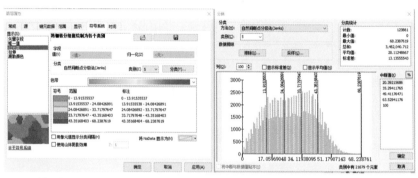

图 2-50 坡度分析

图 2-51 符号化设置

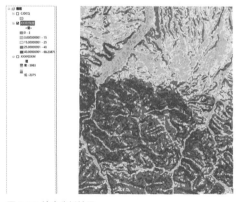

图 2-52 坡度分析结果

说明： 单位问题、Z 取值问题

Z-factor 是一种转换因子，当垂直（或高程）单位与输入表面的水平坐标（x，y）单位不同时，Z factor 可使用调整垂直（或高程）单位的测量单位。它表示一个表面 Z 单位所对应的地面 x，y 单位的数量。如果垂直单位没有被改成水平单位，则表面工具的结果将显示错误。

因此，在进行 slope 分析时，填写正确的 Z 因子十分重要的，不能单独只将其设置成为默认值 1。

解决办法如下：

一是转换 Z 因子设置（具体数值参考右边表格）。

二是将地理坐标系转换为投影坐标系（可参考相关资料）。

Z 因子转换表　　　　表 2-23

Latitude	Z-factor
0	0.00000898
10	0.00000912
20	0.00000956
30	0.00000956
40	0.00001171
50	0.00001395
60	0.00001395
70	0.00001395
80	0.00005156

3. 坡向分析

坡向分析在村庄规划中可对地形的方向进行测量，按照顺时针方向进行测量，角度范围介于 0°（正北）到 360°（仍是正北）之间，即完整的圆。不具有下坡方向的平坦区域将赋值为 –1。坡向分析在村庄规划中对于建筑物的布局、房屋的朝向、粮食作物的种植以及产业项目的选择提供一定的支撑作用。具体操作步骤如下。

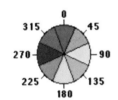

图 2-53　坡向方位示意图

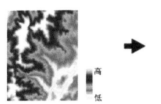

图 2-54　输入高程栅格

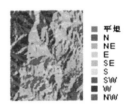

图 2-55　输出坡向栅格

◆**步骤一：** 导入行政村域范围的 DEM 数据。

◆**步骤二：** 打开主界面【工具】栏中的【工具箱】，选择【Spatial Analyst 工具】–【表面分析】双击打开【坡向】对话框。

◆**步骤三：** 在【坡向】对话框中输入或选择相应数据。

➢打开【输入字段】下拉菜单，选择行政村 DEM 数据。

➢【输出栅格】选择【D:\村庄规划手册\GIS 实验\chp03\地形分析数据库.gdb\XXX村坡向】。

➢【方法】选择【PLANAR】（可点击窗口中【显示帮助】按钮，按照相关信息选择相应的方法）。

➢【Z 单位】通常选择米即可。

◆**步骤四：** 点击【确定】。

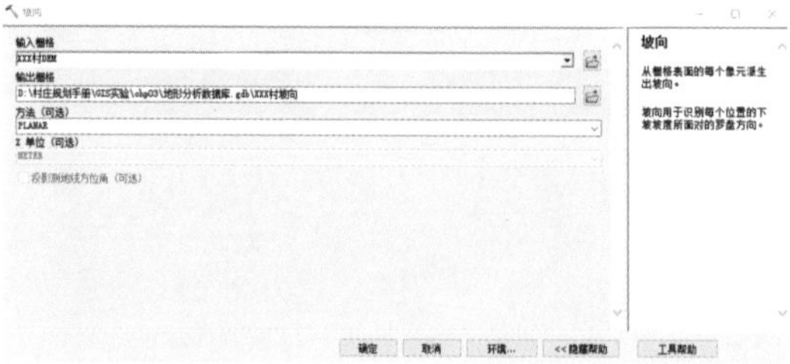

图 2-56 坡向分析 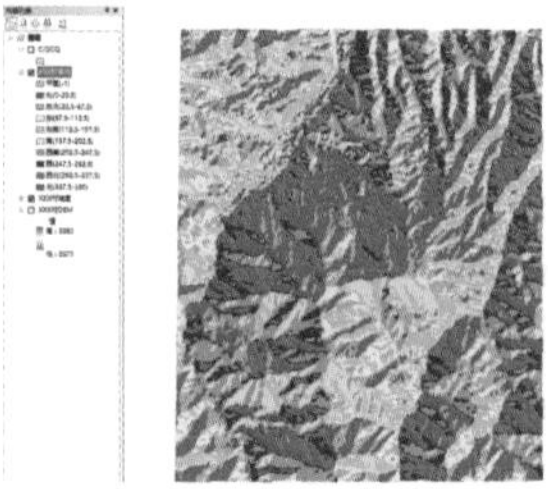   图 2-57 坡向分析结果

4. 起伏度分析

起伏度分析是利用高程之间的差值进行计算栅格后得到的分析内容。起伏度对于村庄规划阶段的应用主要用于村庄内部地形高差对于建筑布局、产业项目选择起到一定的指引作用。具体操作步骤如下。

◆**步骤一：**导入行政村域范围的 DEM 数据。

◆**步骤二：**打开主界面【工具】栏中的【工具箱】 □□□□□ ▷▶，选择【Spatial Analyst 工具】–【邻域分析】双击打开【焦点统计】对话框。

◆**步骤三：**在【焦点统计】对话框中输入或选择相应数据。

➤ 打开【输入字段】下拉菜单，选择行政村 DEM 数据。

➤【输出栅格】选择【D:\村庄规划手册\GIS实验\chp03\地形分析数据库.gdb\XXX 村起伏度】。

➤【领域设置】默认即可。

➤【统计类型】下拉菜单中选择【RANGE】（其他选项可根据需要点击【显示帮助】自行选择使用）。

◆**步骤四：**设置符号化（参考坡度分析符号化设置）。

◆**步骤五：**点击【确定】。

图 2-58 起伏度分析

图 2-59 起伏度分析结果

实验四：土地利用现状分析

土地利用现状是对国土资源本底的梳理，在综合现状调查和分析阶段土地利用现状可以剖析村庄用地现状存在的问题，发现用地现状与规划的矛盾，同时对整个村庄的主导产业、生产情况、用地保护等有较为全面的认识和了解，是进行国土空间用地布局关键性问题的梳理和用地布局的基础。

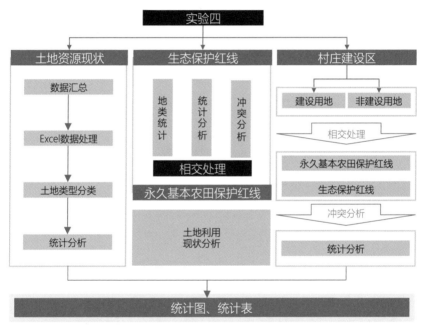

图 2-60 实验四技术流程图

土地利用现状分析主要以"三调"数据为基础数据进行分析，主要包括四方面内容：土地资源现状、生态保护红线、永久基本农田保护红线以及村庄建设区。具体分析如下：

1. 土地资源现状分析

土地资源现状分析以《土地利用现状分类（GBT 21010-2017）》及《第三次全国国土调查技术规程 TDT 1055-2019》为基准，将用地分为农用地、建设用地以及未利用地，并对各类用地进行统计分析，具体操作步骤如下。

图 2-61 《土地利用现状分类》GBT 21010—2017

图 2-62 《第三次全国国土调查技术规程》TDT 1055—2019

◆**步骤一：** 打开 ArcMap 工程文件，加载"三调"【DLTB】要素图层。

◆**步骤二：** 在【内容列表】中点击【DLTB】图层右键选择【打开属性表】。

◆**步骤三：** 汇总数据。

➤ 右键【属性表】中【DLMC】（地类名称）字段选择【汇总】，弹出汇总对话框。

➤【1. 选择汇总字段】选择【DLMC】。

➤【2. 汇总统计信息】展开【TBMJ】勾选【总和】。

➤【3. 指定输出表】为文件存放位置，例如 \:\村庄规划手册 \GIS 实验 \chp04\excel\XXX 村现状地类统计 .txt 】。取消【仅对所选记录进行汇总】的勾选框（选择输出表时最好选择文件类型为".txt"方便在 excel 表格中进行统计分析）。

◆**步骤四：** 在实验文件夹中新建 excel 文档，打开 txt 文件，将数据全部复制粘贴到 excel 文档中。

◆**步骤五：** 选择粘贴进的数据一整列，在【工具栏】中选择【数据】–【分列】弹出分列对话框，选择【分隔符号】点击【下一步】，勾选【逗号】点击【下一步】点击【完成】。

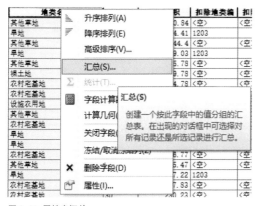

图 2-63 属性表汇总

图 2-64 汇总对话框

图 2-65 数据分列

◆步骤六：进行单位换算（【TBMJ】字段为椭球面积，其单位为平方米，在规划文本中基本单位为公顷）。

➢对应新的单元格中输入函数（=（选择面积字段）/10000）（公顷和平方米的换算单位为 1 公顷 =10000 平方米）。

➢点击填充按钮下拉换算完成所有面积比值。

➢将【DLMC】和计算的面积字段复制粘贴到新的 Sheet 表格中进行下一步操作。

◆步骤七：按照土地资源三大类的划分标准，将地类与面积进行分类和汇总面积，最终得到土地利用现状表。

◆步骤八：在 excel 表格中，分别对其进行统计图制作分析。

➢按照土地资源三大类制作三大资源占比饼状图。

➢农用地、建设用地、未利用地分别制成条形统计图或折线图（结合用地情况自行选择，能够清晰表达农用地、建设用地及未利用地土地利用结构及问题即可）。

XXX村土地利用现状结构表（"三调"分类）　　　　表 2-24

地类名称			面积（公顷）
农用地			9254.16
其中	旱地		594.24
	田坎		60.84
	灌木林地		161.96
	其他林地		13.65
	天然牧草地		8329.17
	沼泽草地		49.03
	坑塘水面		0.14
	沟渠		0.43
	设施农用地		8.35
	农村道路		36.36
建设用地			75.51
其中	城乡建设用地		33.01
		城镇建设用地	7.2
	其中	城镇村道路用地	0.57
		公用设施用地	0.07
		机关团体新闻出版用地	0.94
		科教文卫用地	1.8
		农村宅基地	3.81
		商业服务业设施用地	0.02
		农村居民点用地	25.81
	其中	城镇村道路用地	0.59
		机关团体新闻出版用地	0.12
		科教文卫用地	0.4
		农村宅基地	24.7
	其他建设用地		42.49
	其中	公路用地	30.41
		水工建筑用地	1.23
		特殊用地	10.85
未利用地			44.24
其中	河流水面		42.97
	裸岩石砾地		0.95
	其他草地		0.33
合计			9373.91

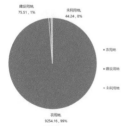

图 2-66 饼状图

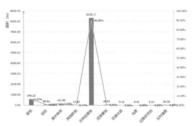

图 2-67 条形图/折线图

2. 生态保护红线

以最新版生态保护红线为基准，统计生态保护红线内部的地类，具体步骤如下。

◆**步骤一：** 在 ArcMap 工程文件中同时加载【DLTB】和【STBHHX】要素图层。

◆**步骤二：** 点击菜单栏【地理处理】–【相交】弹出【相交】工具对话框，按照提示填写相应信息，点击【确定】。

◆**步骤三：** 按照土地资源现状分析中汇总方式，对生态保护红线内部的地类进行汇总。得到生态保护红线内部的地类分布，判别是否与建设用地、农用地有冲突等。

3. 永久基本农田保护红线

以最新版永久基本农田保护红线划定成果为基准，统计永久基本农田保护红线内部的地类，具体步骤如下。

◆**步骤一：** 在 ArcMap 工程文件中同时加载【DLTB】和【YJJBNTBHHX】要素图层。

◆**步骤二：** 点击菜单栏【地理处理】–【相交】弹出【相交】工具对话框，按照提示填写相应信息，点击【确定】。

◆**步骤三：** 按照土地资源现状分析中汇总方式，对永久基本农田保护红线内部的地类进行汇总。得到永久基本农田保护红线内部的地类分布，判别是否与建设用地、生态保护红线有冲突等。

4. 村庄建设区

将建设用地图斑分别与生态保护红线、永久基本农田保护红线做相交处理（步骤同上），得到冲突图斑，对冲突图斑逐一作冲突分析，判别冲突原因，为国土空间布局提供解决方案的基础资料。

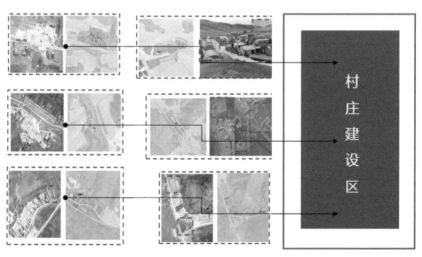

图 2-68 冲突图斑及位置示意图

冲突图斑统计表   表 2-25

居名点名称	总面积（亩）	图斑个数	冲突面积（亩）	冲突图斑个数	冲突面占比	冲突原因
一组	3	2	0	0	0.00%	占用
二组	0	0	0	0	0.00%	占用
三组	25.6	4	17.4	1	67.98%	数据误差
四组	0.74	2	0	0	0.00%	占用
五组	32.1	17	2.88	3	8.97%	占用
六组	24.57	11	20.45	9	83.24%	数据误差
七组	15.33	10	10.05	9	65.54%	占用
八组	11.9	3	6.57	2	55.21%	占用
九组	11.94	2	5.33	2	44.67%	数据误差
合计	125.18	51	62.68	26	50.07%	—

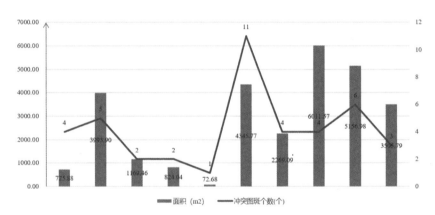

图 2-69 冲突图斑统计图

■ 第 2 章参考文献

[1] 张晨，肖大威，黄翼，等 . 村庄规划调研阶段村民参与方法优化策略研究——来自珠海东澳岛渔村调研实践 [J]. 小城镇建设，2018（10）：7.

[2] 靳相木，张闯，李乃民 . 实用性村庄规划的编制实现路径 [J]. 中国土地，2019（10）：3.

[3] 李保华 . 实用性村庄规划编制的困境与对策刍议 [J]. 规划师，2020，36（8）：4.

[4] 牛强 . 城乡规划 GIS 技术应用指南：国土空间规划编制和双评价 [M]. 北京：中国建筑工业出版社，2020.

[5] 牛强 . 城乡规划 GIS 技术应用指南：GIS 方法与经典分析 [M]. 北京：中国建筑工业出版社，2018.

第 3 章

规划定位与目标

CHAPTER SUMMARY

章节概要

规划定位与目标是乡村振兴的"元问题",是"多规合一"实用性村庄规划的前置工作,也是衔接县级、乡镇级国土空间规划与村庄规划的重要一环,需要在村庄规划中始终起统领作用并贯彻;在村庄分类和布局基础上,同解决村庄问题、满足发展需求、落实上位规划、区域统筹协调、释放优势特色、统一发展共识等集中体现,凝练概括村庄发展的长期性、全局性的定位方向,并通过约束性和预期性指标在规划期内进行量化指导,在产业规划布局、国土空间布局与用途管控、居民点规划、历史文化保护、公共服务设施规划、近期实施项目等内容中细化体现。规划定位与目标,紧紧围绕"产业兴旺、生态宜居、乡风文明、治理有效、生活富裕"乡村振兴的总要求,按照国土空间规划体系的传导、管控要求,以及农村人居环境提升的目标安排,在涉农、涉产、涉村、涉地、涉建等领域协同目标关系,实现多元目标的统一和分解。针对村庄实际提出"一村一策",借助以空间治理手段为主的村庄策略实现村庄规划定位与目标。

· 村庄有哪些分类?

· 不同类型村庄规划的要点有哪些?

· 如何识别村庄的优势条件和特色?

· 村庄发展如何定位?

· 村庄定位如何表述?

· 村庄发展目标如何统筹?

· 如何实现定位与目标?

· 村庄空间策略如何制定?

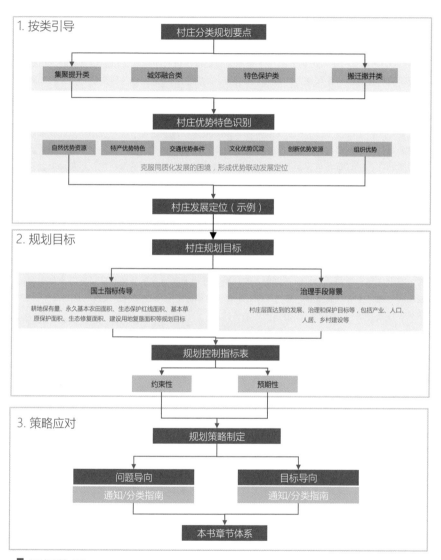

3 ┃ 规划定位与目标

PLANNING ORIENTATION AND OBJECTIVES

■ 3.1 村庄分类规划要点

　　2018 年 9 月中共中央 国务院印发《乡村振兴战略规划（2018-2022 年）》首次明确提出集聚提升类、城郊融合类、特色保护类、搬迁撤并类和其他类五种村庄分类和分类发展策略。2019 年 1 月中农办等五部门发布《关于统筹推进村庄规划工作的意见》要求在综合分析研究村庄发展条件和潜力的基础上，将现状村庄因地制宜划分为集聚提升类、城郊融合类、特色保护类、搬迁撤并类和其他类，村庄分类有助于"依类施策、因村施策"，实现公共政策差异导向。"多规合一"实用性村庄规划阶段结合市县、乡镇国土空间规划和乡村振兴规划，充分衔接县（市）村庄分类和布局规划成果，按照区位条件、资源禀赋、基础条件和发展趋势，以行政村为对象，分为集聚提升类、城郊融合类、特色保护类、搬迁撤并类和其他类村庄；对具有特色保护类特征的村庄应优先划分为特色保护类村庄，具备城郊融合类和其他相近特征的应优先划分为城郊融合类村庄。按照各村庄类型特点提出政策导向、用地调整方向和规划管控要点。

3.1.1 集聚提升类村庄

　　现有规模较大的中心村和其他仍将存续的一般村庄，占乡村类型的大多数，是乡村振兴的重点。科学确定村庄发展方向，在原有规模基础上有序推进改造提升，激活产业、优化环境、提振人气、增添活力，保护保留乡村风貌，建设宜居宜业的美丽村庄。鼓励发挥自身比较优势，强化主导产业支撑，支持农业、工贸、休闲服务等专业化村庄发展。加强海岛村庄、国有农场及林场规划建设，改善生产生活条件。

3.1.2 城郊融合类村庄

　　城市近郊区以及县城城关镇所在地的村庄，具备成为城市后花园的优势，也具有向城市转型的条件。综合考虑工业化、城镇化和村庄自身发展需要，加快城乡产业融合发展、基础设施互联互通、公共服务共建共享，在形态上保留乡村风貌，在治理上体现城市水平，逐步强化服务城市发展、承接城市功能外溢、满足城市消费需求能力，为城乡融合发展提供实践经验。

3.1.3 特色保护类村庄

　　历史文化名村、传统村落、少数民族特色村寨、特色景观旅游名村等自然历史文化特色资源丰富的村庄，是彰显和传承中华优秀传统文化的重要载体。要统筹保护、利用与发展的关系，努力保持村庄的完整性、真实性和延续性。切实保护村庄的传统选址、格局、风貌以及自然和田园景观等整体空间形态与环境，全面保护文物古迹、历史建筑、传统民居等传统建筑。尊重原住居民生活形态和传统习惯，加快改善村庄基础设施和公共环境，合理利用村庄特色资源，发展乡村旅游和特色产业，形成特色资源保护与村庄发展的良性互促机制。

3.1.4 搬迁撤并类村庄

　　对位于生存条件恶劣、生态环境脆弱、自然灾害频发等地区的村庄，因重大项目建设需要搬迁的村庄，以及人口流失特别严重的村庄，可通过易地扶贫搬迁、生态宜居搬迁、农村集聚发展搬迁等方式，实施村庄搬迁撤并，统筹解决村民生计、生态保护等问题。拟搬迁撤并的村庄，严格限制新建、扩建活动，统筹考虑拟迁入或新建村庄的基础设施和公共服务设施建设。坚持村庄搬迁撤并与新型城镇化、农业现代化相结合，依托适宜区域进行安置，避免新建孤立的村落式移民社区。搬迁撤并后的村庄原址，因地制宜复垦或还绿，增加乡村生产生态空间。农村居民点迁建和村庄撤并，必须尊重农民意愿并经村民会议同意，不得强制农民搬迁和集中上楼。

村庄分类与规划管控重点   表 3-1

分类	定义	政策导向	用地调整方向	规划管控要点
集聚提升类	现有规模较大的中心村和其他仍将存续的一般村庄	乡村振兴的重点，提高村庄综合配套水平，开展农村人居环境整治，激发专业化村庄发展	增量型村庄（中心村组建设用地新增，集体经营性建设用地新增，建设用地增加挂钩调入区域）	确定村庄的发展定位、新增建设用地和集体经营性建设用地的选址和规模，引导零散分布的自然村向中心村组进行集聚，鼓励微循环改造，预留村组发展空间，完善公共服务设施和公用基础设施配套，优化村容村貌，强化主导产业支撑，推进"一村一品"产业融合发展，提升农田生产能力，明确乡村振兴的各项时序
城郊融合类	城市近郊区以及县城城关镇所在地的村庄	保留村庄形态风貌，加快向城市社区功能与服务转变	均衡型村庄（中心村组建设用地新增，村庄内部村庄建设等量增减）	城郊融合村规划应注重承接城镇人口和功能外溢，加快推动与城镇公共服务设施的共建共享、基础设施的互联互通，打造田园特质与城镇功能并存的"城市后花园"，促进城乡资金、技术、人才、管理等要素双向流动，引导集体经营性建设用地高效发展
特色保护类	自然、历史文化、民族文化资源丰富的村庄	最大限度的保护，最低程度的工程干预，统筹保护、展示、利用与发展的关系	均衡型村庄（保护村组建设定，村庄内部村庄建设等量增减）	重点挖掘和保护村庄历史文化与特色要素，统筹保护、展示、利用与发展的关系，延续村庄风貌特色的完整性和真实性，充分衔接和落实各类历史保护线，加强对保护对象周边干扰性环境微改造、微修复，最小工程干预地改善村庄基础设施和公共环境，引导旅游观光、文化创意、手工加工等特色产业的发展，活态保护和延续村庄
搬迁撤并类	位于生存条件恶劣、生态环境脆弱、自然灾害频发等地区的村庄；因重大项目需要搬迁的村庄；人口流失特别严重的农村；点状零星分布的村庄	必须尊重村民意愿并经村民会议同意，通过易地扶贫搬迁、生态宜居搬迁、农村集聚发展搬迁等方式，实施村庄搬迁撤并	收缩型村庄（建设用地逐步减少，建设用地增加挂钩调出区域）	适应村庄收缩和减量实际，严格限制新建、扩建活动，突出生态保护与修复，加强建设用地增减挂钩，全面推进全域土地综合整治，开展"空心房""空心村"整治、废弃地的复垦利用、生态修复等项目安排，合理确定搬迁撤并时序

3 | 规划定位与目标
PLANNING ORIENTATION AND OBJECTIVES

■ 3.2 村庄规划定位

3.2.1 村庄优势特色识别

对于村庄优势特色的挖掘，是建立在对村庄发展基础条件评价基础上，借助村庄及其周边毗邻区域的自然资源优势、特产资源优势、交通条件优势、文化价值优势、创新优势、乡风优势等，找准在现有村庄分类和体系下，村庄目前已经具备、形成规模和具有前景发展的可能性。这对于村庄克服同质化发展的困境，形成优势联动发展定位，具有重要的意义。

1. 自然资源优势

村庄及其周边毗邻的自然保护地、重要山河湖泊海岸冰川沙漠、特色动植物生境（红树林村、银杏林等）、水库等，具有重要的生态功能，同时兼具良好的村庄自然景观，是村庄发展首要保护与延续的重要空间，发挥生态价值、探索经济价值是村庄定位的重要依托。

■*例如：地球卫士奖——安吉县递铺镇鲁家村。*

2. 特产特色优势

村庄及其连片区域是具有影响力的粮油、果蔬、畜禽、鱼虾、花木、茶叶、食用菌、中药材等的产地，地方土特产和小品种、无公害绿色有机农产品、特色美食小吃制作地，传统特产生产加工地、"一村一品"示范村镇、国家地理标志保护产品、特色农产品区域公用品牌等，借助依赖农牧业生产的产品、加工品所形成村庄带动力，并成为其相关产业发展优势。

■*例如：重庆市涪陵区涪陵青菜头、河南省信阳市信阳毛尖、甘肃省定西市安定区定西马铃薯、陕西省富平县富平奶山羊中国特色农产品优势区等。*

3. 交通条件优势

村庄所处位置在高速公路下线口、码头渡口、大桥过桥点、交通方式转化点、旅游线路休闲点、跨省点等区域，以及毗邻特色产业基地园区、大型 4A 级景区、自然保护区，因其特殊便捷的交通区位成为村庄发展依托，也成为借助交通流、旅游流，参与到交通物流、旅游服务、商贸集散等的依托。

■*例如：甘肃省碌曲县郎木寺镇与四川省若尔盖县红星镇郎木寺村。*

4. 文化优势沉淀

村庄保存着我国农耕时代重要文明产物、各级文物保护单位、古建筑群村、非物质文化遗产传承村、历史传说流传地、历史事件发生地、革命老区、名人故居故里、少数民族文化、特色民俗文化村、移民变迁、乡愁记忆、乡村工匠手艺人等，使村庄并非简单的理解为生产、生活和生态空间的组合，而是具有其特殊的文化属性和文化承载，也是村庄文化集体记忆的承载。

■*例如：女娲传说地——甘肃省秦安县陇城镇娲皇村，鸿门宴历史发生地——陕西省西安市临潼区新丰街道鸿门村，三湾改编发生地——江西省永新县三湾乡三湾村，最典型的围屋古村落——广东梅县南口镇侨乡村。*

5. 创新优势发源

新中国成立以来农村面貌焕然一新,在党的农村改革理论创新和农民自主创造下形成理论、实践、精神等村庄创新发展地。"两山"理论发源地、"精准扶贫"提出地、家庭联产承包责任制、首块基本农田,南泥湾精神、红旗渠精神、北大荒精神、塞罕坝精神等发源地,以及国家、省市相关称号获得村,借助农村创新发展的历史经验和乡村振兴结合,开创新的村庄发展方向。

■例如:家庭联产承包责制——安徽省凤阳县小岗村,"两山"理论发源地——浙江省安吉县余村,"精准扶贫"提出地——湖南省花垣县排碧乡十八洞村,全国基本农田保护发祥地——湖北省监利县周老嘴镇爱华村,"农业学大寨,牧业赶贡巴"——甘肃省碌曲县郎木寺镇贡巴村。

6. 组织优势特色

村庄在长期发展过程中,所形成的农村基层党组织工作成效、移风易俗带头示范、本村企业家和乡贤能人的贡献和"国企联村""万企兴万村""校村合作"等相关企事业单位帮扶成果,以及村庄内部所形成的家庭农场、种养大户、农民专业合作社、农业龙头企业等信息农业经营主题的优势,探索出来的经营权入股、资金入股、劳务合作等增收新途径等,作为延续组织优势,创新村庄振兴发展的内外在动力。

■例如:同济大学与浙江省台州市黄岩区。

3.2.2 村庄发展定位示例

1. 集聚提升类村庄

(1)"十四五"规划定位/发展空间结构+本次村级分解。如通道物流经济重要果蔬供应基地、西菜东运走廊上的高原夏菜种植基地。

(2)人居环境整治/公用和公共服务设施/国土综合整治等重点项目+示范村。如宜居宜业家园、乡村绿化花园村、"一老一幼"友好型示范村、党群服务示范村、高标准农田建设示范村等。

(3)地理标志农村品/特产优势+生产关系。如安吉白茶无公害生产加工营销基地村、秦安蜜桃新品种试验种植村、兰州百合农旅融合先行村、富平柿饼电子商务示范村、现代光伏农业合作村。

2. 城郊融合类村庄

(1)承接城市功能外溢、满足城市消费需求能力。如城市乡村花木交易村、乡里特色美食村、产业园区生活配套村、市民休闲养生的逸园村等。

(2)市场区位+主导产业+产业形态。如环西安都市圈的葡萄种植生产基地、兰州黄河岸边的蜜桃综合田园体。

(3)旅游线路+配套功能。如关中环线旅游服务驿站村、川藏线自驾服务营地村、环青海湖温泉度假村、南粤古驿道徒步民宿村等。

3. 特色保护类村庄

(1)已获得国家及省级称号。如国家级历史文化名村、中国传统村落、少数民族特色村寨、省级特色景观旅游名村等。

（2）文化特色/文化象征/文化遗存+主题承载。如石刻艺术非物质文化遗产传承村、藏族草原牧场体验村、家风家训践行示范村。

（3）生态优势+配套功能。如国家公园生态宣教示范村、湿地公园研学旅游村、最美银杏林保护村、旱地梯田生态系统村。

4. 搬迁撤并类村庄

搬迁撤并领域示范。如空心村治理示范村、建设用地增减挂钩示范村、搬迁撤并示范村等。

3.2.3 各级村庄称号要求

国家各涉农部委，根据分管涉农领域，从乡村治理、乡村旅游、文化保护、乡村绿化、产业发展、人居整治等方面出发，制定相关评价、遴选和认定标准，从全国层面发布全国乡村治理示范村、全国文明村、全国民主法治示范村、中国美丽休闲乡村、国家森林乡村、全国乡村旅游重点村、中国少数民族特色村寨、中国历史文化名村、中国传统村落、全国"一村一品"示范村、全国美丽宜居村庄示范、全国改善农村人居环境示范村等。并在各省、自治区和直辖市结合本省乡村发展需要，设置相应省级称号和名单，例如山东省红色文化特色村、美丽乡村示范村、乡村旅游重点村、乡村振兴示范村等，浙江省农家乐特色村、未来乡村建设试点村、特色精品村、美丽宜居示范村、历史文化村落保护利用重点村等。

国家级村庄称号一览表（根据资料整理）　　　　　　　表3-2

类别	称号名称	授予部门	相关文件	评价、遴选和认定标准
乡村治理类	全国乡村治理示范村	中央农办、农业农村部、中央宣传部、民政部、司法部、国家乡村振兴局	2021年《乡村治理示范村镇创建标准》	示范村的创建标准要达到村党组织领导有力、村民自治依法规范、法治理念深入人心、文化道德形成新风、乡村发展充满活力、农村社会安定有序
	全国文明村	中央精神文明建设指导委员会	2012年《全国文明村镇测评体系》	获此荣誉称号的村镇，应是在当地经济社会发展中名列前茅、精神文明建设成绩突出、在全国具有典型示范带动作用的村镇
	全国民主法治示范村(社区)	司法部、民政部	2020年《"全国民主法治示范村(社区)"建设指导标准》	村级组织健全完善、基层民主规范有序、法治建设扎实推进、经济社会和谐发展、组织保障坚强有力
乡村旅游类	中国美丽休闲乡村	农业农村部	2021年《农业农村部办公厅关于开展2021年中国美丽休闲乡村申报和监测工作的通知》	中国美丽休闲乡村以行政村为主体单位，在发展提升乡村休闲旅游业方面应具备以下条件：特色优势明显、服务设施完善、乡风民俗良好、品牌效应明显
	全国乡村旅游重点村	文化和旅游部	2021年《关于做好第三批全国乡村旅游重点村镇遴选推荐工作的通知》	全国乡村旅游重点村遴选对象为行政村或自然村，全国乡村旅游重点村应当符合下列标准：文化和旅游资源禀赋，开发合理，村文化传承保护、转化发展较好，旅游产品体系成熟、品质较高，乡村民宿建设主题突出、规范有序，生态环境优美宜居，基础设施和公共服务较完善，体制机制完善合理、运营高效，带动创业就业、经济社会发展等效益明显

类别	称号名称	授予部门	相关文件	评价、遴选和认定标准
乡村绿化类	国家森林乡村	国家林业和草原局	2019年《国家森林乡村评价认定办法（试行）》	主要对各行政村的乡村自然生态风貌保护、山水林田湖草系统治理、森林绿地建设、森林质量效益、乡村绿化管护、乡村生态文化等六个方面的成效进行综合评价
文化保护类	中国少数民族特色村寨	国家民族宗教事务委员会	2019年《中国少数民族特色村镇保护与发展评估体系标准》	从人居环境、特色民居、民族文化、特色产业、民族团结和保障机制综合评价
	中国历史文化名村	住房和城乡建设部	2003年《中国历史文化名镇（名村）评选办法》 2016年《中国历史文化名镇名村评价指标体系》	凡建筑遗产、文物古迹和传统文化比较集中，能较完整地反映某一历史时期的传统风貌和地方特色、民族风情，具有较高的历史、文化、艺术和科学价值，辖区内存有清朝末年以前建造或在中国革命历史中有重大影响的成片历史传统建筑群，总建筑面积在5000平方米以上（镇）或2500平方米以上（村）的镇（村），均可参加全国历史文化名镇（名村）的申报评定
	中国传统村落	住房和城乡建设部	2017年《住房城乡建设部办公厅关于做好第五批中国传统村落调查推荐工作的通知》	历史文化积淀较为深厚、选址格局肌理保存较完整、传统建筑具有一定保护价值、非物质文化遗产传承良好、村落活态保护基础好
产业发展类	全国"一村一品"示范村	农业农村部	2021年《关于开展第十一批全国"一村一品"示范村认定工作的通知》	全国"一村一品"示范村镇申报主体为行政村或行政镇（乡），主导产业优势特色鲜明、乡土气息浓郁、文化内涵丰富、产村产镇深度融合、带农增收效果显著，有较强的辐射带动和示范引领作用。主要产品是特色种植、特色养殖、特色食品、特色文化（如传统手工技艺、民俗文化等）和新业态（如休闲旅游、电子商务等）的一个具体品类。申报村主导产业总产值超过1000万元，占全村生产总值的50%以上
	全国美丽宜居村庄示范	住房和城乡建设部	2016年《住房城乡建设部办公厅关于开展2016年美丽宜居小镇、美丽宜居村庄示范工作的通知》	各地要按照美丽宜居村镇示范指导性要求，选择自然景观和田园风光美丽宜人、村镇风貌和基本格局特色鲜明、居住环境和公共设施配套完善、传统文化和乡村要素保护良好、经济发展水平较高且当地居民（村民）安居乐业的村庄和城镇作为示范候选对象，并积极探索符合本地实际的美丽宜居村镇建设目标、模式和管理制度，科学有序推进美丽宜居村镇建设
人居整治类	全国改善农村人居环境示范村	住房和城乡建设部、中央农村工作领导小组办公室、财政部、环境保护部、农业部	2016年《住房城乡建设部等部门关于开展改善农村人居环境示范村创建活动的通知》	将示范村分为保障基本示范村、环境整治示范村、美丽宜居示范村三类，示范村创建对象为行政村，原则上为在原地开展人居环境整治的村庄
	全国绿色村庄	住房和城乡建设部	2016年《住房城乡建设部关于开展绿色村庄创建工作的指导意见》	绿色村庄的基本要求是，村内道路、坑塘河道和公共场所普遍绿化；农户房前屋后和庭院基本实现绿化；村庄周边普遍有绿化林带，有条件的村庄实现绿树围合；古树名木实现调查、建档和保护；建立有效的种绿、护绿机制；淮河流域及以南地区村庄绿化覆盖率应不低于30%，以北地区一般不低于20%

3 | 规划定位与目标

PLANNING ORIENTATION AND OBJECTIVES

■ 3.3 村庄规划目标

致力落实乡村振兴战略规划,实现村庄发展有目标、重要建设项目有安排,生态环境有管控,农村人居环境有改善,自然景观和文化遗产有保护。通过问题、目标、民意等多维度分析,充分考虑人口资源环境条件和经济社会发展等要求,围绕乡村振兴战略,按照"五大振兴"和"产业兴旺、生态宜居、乡风文明、治理有效、生活富裕"总要求,结合县域村庄分类和布局确定的村庄类型,以前瞻性发展为引领,明确村庄发展方向和发展路径,研究确定村庄发展目标战略,促进村庄国土空间的规范有序和可持续发展。

3.3.1 规划指标传导表

1. 国土指标传导

国土空间规划指标传导,是在县级和乡镇级国土空间总体规划确定的总体定位目标、约束性指标,在村庄规划中落实农业用地、生态用地和村庄建设用地等,发挥村庄规划作为详细规划的管控作用。在国土指标传导过程中,遵循建设用地规模、村庄建设用地规模等规划目标不应高于乡镇级国土空间总体规划下达指标,耕地保有量、永久基本农田面积、生态保护红线面积、基本草原保护面积、生态修复面积、建设用地复垦面积等规划目标不应低于下达指标。其中若涉及面积变化,需说明具体变化原因。

国土空间规划指标传导表　　　　　　　　　　　　　　　　表 3-3

指标名称 (单位:公顷)		耕地 保有量	永久基本 农田保护 面积	生态保护 红线面积	基本草 原保护 面积	建设用地 规模	村庄建设 用地规模	生态修复 面积	建设用地 复垦面积
指标属性		约束性	约束性	约束性	约束性	约束性	约束性	约束性	约束性
指标落实	乡镇级国土 空间总体规 划下达指标								
	本次规划落 实指标								
变化说明									

国家涉农发展规划指标传导表　　　　　　　　　　　　　　　表 3-4

相关规划	相关规划指标	
《乡村振兴战略规划 (2018—2022 年)》	村庄绿化覆盖率	2016 年基期值 20%,2020 年目标值 30%,2022 年目标值 32%
	农村自来水普及率	2016 年基期值 79%,2020 年目标值 83%,2022 年目标值 85%
《农业农村污染治理攻 坚战行动方案(2021— 2025 年)》	农村生活污水治理率	到 2025 年,东部地区、中西部城市近郊区等有基础、 有条件的地区,农村生活污水治理率达到 55% 左右; 中西部有较好基础、基本具备条件的地区,农村生 活污水治理率达到 25% 左右;地处偏远、经济欠发 达地区,农村生活污水治理水平有新提升

相关规划	相关规划指标	
《"十四五"城乡社区服务体系建设规划》	农村社区综合服务设施覆盖率	2020 年基期值 65.79%，2025 年目标值 80%
《"十四五"节水型社会建设规划》	农田灌溉水有效利用系数	2025 年目标值 0.58
《"十四五"土壤、地下水和农村生态环境保护规划》	农村环境整治村庄数量	到 2025 年全国新增 8 万个
《"十四五"推进农业农村现代化规划》	较大人口规模自然村（组）通硬化路比例	2025 年目标值大于 85%
	农村自来水普及率	2020 年基期值 83%，2025 年目标值 88%

2. 发展指标传导

村庄规划需根据所在县区 "十四五"规划、乡村振兴规划和涉农各专项规划中，在村庄层面达到的发展、治理和保护目标等，将发展指标达到全县总体水平及以上，发挥农村高质量发展的引导作用。

3.3.2 规划控制指标表

围绕乡村振兴战略，落实上位国土空间规划要求，结合村庄分类，充分村庄考虑人口资源环境条件和经济社会发展、人居环境整治等要求，研究确定村庄发展定位，合理预测村庄户籍人口和常住人口规模；研究制定国土空间开发保护的目标，传导上位规划对耕地和生态下达指标；围绕节约集约和提高建设用地效益设定效率指标，引导建设用地整合；提出人居环境整治和产业发展目标，为提高村庄宜居宜业程度设定高质量目标。可根据本村庄实际空间治理的特点及要求合理增加管控任务和相应指标，适应村庄发展的差异性目标。

规划控制指标表（根据各省导则整理和补充） 表 3-5

指标类型	指标	规划基期年	规划目标年	属性	备注
人口	户籍人口户数（户）			预期性	依照《中华人民共和国户口登记条例》户口登记以户为单位
	户籍人口规模（人）			预期性	依照《中华人民共和国户口登记条例》在公安户籍管理机关登记本村的常住户口的人
	常住人口规模（人）			预期性	经常在本村内居住达半年及以上人口
耕地	耕地保有量（公顷）			约束性	《国土空间调查、规划、用途管制用地用海分类表（试行）》中 01 耕地
	永久基本农田保护面积（公顷）			约束性	乡镇级国土空间规划下达指标与本村规划落实指标
	永久基本农田储备区面积（公顷）			预期性	乡镇级国土空间规划下达指标与本村规划落实指标

续表

指标类型	指标			规划基期年	规划目标年	属性	备注
生态	生态保护红线（公顷）					约束性	乡镇级国土空间规划下达指标与本村规划落实指标
	生态公益林保护面积（公顷）					约束性	乡镇级国土空间规划下达指标与本村规划落实指标
	基本草原面积（公顷）					约束性	乡镇级国土空间规划下达指标与本村规划落实指标
	湿地面积（公顷）					约束性	《国土空间调查、规划、用途管制用地用海分类表（试行）》中05湿地
	林地保有量（公顷）					预期性	《国土空间调查、规划、用途管制用地用海分类表（试行）》中03林地
建设	建设用地总规模（公顷）					约束性	村域内《国土空间调查、规划、用途管制用地用海分类表（试行）》中所有建设用地之和
	其中	村庄建设用地规模（公顷）				约束性	村域内《国土空间调查、规划、用途管制用地用海分类表（试行）》中所有村庄建设用地之和
		其中	村庄公共管理与公共服务设施用地规模（公顷）			预期性	《国土空间调查、规划、用途管制用地用海分类表（试行）》0704农村社区服务设施用地
			村庄基础设施用地规模（公顷）			预期性	《国土空间调查、规划、用途管制用地用海分类表（试行）》中13公用设施用地
			村庄居住用地规模（公顷）			约束性	《国土空间调查、规划、用途管制用地用海分类表（试行）》中0703村庄宅基地
	经营性建设用地规模（公顷）农村集体经营性建设用地规模（公顷）					预期性	《国土空间调查、规划、用途管制用地用海分类表（试行）》中09商业服务业用地、10工矿用地、11仓储用地之和
	户均宅基地规模（平方米/户）					预期性	以户籍人口
	人均村庄建设用地（平方米/人）					预期性	以户籍人口
	人均农村居民点建设用地面积（平方米/人）					预期性	以户籍人口
	新增宅基地户均用地标准（平方米/户）					约束性	根据各省实施《土地管理法》规定执行
	建设用地机动指标（公顷）					约束性	预留一定比例的建设用地（不超过5%）指标用于农民居住、农村公共公益设施、零星分散的乡村文旅设施及农村新产业新业态等项目

指标类型	指标	规划基期年	规划目标年	属性	备注
人居	村庄绿化覆盖率（%）			预期性	村庄绿化覆盖率是村庄内绿化垂直投影面积之和与占地面积的百分比
	农村卫生厕所普及率（%）			预期性	累计卫生厕所户数与农村总户数的百分比
	生活垃圾分类减量化处理率（%） 生活垃圾收集率（%） 生活垃圾无害化处理率（%）			预期性	生活垃圾分类减量化处理率是经分类减量化的生活垃圾量占生活垃圾总量的百分比，生活垃圾收集率是经收集的生活垃圾量占全部生活垃圾总量的百分比，生活垃圾无害化处理率是经无害化处理的生活垃圾量占全部生活垃圾总量的百分比
	生活污水处理率（%） 农村黑臭水体消除率（%）			预期性	生活污水处理率是经过处理的生活污水量占污水排放总量的比重，农村黑臭水体消除率是农村被消除黑臭水体量占黑臭水体总量的比重
	道路硬化率（%） 村庄通双车道率（%）			预期性	村庄道路硬化率是村庄硬化道路里程与道路总里程的百分比，村庄通双车道率是村庄双车道里程与道路总里程的百分比
	村卫生室数量（个）			预期性	达到村卫生室基本标准
	人均活动健身场地面积（平方米/人）			预期性	以户籍人口
	人均公共服务设施建筑面积（平方米/人）			预期性	以户籍人口
	农村自来水普及率（%） 饮用水水源水质达标率（%）			预期性	农村自来水普及率是使用自来水人口数占总人口数的百分比，饮用水水源水质达标率是使用农村集中式饮用水水源水质达标到国家标准人口数占总人口数的百分比
	人均应急避难场所面积（平方米）			预期性	以户籍人口
产业	村庄集体收入（万元）			预期性	村级集体经济的收入
	人均收入（元）			预期性	以户籍人口
	农业土地产出率（元/公顷）			预期性	农业土地产出率是经济产出与农业土地面积之比

3 | 规划定位与目标
PLANNING ORIENTATION AND OBJECTIVES

■ 第 3 章参考文献

[1] 唐古拉. 村庄规划中的产业规划编制探析 [J]. 中国土地，2022（03）：58-59.
[2] 孙宇毅. 实用性村庄规划关键问题探讨 [J]. 城乡建设，2019（20）：36-37.
[3] 沈体雁，温锋华. 中国村庄规划理论与实践 [M]. 北京：社会科学文献出版社，2017.

国土空间布局与用途管制

CHAPTER SUMMARY

章节概要

土地是承载村庄产业、构建人地关系的核心要素。在国土空间规划背景下，土地的管控上升为国土空间的管控，而土地的用途管制，则延伸到"山水林田湖草"的全域全要素管控。本章重点介绍"多规合一"实用性村庄规划中国土空间的类型划分、用途分类、要素关系、空间布局、结构调整以及用途管控等内容。重点是科学划定村庄"三区三线"、梳理居民点布局和产业发展布局用地需求，解决村庄发展过程中用地结构矛盾、产业用地不匹配、居民点布局不合理等的问题，为村庄建设许可的办理和审批提供法律依据。同时本章也结合国土空间规划技术方法的应用，对村庄规划编制过程中的主要技术应用方法作出详细的介绍和应用流程疏理，为村庄规划编制过程提供应用指南。本章节试图回答规划师在编制过程中遇到的以下疑问：

· 如何划定村庄"三区三线"？

· 生态空间、农业空间、建设空间在村庄规划阶段的逻辑关系？

· 建设空间内的村庄用地如何管控？管控规则怎么制定？

· 如何确定居民点、产业发展用地需求？

· 村域国土空间布局关注点有哪些，如何进行科学布局与规划？

· 村庄建设用地指标从哪里来？如何进行村庄建设用地指标的挖潜和存量盘活？

· 村庄国土空间用地结构调整时应该注意哪些问题？

· 国土空间用地结构调整表，国土空间用地结构规划图（一图一表）如何表达？

· 地理信息技术支撑系统中如何进行国土空间布局？要点和注意事项有哪些？

国土空间布局与用途管制

基本原则

支撑国土空间布局原则

上位规划落实

建设实际与村庄发展需求

优化调整与用地指标转换

空间管控

三大空间的划定与用途管制

建设空间

村庄建设边界

农业空间

永久基本农田保护红线

生态空间

生态保护红线

划定　用途分区　制定管控规则　用途管制

GIS实验

国土空间用地调整

三区三线划定

国土空间规划图

技术支持

管控 ↕ 支撑

用地布局

用地结构调整与布局

农林用地

建设用地
村庄建设用地
区域基础设施用地
其他建设用地

自然保护与保留用地

支撑用地布局

调整依据

村庄发展用地需求
宅基地规划布局
基础设施布局
公共服务设施布局
区域基础设施布局
重大项目用地需求
生态修复
农用地整治

人口预测

户籍人口　　　　常住人口

优化村庄国土空间格局、促进村庄未来发展

逻辑体系 LOGICAL SYSTEM
图 4-1 国土空间布局与用途管制

4 国土空间布局与用途管制
LAND SPATIAL LAYOUT AND USE CONTROL

■ 4.1 支撑国土空间布局原则

国土空间布局是解决村庄土地矛盾，优化村庄国土空间格局的核心。在国土空间规划背景下，国土空间布局不仅仅面向用地管控和用途管制，更多的是村庄建设用地的合理布局及建设用地指标的核算。其中作为支撑国土空间布局的原则主要有以下几个方面：上位规划的落实、建设实际与村庄发展需求及国土空间优化调整与用地指标转换，本节将分别从以上几个方面对支撑国土空间布局原则进行梳理。

4.1.1 上位规划落实

本节内容所阐述的上位规划主要指在进行国土空间布局时所要参考和落实的规划，主要有村庄所在县域或市域的国土空间双评价及城镇开发边界、生态保护红线及永久基本农田保护红线的划定成果（即"三线"）。

1. 双评价

双评价即国土空间开发适宜性评价和资源环境承载力评价。国土空间开发适宜性评价主要用于评估城镇建设、农业生产等人类活动的适宜程度，在村庄规划层面主要作用为评估农业生产及村庄建设的适宜程度。资源环境承载力评价是对自然资源和生态环境本底的客观评价，村庄规划层面资源环境承载力评价的主要作用是对村庄自然资源和生态环境本底进行评估，避免村庄建设和农业生产对自然资源和生态环境造成影响。

"多规合一"实用村庄规划中的双评价一般落实上位国土空间双评价成果即可，对具有特殊地理区位、资源禀赋或具有重要生态功能的村庄，可结合上位国土空间双评价进行单独（单因子）的评价，为村庄建设空间、农业空间及生态空间的划定提供科学依据。

2. "三线"

"三线"即城镇开发边界、永久基本农田保护红线及生态保护红线。城镇开发边界为上位国土空间规划中划定，进行城市（镇）规划的区域，因此在村庄规划中，实际规划范围为"三调"中村级调查区的行政村范围减去城镇开发边界的范围。永久基本农田保护红线是保障国家粮食安全的底线，因此村庄规划中要严格落实上位国土空间规划所划定的永久基本农田保护红线，对于现状和永久基本农田不符的情况进行有效的管控。生态保护红线是保障和维护国家生态安全的底线和生命线，因此在村庄规划中，生态保护红线所划定的区域必须严格落实，对生态保护红线内的人类活动和建设项目进行严格的管控。

4.1.2 建设实际与村庄发展需求

1. 建设实际

长期以来，我国的乡村用地分类体系和建设实际与城市一起纳入统一的城乡规划体系，对于村庄建设用地、非建设用地缺乏详细的分类和指导，导致在实际村庄建设过程当中常常出现建设实际与用地性质不符的情况。同时城乡规划与土地利用规划之间的矛盾，使得由住房和城乡建设部颁发的《村庄规划用地分类指南》与国土部门执行的土地利用总体规划用地分类存在较大的差异导致矛盾繁多，村庄建设实际不能够得到有效的落实。

随着自然资源部的建立和国土空间规划的开展，我国的"多规"矛盾得到了有效的改善，在"多规合一"实用性村庄规划中执行统一的《国土空间调查、规划、用途管制用地用海分类指南》（自然资发〔2023〕），使得村庄用地分类与建设实际能够得到充分的衔接，进而保障村庄建设项目的落地，保障村庄规划的实用性。

2. 村庄发展需求

村域国土空间布局以村庄发展需求为基本导向。结合村用地布局，对村庄未来产业、基础设施以及区域重大项目进行研判，预留村庄建设用地，科学进行国土空间布局，同时对于村庄留有"弹性"发展空间和建设指标，用于满足村庄在规划期内的符合建设要求的建设项目落地。

4.1.3 优化调整与用地指标转换

1. 优化调整

"多规合一"实用性村庄规划在国土空间布局中对于"三区三线"及国土用地结构的优化调整需结合以下几点基本原则：

一是自上而下，有序规划。对于"三线"的优化调整只能在上位国土空间规划中进行。

二是适当留白，弹性发展。对于"三区"的优化调整要结合国土空间用地结构的调整，在保障村庄生态安全格局和农业生产的前提下，对村庄建设空间的划定留有弹性发展空间。

三是总量控制，适度增减。国土空间用地结构调整按照不同的村庄类型，对村庄的建设用地指标进行合理分配和管控。

2. 用地指标转换

用地指标的转换即村庄建设用地指标的平衡与测算。村庄建设用地指标进行计算时，需以最新的国土调查数据为准，按照自然资源部下发的《国土空间调查、规划、用途管制用地用海分类指南》（自然资发〔2023〕）进行基数转换，作为村庄建设用地指标的基础数据，将其中的建设用地全部选取出来求和，即得到基期建设用地指标，建设用地分为城乡建设用地、区域基础设施用地以及其他建设用地，其关系如图所示：

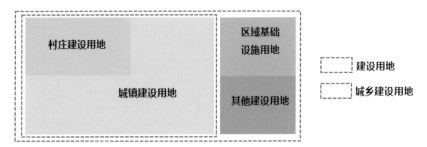

图 4-2 建设用地分类关系图

建设用地的分类以自然资源部下发的《国土空间用地功能结构调整表》为准，其中建设用地 = 城乡建设用地 + 区域基础设施用地 + 其他建设用地。表 4-1 为《国土空间用地功能结构调整表》与《国土空间调查、规划、用途管制用地用海分类指南》中建设用地分类的对照参考表。

建设用地与用地用海分类对照表（自然资源部）　　　　表4-1

国土空间用地功能结构调整表		《国土空间调查、规划、用途管制用地用海分类指南》		
		代码	名称	备注
城乡建设用地	城镇用地		城市、建制镇范围	
	村庄建设用地	07	居住用地	
		08	公共管理与公共服务用地	
		09	商业服务业用地	
		1001	工业用地	
		11	仓储用地	
		1207	城镇村道路用地	
		1208	交通场站用地	
		1209	其他交通设施用地	
		1301-1310,1312	公用设施用地	包括供水用地等11个二级类，不包括水工设施用地
		14	绿地与开敞空间用地	
		16	留白用地	
		2301	空闲地	
			村庄范围（203）内的其他用地	
区域基础设施用地		1201	铁路用地	
		1202	公路用地	
		1203	机场用地	
		1204	港口码头用地	
		1205	管道运输用地	
		1206	城市轨道交通用地	
		1311	水工设施用地	
其他建设用地		15	特殊用地	
		1002	采矿用地	
		1003	盐田	

备注：以《国土空间调查、规划、用途管制用地用海分类指南》（自然资发〔2023〕）为准，结合并更新调整自然资源部《国土空间用地功能结构调整表》（2021年5月），各地可根据最新政策文件及地方实际情况进行更新与调整。

　　村庄建设用地指标主要来源于挖潜村庄内部存量建设用地，合理规划与布局村庄整体格局，达到优化村庄内部功能结构的作用，具体的建设用地指标来源有以下几个方面：

　　（1）核实"三调"数据成果：整理村庄宅基地指标，通过卫星影像、高清正射影像、航拍以及实地调研，对村庄部分宅基地宅前屋后不属于建设用地的区域进行扣除，整理出部分建设用地指标。

（2）宅基地面积超标：以各地区现行的宅基地管理规范为准，通过宅基地确权数据核查宅基地面积超标的区域，按照现行标准，扣除多余建设用地（在宅基地翻修或改建时予以控制）。

（3）一户两宅、一户多宅问题：以宅基地确权数据为准核查一户两宅、一户多宅情况，将多余宅基地进行腾退。

（4）散户、整体搬迁：对于部分宅基地与村庄集中居民点距离相对遥远，基础设施、公共服务设施无法配套的宅基地，应该予以搬迁，在集中居民点周围重新预留宅基地安置区域。对于现状条件较差，空心率较高，且基础设施、公共服务设施配套较差的集中居民点可考虑整体搬迁的方式，在村域范围内重新规划一处集中居民点，为其配置相应的设施，同时腾退出一部分建设用地指标用于村庄建设和发展。

（5）村庄废弃宅基地、废弃建设用地的腾退和有序退出。

（6）建设用地功能置换：不符合现有建设用地功能的区域，可在原有建设用地基础上进行功能置换，无需多余建设用地指标。

在村庄规划过程中建设用地指标主要用作以下几个方面：

（1）村庄居住用地的布局：一般有集中式和组团式两种形式。

（2）村庄公共服务用地：主要用作完善和提升村庄内的公共服务水平，如为村庄配置文化活动室、村民文化活动广场等。

（3）村庄集体经营性用地：一般为商业服务业用地，主要用于布局村庄经营性产业，为村民提供除农业生产外的其他经济收入来源。

（4）其他建设用地：除了上述建设用地的用途外，其他需要在村域内部建设的项目也需要建设用地指标，如区域基础设施的配建，工业、仓储等项目的建设。

村庄建设用地指标的计算可参考表 4-2。村庄宅基地面积的计算可参考表 4-3。

村庄建设用地指标计算表 表 4-2

村庄名称	基期建设用地	规划居住用地	规划集体经营性建设用地	规划公共服务用地	规划其他建设用地	留白用地	规划总建设用地	建设指标增减
AA 村								
AB 村								
其中： 规划后的建设用地 = 规划居住用地 + 规划集体经营性建设用地 + 规划公共服务用地 + 规划其他建设用地 + 留白用地 + 保持现状建设用地，留白用地不超过规划后总建设用地面积 × 5%（以本地的导则或规范为准）。								

村庄宅基地面积计算表 表 4-3

村庄名称	总户数	基期宅基地面积	基期户均宅基地面积	规划宅基地面积	规划户均宅基地面积	散户数量	安置区面积	预计安置户数
AA 村								
AB 村								
可根据实际需要和情况对上表进行补充或删减。								

■ 4.2 生态空间布局与管控

生态空间是生物维持自身生存与繁衍所必需的基础条件，是各级国土空间规划的重点规划内容。村庄规划中的生态空间是对上位国土空间规划中生态空间的细化和落实，对于划定和管控要落实到具体的用地斑块上，对于具有重要生态功能或生态敏感性（脆弱性）较高的区域应重点进行管控。

4.2.1 生态空间划定规则

生态空间的划定以最新的国土调查数据为基础，原则上将国土调查数据中的"湿地、水域、裸地以及其他草地"等地类和县级以上林业草原主管部门认定为林地（生态林、防护林地、生产林地、风景林地等）的地块，以及上级国土空间规划双评价成果认定为生态保护重要区的地块，划入生态空间，同时结合最新生态保护红线的划定成果，将村域范围内的生态保护红线区域一并划入生态空间。

4.2.2 生态空间布局

生态空间一般可划分为生态红线保护区和一般生态空间（生态控制区），生态红线保护区即生态保护红线所划定的区域。一般生态空间指生态保护红线区外，需要进行生态保护与生态修复的陆地和海洋自然区域，部分地区划定了省级或市级的生态管控区域，与自然保护区、森林公园和以自然资源为主的风景名胜区一并划入一般生态空间进行管控。

4.2.3 生态空间管制规则

生态空间的管控按照生态用途分别执行不同的标准进行管控，村域层面的生态空间管控需更加注重管控的细致性和严格性，自下而上地对生态空间的用地斑块进行严格保护与管控。

1. 生态保护红线区

以《关于划定并严守生态保护红线的若干意见》和《生态保护红线划定指南》为基本依据划定的生态保护红线区，依据最新的《生态保护红线管理办法》执行较为严格的准入制度，以有限人为活动管控为核心内容，对有限人为活动的内容提出相应的正面清单，同时禁止任何不符合主体功能定位的开发活动，任何单位和个人不得擅自占用或改变原国土用途，对不符合正面清单的人为活动，可按照尊重历史、实事求是的原则，由各省结合自然资源禀赋和经济社会发展实际，细化退出安排。

涉及国家重大项目建设，确需占用生态保护红线的，按照《生态红线管理办法》中所规定的适用范围和审批程序执行，经评估对生态功能造成破坏的，按程序调整生态保护红线。

2. 一般生态空间（生态控制区）

一般生态空间的管控遵循当地实际情况和相关规范标准，对一般生态空间内的用地斑块以保护和保留为主，其中陆域不得擅自改变原有地形地貌及其他自然生态环境原有状态，海域严禁随意开发、不得擅自改变海岸线及其他自然生态环境原有状态。依法依规按照限制开发的要求进行管理，在进行生态影响评估后，允许在不降低生态功能、不破坏生态系统的前提下，陆域可适度开展观光、旅游、科研教育等活动。

3. 生态空间的管控（以自然保护区为例）

在划定生态空间时，常常将具有重要生态功能的区域划入生态空间，如国家公园、自然保护区、自然公园以及其他具有重要生态功能的区域。其与生态保护红线相互交错，因此国家及地方相关部门在严格执行《生态红线管理办法》的同时，根据各地实际情况，出台了相应的管理办法，本节以自然保护区为例，《自然资源部 国家林业和草原局关于做好自然保护区范围及功能分区优化调整前期有关工作的函》（自然资函〔2020〕71号）中对于自然保护区功能分区作出调整，自然保护区功能分区由核心区、缓冲区、试验区转为核心保护区和一般控制区，其管控规则如下：

（一）核心保护区：

除满足国家特殊战略需要的有关活动外，原则上禁止人为活动。但允许开展以下活动：

（1）管护巡护、保护执法等管理活动，经批准的科学研究、资源调查以及必要的科研监测保护和防灾减灾救灾、应急抢险救援等。

（2）因病虫害、外来物种入侵、维持主要保护对象生存环境等特殊情况，经批准，可以开展重要生态修复工程、物种重引入、增殖放流、病害动植物清理等人工干预措施。

（3）根据保护对象不同实行差别化管控措施：

①保护对象栖息地、觅食地与人类农业生产生活息息相关的自然保护区，经科学评估，在不影响主要保护对象生存、繁衍的前提下，允许当地居民从事正常的生产、生活等活动。保留一定数量的耕地，允许开展耕种、灌溉活动，但应禁止使用有害农药。

②保护对象为水生生物、候鸟的自然保护区，应科学划定航行区域，航行船舶实行合理的限速、限航、低噪音、禁鸣、禁排管理，禁止过驳作业，合理选择航道养护方式，确保保护对象安全。

③保护对象为迁徙、洄游、繁育野生动物的自然保护区，在野生动物非栖息季节，可以适度开展不影响自然保护区生态功能的有限人为活动。

④保护对象位于地下的自然遗迹类自然保护，可以适度开展不影响地下遗迹保护的人为活动。

（4）暂时不能搬迁的原住居民，可以有过渡期。过渡期内在不扩大现有建设用地和耕地规模的情况下，允许修缮生产生活以及供水设施，保留生活必需的少量种植、放牧、捕捞、养殖等活动。

（5）已有合法线性基础设施和供水等涉及民生的基础设施的运行和维护，以及经批准采取隧道或桥梁等方式（地面或水面无修筑设施）穿越或跨越的线性基础设施，必要的航道基础设施建设、河势控制、河道整治等活动。

（6）已依法设立的铀矿矿业权勘查开采；已依法设立的油气探矿权勘查活动；已依法设立的矿泉水、地热采矿权不扩大生产规模、不新增生产设施，到期后有序退出；其他矿业权停止勘查开采活动。

（7）根据我国相关法律法规和与邻国签署的国界管理制度协定（条约）开展的边界通视道清理以及界务工程的修建、维护和拆除工作；根据中央统一部署在未定界地区开展旨在加强管控和反蚕食斗争的各种活动。

（二）一般控制区：

除满足国家特殊战略需要的有关活动外，原则上禁止开发性、生产性建设活动。仅允许以下对生态功能不造成破坏的有限人为活动：

（1）核心保护区允许开展的活动。

（2）零星的原住居民在不扩大现有建设用地和耕地规模前提下，允许修缮生产生活设施，保留生活必需的种植、放牧、捕捞、养殖等活动。

（3）自然资源、生态环境监测和执法，包括水文水资源监测和涉水违法事件的查处等，灾害风险监测、灾害防治活动。

（4）经依法批准的非破坏性科学研究观测、标本采集。

（5）经依法批准的考古调查发掘和文物保护活动。

（6）适度的参观旅游及相关的必要公共设施建设。

（7）必须且无法避让、符合县级以上国土空间规划的线性基础设施建设、防洪和供水设施建设与运行维护；已有的合法水利、交通运输等设施运行和维护。

（8）战略性矿产资源基础地质调查和矿产远景调查等公益性工作；已依法设立的油气采矿权在不扩大生产区域范围，以及矿泉水、地热采矿权在不扩大生产规模、不新增生产设施的条件下，继续开采活动；其他矿业权停止勘查开采活动。

（9）确实难以避让的军事设施建设项目及重大军事演训活动。

由于特殊生态空间一般与生态保护红线存在地域空间上的重叠，在划定生态红线保护区时，可根据特殊生态空间（如自然保护区）中的功能分区，将核心保护区一并划入生态红线保护区，并执行相应的管控规则。核心保护区以外的一般控制区，结合各地资源本底实际情况划入一般生态空间或其他空间。

在执行管控规则时，若存在不同的文件管控办法，优先考虑《生态红线管理办法》，其次根据文件类型和级别对各地生态空间的管控规则进行相应的调整与完善。

■ 4.3 农业空间布局与管制

农业生产是我国多数村庄的主要功能，也是村民经济收入的主要来源，随着社会的进步和科技水平的发展，我国传统的农业生产方式正在发生着深刻的变革，同时农业生产的农业空间也急需进行优化提升。村庄规划中农业空间主要是对上位国土空间规划中所确定的农业空间进行细化和落实，从村域层面进行优化和管控，从而实现农业空间的整体优化提升。

4.3.1 农业空间划定规则

农业空间的划定以最新的国土调查数据为基础，原则上将"耕地、园地、林地、牧草地、其他农业用地（含设施农用地、农村道路、田坎、坑塘水面、沟渠）"等地类和县级以上林业草原主管部门认定的林地（商品林）的地块，以及上级国土空间规划双评价成果认定为农业生产适宜区的地块，特别是划定的永久基本农田储备区、已建设的高标准农田、土地综合整治项目区及耕地后备资源调查认定的潜力区域，划入一般农业空间，同时结合最新的永久基本农田保护红线成果，将永久基本农田保护红线、永久基本农田储备区等一并划入农业空间。

4.3.2 农业空间布局

农业空间一般可分为永久基本农田保护区和一般农业空间，其中一般农业空间按照国土空间用途分类可详细划分为一般农业区、林业发展区和牧业发展区。在规划布局时，永久基本农田保护区和一般农业空间原则上不交叉重叠，以图斑的形式进行细化管控落实。

4.3.3 农业空间管制规则

农业空间的管控按照不同的农业用途分类进行管控，具体管控规则如下（各地区可根据当地实际情况或相关政策规定对以下管控规则作出适当的调整）：

1. 永久基本农田保护区

上位国土空间规划中划定的，为维护国家粮食安全，切实保护耕地，促进农业生产和社会经济的可持续发展，需要实行特殊保护和管理的区域。管控规则如下：

（1）确保已划定的本行政区内基本农田的数量不减少。

（2）永久基本农田保护区经依法划定后，任何单位和个人不得改变或者占用。国家能源、交通、水利、军事设施等重点建设项目选址确实无法避开永久基本农田保护区，需要占用永久基本农田，涉及农用地转用或者征收土地的，必须经国务院批准。

（3）经国务院批准占用永久基本农田的，当地人民政府应当按照国务院的批准文件修改相关规划，并补充划入数量和质量相当的永久基本农田。

（4）禁止任何单位和个人在永久基本农田保护区内建窑、建房、建坟、挖砂、采石、采矿、取土、堆放固体废弃物或者进行其他破坏永久基本农田的活动。禁止任何单位和个人占用永久基本农田发展林果业和挖塘养鱼。

（5）禁止任何单位和个人闲置、荒芜永久基本农田。在落实上位永久基本农田保护斑块（图斑）时，因数据精度差异导致的数据变化应予以说明。

2. 一般农业空间

一般农业区：指农业空间内，永久基本农田保护区外，以农业生产为主导用途，在遵循有关法律法规以及管制规则的前提下，可进行适度开发利用的区域。管控规则如下：

（1）严格控制一般农业区内的农用地转用，对质量等级较高的耕地、园地、林地等农用地实行优先保护。严格控制各类开发活动占用、破坏。

（2）一般农业区内禁止建窑、建房或者擅自采矿、挖沙、取土、堆放固体废弃物。

（3）禁止三类工业及涉及有毒有害物质排放的工业新建、改建、扩建，现有企业应逐步关闭搬迁；禁止二类工业新建、扩建，现有项目改建只能在原址进行，并须符合环保部门污染物排放总量控制的要求。

（4）严格控制一般农业区内的建设占用，加强监督管理。确需占用一般农业区内耕地或其他农用地的建设项目，经相关部门批准后，需按照"耕地占补平衡"的原则，补充数量和质量相当的耕地。

（5）一般农业区内的建设活动以盘活存量、优化结构为主，严格控制增量，增量利用以发挥农业生产功能为导向。

（6）鼓励一般农业区内的废弃工矿和闲置宅基地复垦为农用地，引导农民自愿有偿退出宅基地。加强对新增耕地的管理，对未利用地、废弃工矿、闲置宅基地等用地开垦或复垦为耕地的，不得改作其他用途。

（7）允许实施农林复合利用，严禁违反规划实施挖湖造景等行为。

林业发展区：指以规模化林业发展的区域（不包括已划入生态控制区的林地）。管控规则如下：

（1）区内按照林业生产规范和发展规划进行管理，采用适当的封育和采伐措施，可发展林下经济和生态旅游，兼顾生态功能和经济效益。

（2）区内的土地主要用于林业生产，以及直接为林业生产和生态建设服务的营林设施。

（3）区内现有非农业建设用地，应当按其适宜性调整为林业或其他类型的营林设施用地，规划期内确实不能调整的，可保留现状用途，但不得扩大面积。

（4）林业发展区内零星耕地因生态建设和环境保护需要，可转为林地。

（5）未经批准，禁止占用区内土地进行非农业建设，禁止占用区内土地进行毁林开垦、采石、挖沙、取土等活动。

牧业发展区：指以牧草地为主，从事牧业生产和进行放牧活动的区域。管控规则如下：

（1）区内土地主要用于牧业生产，以及直接为牧业生产和生态建设服务的牧业设施。

（2）区内现有非农业建设用地应按其适宜性调整为牧草地或其他类型的牧业设施用地，规划期间确实不能调整的，可保留现状用途，但不得扩大面积。

（3）区内进行牧业生产和放牧时，应严格实行草畜平衡制度。推行划区轮牧、休牧和禁牧制度，避免长期进行牧业生产导致草场退化及土地沙漠化等状况的发生。

（4）未经批准，严禁占用区内土地进行非农业建设，严禁占用区内土地进行开垦、采矿、挖沙、取土等破坏草原植被的活动。

■ 4.4 建设空间布局与管制

建设空间是村民日常活动最集中的区域。与城镇建设空间不同，村庄建设空间指在一定时期内因乡村发展的需求，可以进行开发建设的区域，村庄建设空间以村庄建设边界进行约束，村域内的建设发展不得随意突破村庄建设边界范围。

4.4.1 建设空间划定规则

村庄建设空间的划定首先落实上位国土空间规划确定的村庄建设用地规模、产业用地规模和易地新建的村庄建设用地规模。上位国土空间规划尚未完成的，村庄建设边界的划定应以"盘活存量、整体减量、局部增量"和"缩减自然村、拆除空心村、搬迁地质灾害村、保护文化村、培育中心村"的工作思路，合理确定村庄建设边界，统筹安排宅基地、经营性建设用地、基础设施和公共服务设施用地等。村庄建设空间的划定按照"大分散，小集中"的原则，尽量集中连片划定，确实无法集中连片的，按照零星建设空间实行相应的管控要求。

4.4.2 建设空间布局

村庄建设空间的布局要落实到具体的用地斑块上，因此村庄建设边界内的建设用地按照用地类型进行管控，主要有以下几种类型：

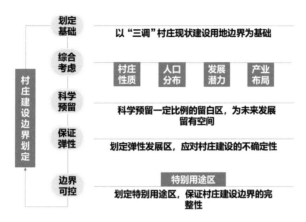

图 4-3 村庄建设边界划定逻辑示意

1. 居住用地

居住用地的布局重点明确规模和位置，按照人口预测情况和村庄实际需求预留规划期内村庄宅基地需求，同时对异地搬迁、散户搬迁、集中安置等居住用地需求，按照实际的宅基地布局方案合理规划居住用地规模和位置。严格落实"一户一宅"等相关政策，对于宅基地的用地标准、建筑高度、建筑层数等相关的控制指标及建筑风貌、农房布局规划引导可参考第 5 章居民点规划与整治章节。

对村域内的闲置宅基地、废弃公共服务等用地在规划期内进行有序腾退，腾挪建设用地指标保障村庄发展需求。

2. 公共服务与公用设施用地

公共服务和公用设施用地的布局要明确其规模和位置，鼓励各类设施共建共享，复合利用。对于地下设施（如各种管线的铺设）应明确其走向、范围、口径等，在布局地上建设用地时进行相应的避让。同时对于水源、电网等保障村基础生产生活条件的基础设施，应明确其保护范围和建设控制范围，布局其他建设用地时注意避让。

3. 集体经营性建设用地

统筹安排商业、工业和仓储等集体经营性建设用地规划布局，优先做好存量集体经营性建设用地规划安排，严格控制新增集体经营性建设用地规模。对新增的集体经营性建设用地可做管控图册（详见第 6 章 6.4 节集体经营性建设用地管控）。在村域范围内布局集体经营性建设用地时，应尽量结合村庄集中居民点进行布局，提高村庄各类基础设施的利用效率，对于有特殊要求的产业（如工业）等的布局应该遵循相应的布局要求和建设要求，其余集体经营性建设用地布局时应该尽量避免占用耕地、林地等具有重要农业生产和生态功能的用地，确实需要占用的需出具相应的审批手续，并实行"占补平衡"。

4. 留白用地

由于村庄建设发展的复杂性和不确定性，村庄规划时，应预留部分留白用地保障村庄未来发展的需求，留白用地的规模原则上不超过规划后村庄总建设用地的5%（不同地区可根据地方实际进行预留）。留白用地的布局一般有三种形式。一是完整落图，在符合上位国土空间规划及村庄未来发展布局的情况下，可将留白用地直接布局到村庄建设空间范围内，布局方式根据需求进行相应的调整。二是在不确定村庄发展需求和位置的情况下，预留建设用地留白指标，不在空间上进行落位，留白指标作为机动指标保障村庄未来发展的需要。三是部分落图，在确定村庄未来发展需求的情况下，将部分留白指标进行空间落位，其余留白指标作为机动指标，保障村庄未来发展需求和建设需要。需要注意的是留白用地的布局应在村庄建设空间内，不得突破规划确定的村庄建设边界范围。

5. 特别用途区

在进行村庄建设空间布局时，为保证村庄建设边界的完整性，原则上可将村庄建设用地周围的农村道路、沟渠等农林用地以及裸土地、其他草地等自然保护与保留用地一同划入村庄建设边界，作为特别用途区，不得随意改变其原有用途，按照原国土用途进行管控。

6. 区域性用地和零星建设用地的布局

综合考虑村镇分布、产业发展和社会民生建设等因素，落实上位规划中所确定的采矿用地和其他独立建设用地的规模和布局范围；落实上位规划中所确定的交通、公用设施、水利、能源等区域性基础设施项目的选线和走向。上级规划确定的交通、基础设施及其他线性工程，军事及安全保密、殡葬、综合防灾减灾、战略储备等特殊建设项目，郊野公园、风景游览设施的配套服务设施，直接为乡村振兴战略服务的建设项目，以及其他必要的服务设施和民生保障项目等，应在村庄规划中进一步落实具体的规模和边界。暂时不能落地的，可提出意向性的位置或控制范围，或采用规划"留白"管控，纳入规划清单。

村域建设用地及村庄建设空间布局模式如图4-4所示：

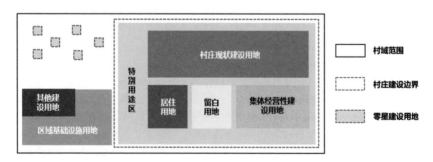

图4-4 建设空间用地布局示意图

4.4.3 建设空间管制规则

建设空间的管控按照不同的用地类型，细化到具体建设用地斑块上进行管控，具体管控规则如下（各地区可根据当地实际情况或相关政策规定对以下管控规则作出适当的调整）：

（1）建设区主导用途为村庄建设，区内新增建设用地受规划指标和年度计划指标约束。

（2）规划实施过程中，在建设区面积不变的情况下，其空间形态可依据程序进行调整，但是不得突破建设边界。

（3）建设区边界的调整，须报规划审批机关同级国土资源管理部门审查批准。

（4）特别用途区作为村庄建设空间的组成部分，按照其原有的用地类型进行管控，严格限制特别用途区内的地类转为建设用地，不得随意改变其原有用途。

1. 居住用地

居住用地的具体管控要求和管控规则可结合本手册第5章（居民点规划与整治）进行细化和落实。

（1）新增宅基地按照当地实际宅基地标准进行管控，预留宅基地应充分挖潜村庄存量用地，优先利用村内空闲地、闲置宅基地和未利用地。

（2）对新建住宅的高度、建筑层数、风貌等作出具体的管控要求。

（3）集约节化利用土地，保障农户的基本需求，改善农户的居住环境和居住质量，严格控制不合理的用地行为。

（4）以科学有效方式鼓励闲置宅基地退出，缓解当前宅基地闲置、一户多宅等问题。

（5）建立农村宅基地县、镇（乡）、村三级监管体系，充分发挥群众监督的作用，加强对农村宅基地的日常监管。

2. 公共服务与公用设施用地

公共服务与公用设施用地的具体管控要求和管控规则可结合本手册第7章（公用设施与公共服务设施规划）进行细化和落实。

（1）不得占用交通用地建房，在村内主要道路两侧建房应按照相关标准进行道路红线后退。

（2）村内供水和污水工程设施远期包括村庄给水管道、排水管道等，房屋排水接口需经村委会确认后再进行建设。

（3）垃圾收集点、公共厕所、污水处理设施等基础设施用地及文化活动广场、文化活动中心、卫生室、日间照料中心和小学等公共服务设施用地，任何单位及村民不得随意占用。

（4）在村庄各类供地过程中，优先安排村庄基础设施和公共服务设施用地。

3. 集体经营性建设用地

集体经营性建设用地的具体管控要求和管控规则可结合本手册第6章（产业布局规划）进行细化和落实，本章节不作出具体的管控措施和管控规则。

■ 4.5 国土空间总体格局构建

基于以上"三区三线"的划定成果及村域国土空间开发保护要求，形成村庄国土空间总体格局。其中"三线"为刚性管控，"三区"为主体功能分区。基于对应"三区三线"的管控要求，结合与功能相匹配的用途结构以及村庄产业发展、历史文化保护、防灾减灾要求合理安排各类用地的规模和比例，并统筹村庄建设用地需求增量与存量，进行用地结构调整布局，同时预留村庄发展用地。

1. 关系传导

从"三区"层面来看，村域建设空间、农业空间、生态空间的构建原则上不得交叉重叠，"三区"共同构成村域国土空间格局，从整体空间视角对村庄进行管控。

从分区层面来看，用途分区是对"三区"的细化和落实，以分区视角对村庄的各类用地制定更加详细的管控规则。

从用地层面来看，用地管控是村庄国土用途管控最基本的单元，也是村庄规划中对于村域空间管控最小的管控单元，用地的管控需要细化和落实到具体的用地斑块上，特别是对建设用地、生态保护红线、永久基本农田等刚性指标的约束。

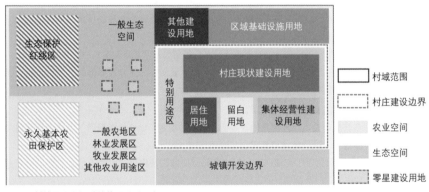

图4-5 村域国土空间总体格局关系示意

2. 图表表达

从规划编制角度来看，在进行国土空间总体格局构建时，不仅要构建空间合理，斑块明晰的数据库，更要对数据库中的内容进行图纸和表格的表达，实现图数一致，合理高效对村域国土空间进行管控，图表表达可参考以下示意。

三区三线面积统计表   表4-4

三区	面积（公顷）	占村域面积比例（%）	三线	面积（公顷）	占村域面积比例（%）
生态空间			生态保护红线		
农业空间			永久基本农田保护红线		
建设空间			村庄建设边界		

甘南州合作市美武村村庄规划(2020-2035)
——(省级试点项目)

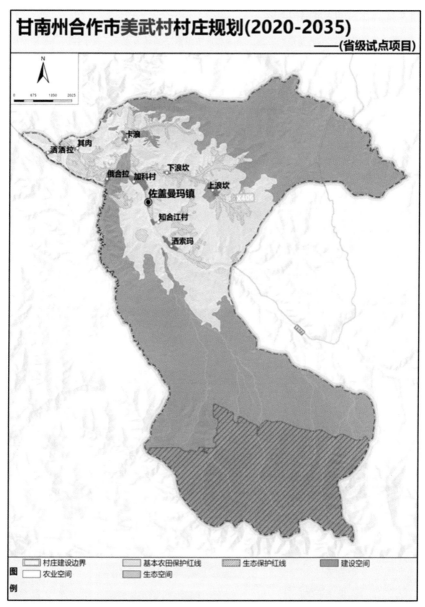

图 4-6 村域国土空间总体格局图
（自然资源部全国村庄规划优秀案例）

■ 4.6 国土空间用地结构调整

　　国土空间用地结构调整是村域国土空间布局中最重要的环节之一，对于村庄存量建设用地的挖潜、优化村庄空间功能结构具有重要的作用，同时村域国土空间格局的构建和用途管控，也为国土空间用地结构的调整提供管控依据。

　　本节国土空间用地结构调整需在规划初期调研阶段与村、镇（乡）、县三级部门进行充分对接，主要对接内容包括但不局限于以下几个方面：

　　（1）涉及该村村庄规划的所有矢量数据，主要有"三调"数据、红线数据、基本农田数据、保护区、国家公园等矢量数据，主要从县相关部门获取（部分数据可能具有保密性质，编制单位根据当地实际情况进行沟通和协商）。

　　（2）乡（镇）相关部门对该村的产业发展定位和相关发展诉求，主要为用地需求。

　　（3）本村村民对于本村的产业发展需求，主要为用地需求。

　　以上三个方面的用地需求以矢量数据、CAD 数据、手绘地形、航拍等多种方式在调研阶段务必摸清位置及规模。在规划方案讨论阶段对提出的用地需求进行可行性评估，最后在规划数据库中对用地进行相应的用地性质的调整。

　　村域国土空间用地结构调整具体方法和图表表达可参考实验五、实验七相关内容。

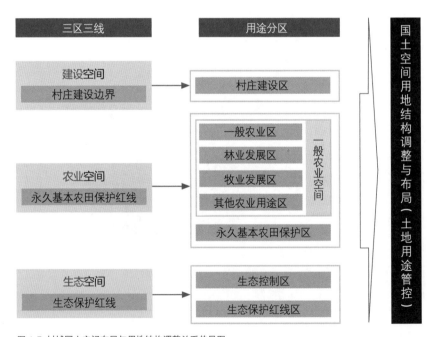

图 4-7 村域国土空间布局与用地结构调整关系传导图

■ 4.7 乡村人口规模预测

　　人口规模是衡量一个地区经济社会发展情况的重要指标。在村庄规划中人口规模不仅关系到宅基地、基础设施、公共服务等各项用地的空间布局，还影响着村庄产业功能结构的发展。第七次全国人口普查数据的公布，可以发现城镇化进程的加速，使得村庄人口不断流失，区域内要素之间的流动加剧了乡村地区发展的不确定性和复杂性。基于此，村庄内的设施配套完善和产业发展成为村庄规划的关键内容，也是实现乡村振兴的核心内容。本节从"七普"数据的解读和村庄人口预测模型两个方面对村庄的人口进行解析。

1. "七普"数据解读

　　"七普"即第七次全国人口普查，从 2020 年 11 月 1 日起，对全国人口的姓名、性别、年龄、民族、受教育程度、行业、职业、迁移流动、婚姻生育、死亡、住房情况等进行全面的普查。2022 年 5 月第七次全国人口普查结果公布，其中对乡村地区影响较大的指标有城镇化、老龄化、性别结构、年龄结构、受教育程度等。从村庄规划角度来看，"七普"数据有着以下特点：

　　（1）城镇化进程加快，人口流动性加剧。2020 年我国的城镇化率已经达到了63.89%，流动人口规模达到 3.76 亿，城乡关系以人口、经济要素从农村向城镇集中、聚集的趋势愈发明显，乡村问题的不确定性与复杂性愈发显现。大部分地区的乡村人口流失严重，村庄衰落趋势明显，如西北、东北地区。也有小部分地区，由于地理区位优势、发展政策、发展条件等，吸引外来人口，乡村人口持续增长，如长三角、珠三角地区。城乡发展差异愈加明显。

　　（2）村庄人口老龄化程度远大于城市地区。"七普"数据显示，我国 60 岁以上人口占比 18%，远大于国际老龄化 10% 的标准，部分乡村地区 60 岁以上人口更是达到 40% 以上。从村庄产业发展来看，村庄人口老龄化势必会带来村庄产业结构的调整，同时在进行公共服务设施配套时，养老设施的配套成为村庄规划中需要解决的重要问题。

　　（3）村庄性别结构失衡，受教育程度偏低。"七普"数据显示，我国人口总性别比为105.07（以女性为 100，男性对女性的比例），基本处于平衡。但受长期以来农村传统观念的影响，乡村地区尤其是经济发展相对落后的乡村男多少女的现象突出，多为大龄青年且受教育程度偏低。随着乡村振兴战略的实施，人才振兴成为村庄发展的主要动力，高水平人才开始慢慢回流乡村，为村庄发展注入新的活力。

　　（4）农村劳动力不足，空心化现象严重。随着我国老龄化程度的加剧和城镇化进程加快，劳动力供给下降，村庄人口机械减少，乡村地区空心化、老龄化现象严重，大多数村庄现有劳动力不足以支撑乡村各项事业的发展，尤其是农业生产劳动力成本投入较大，从侧面影响农业生产的经济效益，降低了农民生产积极性。

　　（5）地区差异较大，东西部差距明显。"七普"数据显示，人口的分布与经济布局呈正相关，东部沿海地区乡村发展条件明显优于西部内陆地区，人口流动趋势也跟随着经济发展情况进行流动，其中乡村地区差异尤为明显。部分东部沿海经济发展较好的乡村，在完成村庄人居环境改善的基础上，已率先开始乡村社区生活圈建设；而西部内陆经济相对落后地区的村庄人居环境整治工程尚未完成，东西部乡村发展差距较大。

综上从乡村角度对"七普"数据的浅析,可以发现,我国现阶段乡村问题较为突出,区域人口矛盾成为制约乡村发展的重要因素。在乡村振兴战略实施背景下,乡村问题得到了明显改善,但发展不平衡、不充分的矛盾仍然存在。以村庄规划为抓手、经济发展为导向、农业生产为基础,促进乡村各项事业的发展,吸引人才回流是现阶段实现乡村振兴的重要途径和主要任务。

2. 村庄人口规模预测

人口规模是村庄规划主要控制指标之一,一般由户籍人口和常住人口构成,前者是进行村庄建设用地规模预测的主要指标,后者是进行公共服务设施配套及基础设施配置的参考指标。

(1)村庄人口预测基本原则

在进行村庄人口规模预测时,应遵循以下基本原则:

①科学合理,严格遵循历史和现状人口统计数据。

②尊重事实,结合村庄实际人口及其发展趋势。

③落实城镇化发展战略,遵循人口城镇化趋势。

④衔接上位规划,落实上位规划关于村庄布局和村庄分类相关要求,合理预测村庄人口规模。

(2)村庄人口统计分析

村庄人口统计分析是对现有村庄人口数据进行科学分析,掌握人口变化趋势,为人口规模预测提供科学依据。人口统计分析需掌握以下概念和方法:

①人口自然增长:由出生和死亡所决定的人口增长为自然增长。当出生超过死亡使自然增长人口增加,称为自然正增长,反之,称为自然负增长。一般用自然增长率衡量一个地区人口自然增长速度,计算公式为:

人口自然增长率 =(年内出生人数 – 年内死亡人数)/ 年平均人数 × 1000‰ = 人口出生率 – 人口死亡率。

②人口机械增长:由迁入和迁出所决定的人口增长为机械增长。当迁入超过迁出使社会人口增加,称之为社会正增长;反之称为社会负增长。人口机械增长一般由户籍人口进行测算。一般用机械增长率衡量一个地区人口机械增长速度。计算公式为:

人口机械增长率 =(年内迁入人数 – 年内迁出人数)/ 年平均人数 × 1000‰ = 人口迁入率 – 人口迁出率。

③流动人口:指在本地区无固定户口而滞留下来从事多种活动的人口,一般可分为常住流动人口和临时流动人口。前者是指外来本地区从事较长一段时间公务、商务、学习的人员,也包括外来的临时工、季节工、借调、支援人员等;后者指前来开会、参观学习、工作出差、游览,以及路过而短暂时间停留的人口。

④抚养系数(负担系数):指非劳动年龄人口和劳动年龄人口的比例,计算公式为:

抚养系数 = 非劳动年龄人口 / 劳动年龄人口 × 100%。

式中劳动人口指能参加社会经济生产活动或能为社会提供服务性劳动的人口。

(3)人口规模预测方法

在城乡规划和土地利用规划中,对村庄人口规模的预测方法无专门界定,一般以城市人口规模预测方法进行预测，本书以人口自然增长法、趋势外推法、线性回归法以及劳动平衡法为例，对人口预测方法进行简要介绍。

①人口自然增长法

基本概念：根据基期年的人口数直接推算规划目标年的人口数，包括人口自然增长和人口机械增长两个方面。

适用条件：规划范围内人口基本按照一定比例增长，并假设该地区人口今后按此平均增长率继续增长下去。

计算公式：

$$P_t=P_0(1+K)^t+(c-d)$$

式中 P_t 为规划年人口数；P_0 为基期年人口数；t 为预测年期；K 为人口自然增长率；c 为规划期内迁入人数；d 为规划期内迁出人口。

②趋势外推法

基本概念：也称为指数增长法，根据该地区多年人口数据，计算年平均人口增长率。

适用条件：适用于地区人口流动性较低，人口增长速率相对稳定的区域。

计算公式：

$$P_t=P_0(1+r)^t$$

式中 P_t 为规划期末人口数；P_0 为基期年人口数；r 为人口平均增长率；t 为规划期限。

③线性回归法

基本概念：以年份为横坐标，人口数为纵坐标，模拟该地区多年人口增长的变化趋势，用线性回归方程表示，人口数据越多，预测结果越精确。

适用条件：适用于地区人口变化相对稳定，人口增长速率呈线性变化的地区。

计算公式：

$$Y=aX+b$$

式中 Y 为规划期末人口数；X 为基期年人口数；a、b 为常数系数，通过数学拟合模型计算求出。

④劳动平衡法

基本概念：以基本人口、服务人口和被抚养人口三者之间的比例关系为依据，预测未来人口。

适用条件：适用于村庄劳动力较多，直接从事农业生产活动和从事行政管理等服务性行业劳动力人数较多的地区。

计算公式：

$$P=A/[1-(B+C)/P_0]$$

式中 P 为规划期末人口数；P_0 为基期年人口总数；A 为基本人口数，即直接从事农业生产活动的劳动力人数；B 为服务人口数，即从事行政管理和服务性行业的人口总数；C 为被抚养人口数，即未成年或丧失劳动能力和没有参加生产活动的人数。

影响村庄人口增长的因素很多，如村庄产业发展、子女教育迁移，农业生产规模、相关政策背景等。在进行村庄人口规模预测时，要综合考虑各种影响村庄人口增长速率的多种因素，根据村庄实际情况和人口条件，可对以上人口规模预测方法模型进行改良或综合使用，在科学合理的基础上，尽量准确、精确地计算出规划期末村庄的人口规模，为村庄建设用地的布局、经济产业发展政策的制定、各项基础设施及公共服务设施的配套提供科学合理的人口数据。

■ 4.8 GIS 实验操作

本章节中的 GIS 实验主要包括国土空间用地结构调整、"三区三线"的划定以及国土空间规划图的制作三个部分，分别对应实验五、实验六、实验七三个 GIS 实验操作，为村庄规划阶段国土空间布局与用途管制提供科学支撑（本节同样使用 ArcGIS10.8.1 作为 GIS 平台）。

实验五 国土空间用地调整

本实验主要介绍在进行国土空间布局时，如何对规划用地进行空间布局，如何挖潜存量建设用地，对村庄居住用地进行合理布局与规划，村庄集体经营性建设用地如何布局，同时也对 GIS 符号化设置、用地图斑的划分、字段的填写作出了详细的步骤说明，国土空间用地调整技术流程如图所示。

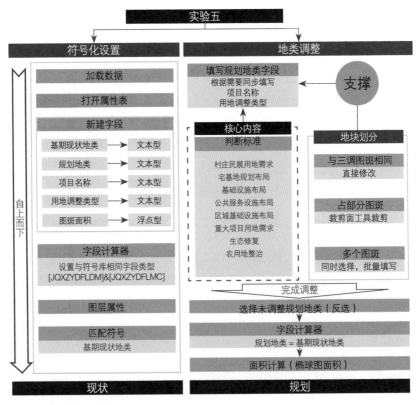

图 4-8 实验五 技术流程图

1. 符号化设置

◆ **步骤一：**新打开 Arcmap 文档，加载规划地类数据（基础转换后的数据）。

130

◆**步骤二：**新建字段。

➤右键【内容列表】中的【XXX 村规划地类】图层，点击【打开属性表】。

➤点击【属性表】左上角【表选项】，选择【添加字段】（若为灰色无法点击，则检查该图层是否处于编辑状态，添加字段要在非编辑状态）。

➤【名称】为【基期现状地类】，【类型】选择【文本】，【长度】输入【20】，其他选项默认即可（根据国土空间用地用海分类符号库中的用地名称进行重新组合，如本书采用的符号库为【代码 + 名称】的形式，需新建字段与其保持一致，如图 4-9）。

图 4-9 符号库样式

➤右键属性表中【基期现状地类】选择【字段计算器】。

➤在代码框中输入【[JQXZYDFLDM] & [JQXZYDFLMC]】点击【确定】即可（字段计算器中"&"符号的含义为连接）。

➤重复添加字段操作，添加【规划地类】【项目名称】【用地转换类型】等字段（该步骤的字段名称及字段数量可根据实际需要自行添加，数据库入库时按照数据入库标准表达内容即可）。

图 4-10 新建字段

基期现状用地分类名	基期现状用地分类	基期现状地类
水浇地	0101	0101水浇地
水浇地	0101	0101水浇地
水浇地	0101	0101水浇地
水浇地	0101	0101水浇地
水浇地	0101	0101水浇地
水浇地	0101	0101水浇地
水浇地	0101	0101水浇地
水浇地	0101	0101水浇地
水浇地	0101	0101水浇地
水浇地	0101	0101水浇地
水浇地	0101	0101水浇地
水浇地	0101	0101水浇地
水浇地	0101	0101水浇地
水浇地	0101	0101水浇地

图 4-11 字段计算器计算结果

➤ 右键【内容列表】中的【XXX 村规划地类】图层，点击【属性】，弹出属性对话框。

➤ 点击【属性框】上方【符号系统】标签，进入符号系统设置选项。

➤ 点击【显示栏】中【类别】–【与样式中的符号匹配】，进入样式匹配对话框。

➤ 打开【值字段】下拉菜单选择【基期规划地类】，点击【与样式中的符号匹配】下拉菜单右边【浏览】找到符号库所在位置点击【打开】。

➤ 点击下方【匹配符号】按钮，可以预览符号匹配样式（若无预览显示，检查【值字段】中的匹配字段格式及名称是否与符号库保持一致），点击【应用】–【确定】，完成基期现状地类的符号化。

图 4-12 符号化设置

图 4-13 符号匹配结果

□ **说明**：关于符号化设置的说明

1. 由于村庄规划目前没有统一的符号库，因此各地符号库有较大的差异，根据当地导则要求进行符号化设置。

2. 在出图时，由于符号库的符号比例是相同的，在不同比例（或村庄面积有较大差异）的情况下，符号库中的符号需要进行适当的调整，点击【内容列表】中的符号化图层，点击需要修改的符号的小色块，可直接进入符号设置对话框，根据实际需求可对符号进行适当的调整。

2. 地类调整

◆**步骤一**：填写规划地类、项目类型、用地调整类型等字段（用地结构调整）。

➢ 右键【内容列表】中的【 XXX 村规划地类】图层，点击【编辑要素】–【开始编辑】。

➢ 右键【内容列表】中的【 XXX 村规划地类】图层，点击【打开属性表】。

➢ 根据影像图、CAD、航拍图以及手绘地形图，确定用地斑块，在【规划地类】字段中填写规划后的用地代码及名称，如：

基期现状地类	规划地类	项目名称	用地调整类型
0201果园	0703农村宅基地	宅基地安置六组	农用地转建设用地

图 4-14 属性表内容填写

□ **说明**：关于建设用地指标的问题

国土空间用地结构调整就是以现状用地情况为基础，通过调研及规划方案的论证，将规划方案及用地需求反映到规划数据库中，因此被调整的用地可以是宅基地，也可以是村庄内的空闲用地（注意在用地调整时尽量少占耕地及具有重要生态功能的用地如湿地等资源）。在进行建设用地调整时，应首先进行整体用地规划，腾退废弃建设用地，留出建设指标用来新增建设用地。通常村庄内部通过整理存量建设指标来新增或调整建设用地，从而实现土地的集约和高效利用，部分村庄确实整理不出建设指标的，可向乡（镇）及县相关部门提出申请，再进行建设用地的新增和补划。

□ **小技巧**：关于地块的划分

在进行用地调整时，关于地块的划分一般有三种情况：

情况一：要调整的地块刚好是“三调”地块，此时直接在【规划地类】中填写要规划的地类代码及名称。

情况二：要调整的地块只占“三调”地块的一小部分（大多数情况）。此时需要对地块进行切割，在【菜单栏】中选择【自定义】–【工具条】勾选【编辑器】。出现编辑器工具条，点击黑色小箭头，选择需要切割的地块，点击【裁剪面工具】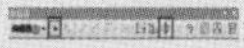进行裁剪（裁剪面工具默认直线裁剪，也可通过选择左侧的裁剪方式，切换裁剪方式，注意最后形成一个完成的闭合面即可），裁剪完后在需要调整的地块上填写相应地类代码及名称。

情况三：要调整的地块占多个地块。此时用黑色小箭头【选择工具】按住【Shift】同时点选或框选多个要素图斑，进行切割，切割后选择需要调整的地块填写地类代码及名称。

➢ 批量修改。填写完需要调整的地块后，双击属性列表中【规划地类】字段标签，可对字段进行排序，选择未进行调整的要素图斑（也可选择调整的图斑后进行反选 ）。

➢ 右键打开字段计算器，在代码框中输入【［基期现状地类］】点击【确定】。

◆**步骤二**：计算面积。

➢ 右键【属性列表】中的【 TBMJ 】图斑面积图层，打开字段计算器。

➢【解析程序】选择【Python】。

➢ 在代码框中输入【 !shape.geodesicArea! 】点击【确定】（该公式计算的面积为椭球面积，计算公式中的符号均为英文状态下的半角符号）。

图 4-15 字段计算器计算面积

□ **说明：关于面积计算的说明**

　GIS 面积计算中，!shape.geodesicArea! 计算出的面积为椭球体面积，即图斑在空间上的实际大小，"三调"中的【TBMJ】便是采用该公式进行计算。【字段计算器】与数据库自带的【Shape_Area】计算出的面积为该图斑在地里空间上的投影面积，在进行投影变换时，会有一定的变形。在大尺度或面积较大图斑进行计算时，两者的差异较大，因此在规划图斑面积计算时，最好使用椭球体计算公式。在小区或面积较少图斑计算时，也可采用字段计算器进行计算。

基期现状地类	规划地类	项目名称	用地调整类型
0703农村宅基地	0102水浇地	宅基地复垦二三四组	宅基地复垦
0703农村宅基地	0102水浇地	宅基地复垦二三四组	宅基地复垦
0703农村宅基地	0102水浇地	宅基地复垦二三四组	宅基地复垦
0703农村宅基地	0102水浇地	宅基地复垦二三四组	宅基地复垦
0201果园	0703农村宅基地	宅基地安置六组	＜空＞
0102水浇地	0703农村宅基地	宅基地安置六组	＜空＞
0201果园	0703农村宅基地	宅基地安置六组	＜空＞
2306裸土地	0703农村宅基地	宅基地安置六组	＜空＞
0201果园	0703农村宅基地	宅基地安置六组	＜空＞
0102水浇地	0703农村宅基地	宅基地安置六组	＜空＞
0201果园	0703农村宅基地	宅基地安置六组	农用地转建设用地
0201果园	09商业服务业用地	新建商服用地	＜空＞
0102水浇地	09商业服务业用地	新建商服用地	＜空＞
0201果园	09商业服务业用地	新建商服	＜空＞
2306裸土地	09商业服务业用地	塑料厂扩建	＜空＞
2306裸土地	09商业服务业用地	塑料厂扩建	＜空＞

图 4-16 国土空间用地调整与布局最终成果

实验六 "三区三线"划定

本实验主要介绍村域"三区三线"的划定过程，对生态空间、农业空间以及建设空间的划定过程作简要的技术流程说明，对于上位规划（如城镇开发边界、双评价）的落实作出详细的操作步骤。村庄规划层面"三区三线"的管控落实到具体用地图斑上，在进行划定"三区三线"时，也要利用规划地类等以"三调"为基础数据的矢量数据，从图斑的角度出发进行划定。

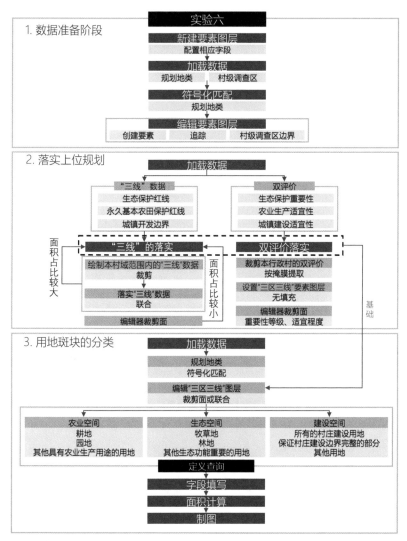

图 4-17 实验六 技术流程图

135

1. 数据准备阶段

◆**步骤一**：新打开 Arcmap 工程文档，新建"三区三线"要素图层。

➤【目录】窗口中新建"三区三线"数据库如：【D:\村庄规划手册\GIS实验\chp06\xxx村三区三线.gdb】。

➤右键【xxx村三区三线.gdb】–【新建】–【要素类】。

➤【名称】输入【xxx村三区三线】，【类型】选择【面要素】，点击【下一页】；选择与该村三调数据相同的坐标系点击【下一页】；【XY容差】默认值，点击【下一页】；【配置关键字】选择【默认】，点击【下一页】；【字段名】分别输入【坐落单位名称及代码、三区、图斑面积】字段，数据类型如图所示，点击【完成】。

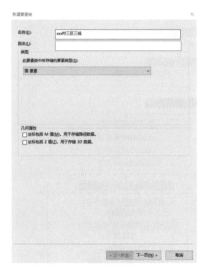

图 4-18 新建要素图层　　　　　图 4-19 配置字段

◆**步骤二**：加载规划地类及规划行政村村级调查区要素图层。

◆**步骤三**：规划地类图层以【规划地类】字段为值字段进行符号化匹配（参考实验五）。

◆**步骤四**：右键【xxx村三区三线】图层，【编辑要素】–【开始编辑】，点击新建要素框，点选追踪按钮，以行政区图层为追踪对象，划出该村的行政村村域范围。

2. 上位规划的落实阶段

◆**步骤一**：加载"三线"数据及双评价成果中生态保护重要性、农业生产适宜性和城镇建设适宜性评价成果数据。

◆**步骤二**：进行"三线"的落实（以城镇开发边界为例，永久基本农田保护红线和生态保护红线落实步骤和原理相同）。

➤同时加载城镇开发边界、"三区三线"以及村级调查区（已定义查询或重新备份为本规划行政村范围）图层。

➤ 打开主界面菜单栏【地理处理】–【裁剪】，弹出裁剪工具对话框，【输入要素】选择城镇开发边界，【裁剪要素】村级调查区，【输出要素】选择新建的过程数据库，点击确定。

图 4-20 裁剪工具对话框

图 4-21 裁剪过程示意图

□**说明：**关于村域内城镇开发边界的落实

此时有两种方式进行划定，一是利用编辑工具条的裁剪面工具，直接按照村域内的城镇开发边界对"三区三线"图层进行裁剪（适用于村域内城镇开发边界占比较小的村庄）。二是利用【联合】工具，直接将村域内的城镇开发边界镶嵌到"三区三线"图层中（适用于村域内城镇开发边界较大的村庄）。以第二种方式为例演示如何进行落位。

➤ 打开主界面菜单栏【地理处理】–【联合】，弹出联合工具对话框，输入要素选择【xxx村三区三线】和【村域内的城镇开发边界】，【输出要素】选择【xxx村三区三线_Union1】，点击确定。

图 4-22 联合工具对话框

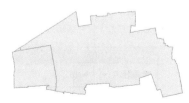

图 4-23 城镇开发边界落实成果

➤ 右键内容列表的【xxx 村三区三线 _Union1】-【打开属性表】利用字段计算器对"三区"、用途分区、图斑面积字段进行计算，得到最终落实后的成果。

➤ 永久基本农田保护红线和生态保护红线的空间落位过程和方法与上述方法过程一致。

图 4-24 字段计算器填写分区

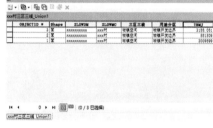

图 4-25 城镇开发边界最终成果属性表

◆**步骤三**：双评价成果的落实（以农业生产适宜性评价为例，生态保护重要性评价落实步骤和原理相同）。

➤ 加载农业生产适宜性评价成果数量数据及本行政村域的村级调查区图层，裁剪本行政村的农业适宜性评价成果。在工具箱中选择【Spatial Analyst 工具】-【提取分析】-【按掩膜提取】（由于农业生产适宜性评价成果为栅格数据，一般与要素数据进行裁剪时，采用【按掩膜提取工具】，掩膜即为村级调查区范围）。

➤ 加载【xxx 村三区三线 _Union1】图层，编辑该图层。

➤ 将该图层填充设置为【无填充】，轮廓和颜色选择较为明显的颜色和线宽（如颜色选择为红色；线宽设置值为 2）。

➤ 选择编辑工具条的选择工具，点选或框选需要裁剪的图斑，点击【裁剪面】工具，按照农业生产适宜性区域进行选择裁剪。

➤ 划定完成后【保存编辑内容】-【停止编辑】，在属性字段中进行"三区"、用途分区、

选择工具   裁剪面工具

图 4-26 编辑工具条示意图

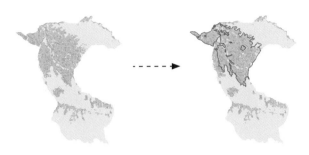

图 4-27 农业生产适宜性评价空间落位

图斑面积字段进行计算（方法同步骤二）。

➤ 生态保护重要性评价空间落位和方法过程与上述方法一致。

3. 用地图斑的分类

◆ **步骤一**：加载规划地类图斑，并进行符号化。

◆ **步骤二**：农业空间的划定。

➤ 在规划地类图斑中，定义查询农业空间地类图斑（地类图斑类型参考自然资源部：国土空间结构调整表与用地用海分类对照表），例如：【规划地类 = '0102 水浇地' OR 规划地类 = '0103 旱地'】。

➤ 加载落实了上位规划的"三区三线"图斑，利用【裁剪面工具】或【联合】进行农业空间空间落位。

➤ 在属性字段中利用字段计算器分别进行"三区"、用途分区、图斑面积字段进行计算。

◆ **步骤三**：生态空间的划定。

➤ 在规划地类图斑中，定义查询生态空间地类图斑（地类图斑类型参考自然资源部：国土空间结构调整表与用地用海分类对照表），例如：【规划地类 = '0301 乔木林地' OR 规划地类 = '0303 灌木林地' OR 规划地类 = '0304 其他林地' OR 规划地类 = '0401 天然牧草地' OR 规划地类 = '0402 人工牧草地'】。

➤ 加载落实了上位规划的"三区三线"图斑，利用【裁剪面工具】或【联合】进行生态空间空间落位。

➤ 在属性字段中利用字段计算器分别进行"三区"、用途分区、图斑面积字段进行计算。

◆ **步骤四**：建设空间的划定。

➤ 在规划地类图斑中，定义查询建设用地图斑（地类图斑类型参考自然资源部：国土空间结构调整表与用地用海分类对照表），例如：【规划地类 = '060102 村庄内部道路用地' OR 规划地类 = '0703 农村宅基地' OR 规划地类 = '08 公共管理与公共服务用地' OR 规划地类 = '09 商业服务业用地' OR 规划地类 = '1001 工业用地' OR 规划地类 = '11 仓储用地 OR 规划地类 = '1208 交通场站用地' OR 规划地类 = '13 公用设施用地' OR 规划地类 = '14 绿地与开场空间用地' OR 规划地类 = '15 特殊用地' OR 规划地类 = '16 留白用地】。

➤ 加载落实了上位规划的三区三线图斑，为保障村庄建设边的完整性，划定特别用途区进行管控。

图 4-28 建设空间划定示意图（以 xx 行政村 xx 自然村为例）

➢ 在属性字段中利用字段计算器分别进行"三区"、用途分区、图斑面积字段进行计算。

□**小技巧**：关于"三区三线"的划定

在进行"三区三线"的划定时，根据当地实际选择地类划分生态空间和农业空间。划定时建议先划定建设空间，建设空间构成较为复杂，因此在划定时应该留足留白用地，为村庄建设用地预留发展空间。建设空间划定后，对生态空间和农业空间根据当地实际情况，任选其一划定即可（如当地生态重要性级别较高，优先划生态空间），剩余部分即为农业空间。区内的用途管制区的划定可结合导则要求进行划定和管控。

◆**步骤五**：面积统计（详细面积统计步骤参考实验七）。

➢ 打开最终划定的"三区三线"图层的属性表。

➢ 右键【三区】字段点击【汇总】，【汇总字段】选择【图斑面积】-【总和】在 excel 表格中进行统计，最终形成统计表格。

◆**步骤六**：制图（详细制图过程参考实验一）。

➢ 以【三区】为值字段，符号化匹配符号。

➢ 右键【内容列表】中【xxx 村三区三线】【另存为图层文件】。

➢ 打开制作好的 GIS 底图，记载该图层文件，为其插入图例即可。

□**小技巧**：关于字段的汇总

1. 在进行字段汇总时，要特别注意勾选【TBMJ】中的总和等字段，【指定输出表】进行选择时，文件类型最好选择【.txt】文本文件类型。

2. 将【xxx 村三区三线面积统计 .txt】文本文件中的数据粘贴到 excel 表格中，利用 excel 表格的分列功能即可实现对数据的处理，根据需要进行统计分析或数据计算。

3. 面积字段汇总后的面积默认单位为【㎡】，在进行数据分析时注意单位之间的换算。

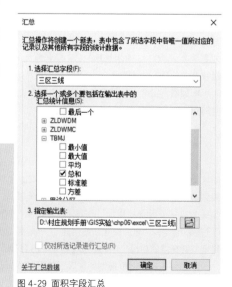

图 4-29 面积字段汇总

实验七 国土空间规划图

本实验主要介绍国土空间用地结构调整表的计算和国土空间用地布局图的制图方法和流程，其中国土空间用地结构调整表计算时，对于村庄建设用地、区域基础设施用地、其他建设用地以及村域总建设用地之间的区别要注意核算。留白用地根据不同的留白方式计算入国土空间用地结构调整表中，成为规划期末村庄建设用地指标的一部分，具体计算和制图流程如图所示。

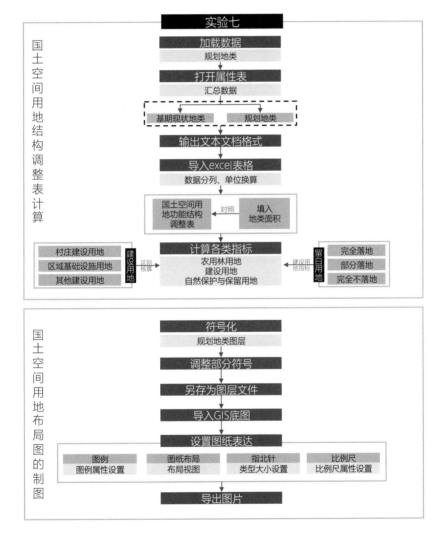

图 4-30 实验七 技术流程图

4 国土空间布局与用途管制

LAND SPATIAL LAYOUT AND USE CONTROL

1. 国土空间用地结构调整表计算

国土空间用地结构调整表（样表）（单位：公顷，%）

表 4-5

用地分类			规划基期年		规划目标年		规划期内面积增减		备注
一级类	二级类	三级类	面积	比重	面积	比重	面积	比重	
农林用地	01	耕地							
	0101	水田							
	0102	水浇地							
	0103	旱地							
	02	园地							
	0201	果园							
	0202	茶园							
	0203	橡胶园							
	0204	油料园地							
	0205	其他园地							
	03	林地							
	0301	乔木林地							
	0302	竹林地							
	0303	灌木林地							
	0304	其他林地							
	04	草地							
	0401	天然牧草地							
	0402	人工牧草地							
	06	农业设施建设用地							
	0601	农村道路							
	0602	设施农用地							
	17	陆地水域							
	1704	坑塘水面							
	1705	沟渠							
	23	其他土地							
	2302	后备耕地							
	2303	田坎							
		合计							
建设用地 村庄用地	城镇用地（城镇开发边界）								
	07	居住用地							
	0703	农村宅基地							
	0704	农村社区服务设施用地							
	08	公共管理与公共服务用地							
	09	商业服务业用地							
	10	工矿用地							
	1001	工业用地							
	11	仓储用地							
	1101	物流仓储用地							
	1102	储备库用地							
	12	交通运输用地							
	1207	城镇村道路用地							
	1208	交通场站用地							
	1209	其他交通设施用地							
	13	公用设施用地							
	1301–310,1312	包括供水用地等11个二级类，不包括水工设施用地							
	14	绿地与开敞空间用地							
	16	留白用地							
	23	其他土地							
	2301	空闲地							
		小计							

142

续表

		用地分类			规划基期年		规划目标年		规划期内面积增减		备注
		一级类	二级类	三级类	面积	比重	面积	比重	面积	比重	
建设用地	区域基础设施用地	12		交通运输用地							
			1201	铁路用地							
			1202	公路用地							
			1203	机场用地							
			1204	码头港口用地							
			1205	管道运输用地							
			1206	城市轨道交通用地							
			1311	水工设施用地							
				小计							
	其他建设用地	10		工矿用地							
			1002	采矿用地							
			1003	盐田							
		15		特殊用地							
				小计							
				合计							
自然保护与保留用地		04		草地							
			0403	其他草地							
		05		湿地							
			0501	森林沼泽							
			0502	灌丛沼泽							
			0503	沼泽草地							
			0504	其他沼泽地							
			0505	沿海滩涂							
			0506	内陆滩涂							
			0507	红树林地							
		17		陆地水域							
			1701	河流水面							
			1702	湖泊水面							
			1703	水库水面							
			1706	冰川及常年积雪							
		23		其他土地							
			2304	盐碱地							
			2305	沙地							
			2306	裸土地							
			2307	裸岩石砾地							
				合计							
				总计							

注1：08 公共管理与公共服务用地、09 商业服务业用地、13 公用设施用地、14 绿地与开敞空间用地、15 特殊用地可根据规划编制需要进行细分为二级类和三级类。

注2：18~22、24 用海分类本表未进行分类，各地根据实际情况在上表中进行添加。

注3：相邻多个行政村联合编制时，需要分别说明全部规划范围的村庄规划土地利用结构调整情况和单个行政村村庄规划土地利用结构调整情况。

注4：以国家最新的国土空间用途分类为准，各地区可根据本地区实际情况对上表进行适当调整。

关于国土空间用地结构调整表样表，各地区需以各自实际与各省市村庄规划编制导则进行适当调整，其数据的填写与计算步骤如下：

◆步骤一：在 Arcmap 中加载规划地类图层，右键【内容列表】中规划地类图层【打开属性表】。

◆步骤二：分别选择【基期现状地类】字段和【规划地类】字段，在字段上方右键【汇总】弹出汇总对话框。

➤【1.选择汇总字段】选择【基期现状地类】/【规划地类】。

➤【2.汇总统计信息】展开【TBMJ】勾选【总和】。

➤【3. 指定输出表】为文件存放位置，例如【:\村庄规划手册\GIS 实验\chp07\excel\XXX 村基期现状地类统计 .txt 】；取消【仅对所选记录进行汇总】的勾选框（选择输出表时最佳选择文件类型为 ".txt" 方便在 excel 表格中进行统计分析）。

◆**步骤三**：新建国土空间用地功能结构调整表 excel 表格，将【基期现状地类】/【规划地类】面积 txt 文件，粘贴复制到 excel 表格。

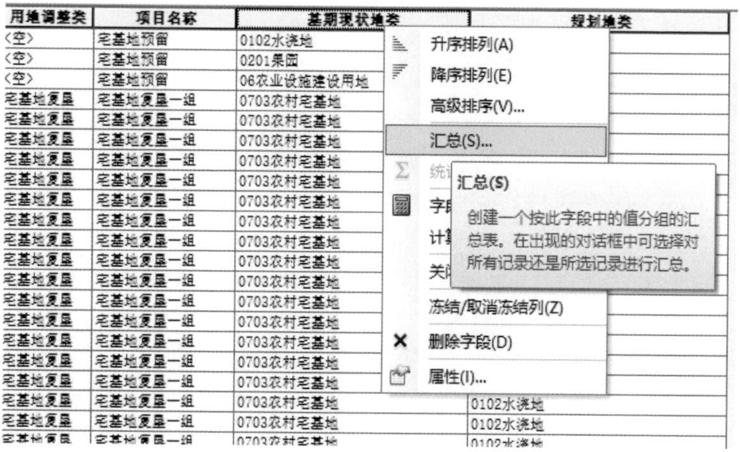

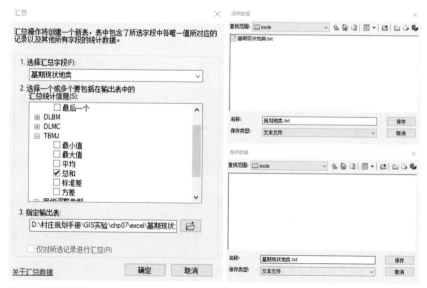

图 4-31 规划地类图层属性表示意图

图 4-32 基期 / 现状地类面积汇总

◆**步骤四**：对基期 / 规划地类面积进行分列操作（参考实验四），删除多余字段，仅保留地类名称、面积字段（面积经过单位换算为公顷）。

◆**步骤五**：将基期 / 规划面积准确计算并填入国土空间用地功能结构表中。

➤ 将现有字段和面积填入表中，以耕地和园地为例（为防止计算和对准错误可在面积列前加入一列空白列，对基期和现状地类进行剪切、粘贴），如图所示：

基期现状地类	Sum_TBMJ	规划地类	Sum_TBMJ
0102水浇地	174.15	0102水浇地	174.15
0201果园	166.28	0201果园	166.28
0204其他园地	5.51	0204其他园地	5.51
0301乔木林地	0.54	0301乔木林地	0.54
0303灌木林地	0.23	0303灌木林地	0.23
0304其他林地	2.68	0304其他林地	2.68
0403其他草地	0.92	0403其他草地	0.92
060101村道用地	14.65	060101村道用地	14.65
060102村庄内部道路用	1.82	060102村庄内部道路用地	1.82
06农业设施建设用地	2.59	06农业设施建设用地	2.59
0703农村宅基地	25.80	0703农村宅基地	25.80
08公共管理与公共服务	1.49	08公共管理与公共服务用地	1.49
09商业服务业用地	12.18	09商业服务业用地	12.18
1001工业用地	0.72	1001工业用地	0.72
1101物流仓储用地	0.16	1101物流仓储用地	0.16
1201铁路用地	0.88	1201铁路用地	0.88
1202公路用地	10.08	1202公路用地	10.08
1208交通场站用地	0.04	1208交通场站用地	0.04
13公用设施用地	0.57	13公用设施用地	0.57
15特殊用地	0.16	15特殊用地	0.16
1705沟渠	12.73	1705沟渠	12.73
202城镇用地	9.29	202城镇用地	9.29
2305沙地	0.80	2305沙地	0.80
2306裸土地	0.91	2306裸土地	0.91

图 4-33 面积分列后结果示意图

国土空间功能结构调整表

用地分类				规划基期年			规划目标年		规划期内面积增减		备注
一级类	二级类	三级类		面积	比重		面积	比重	面积	比重	
01		耕地									
	0101	水田	0101水田	122.30		0101水田	152.30				
	0102	水浇地	0102水浇地	174.15		0102水浇地	174.15				
	0103	旱地	0103旱地			0103旱地	50.20				
02		园地									
	0201	果园	0201果园	166.28		0201果园	166.28				
	0202	茶园	0202茶园	40.30		0202茶园	40.30				
	0203	橡胶园	0203橡胶园	111.23		0203橡胶园	120.30				
	0204	其他园地	0204其他园地	22.38		0204其他园地	20.80				

图 4-34 填写字段示意图

◆**步骤六**：计算各类用地指标（以建设用地指标计算为例）。

a. 一级类 = 所有二级类面积之和，如：07 居住用地 =0703 农村宅基地 +0704 农村社区服务设施用地。

b. 村庄建设用地 =07 居住用地 +08 公共管理与公共服务用地 +09 商业服务业用地 +10 工矿用地 +11 仓储用地 +12 交通运输用地 +13 公用设施用地 +14 绿地与开敞空间用地 +16 留白用地 +23 其他土地（空闲地）+ 村庄范围（203）内的其他用地。

c. 建设用地 = 村庄建设用地 + 区域基础设施用地 + 其他建设用地。

□**说明**：关于留白指标的计算

　　留白指标原则上不超过总建设用地指标的 5%，在计算时需要注意其占比。留白用地若进行了空间落位，可直接按照建设用地指标计算；若留白指标部分落位或未进行空间落位，则需要将留白指标也填写进国土空间用地结构调整表中，并加以标注。规划后的村庄建设用地面积和村域总建设用地面积计算时应计算两种类型，一是算入留白指标（定空间不定用途），二是未算入留白指标（定指标不定空间），核算规划期末村庄建设用地面积时应核算带有留白指标的村庄建设用地面积。

2. 国土空间用地布局图的制图

　　本节所涉及的规划制图是在已有 GIS 底图的基础上进行（GIS 底图的制作各地区结合村庄规划导则或其他规范标准进行设计）。国土规划用地布局图制作过程和方法如下（以图层文件形式为例，其余方式参考实验二出图小技巧）。

◆**步骤一**：符号化规划地类图层。

➤ 新建 Arcmap 工程文档加载规划地类图斑，右键该图层点击【属性】–【符号系统】。

➤ 在【显示】框中选择【类别】–【与样式中的符号匹配】。

➤【值】字段选择【规划地类】（制作基期现状图时选择【基期现状地类】），样式符号库选择相应的符号库，点击【匹配符号】–【确定】。

◆**步骤二**：按照比例调整部分符号的大小。如：点击水浇地前的符号框，弹出【符号选择器】对话框，点击【编辑符号】对符号内的要素大小、颜色等按需进行设置。

◆**步骤三**：保存图层文件。右键图层，点击【另存为图层文件】。

◆**步骤四**：打开 GIS 村庄规划底图，加载已设置好的【规划地类】图层文件，置于底图要素图层下方。

◆**步骤五**：为该图纸添加图例并设置图例相关选项。

➤ 点击菜单栏中【插入】–【图例】，弹出图例向导对话框，将规划地类置于【图例项】中，点击【下一页】……–【完成】。

➤ 点击【工具】工具条中的【选择元素】箭头，点选已形成的图例右键【属性】打开【图例属性】对话框。

➤【常规】中可以设置标题即图例两个字的字符大小、字体、颜色等选项，也可在【指定图例项中】添加或者删除图例中需要显示的图例项。

➤【项目】左侧下方【样式】中可以对需要出现在图例中的图层标题、图层名、面样式进行修改或显示；右侧【字体】可设置图例中各种标注的字体、大小、颜色等（注意：地类名称字体的设置为【应用至标注类】；右侧下方【项目列】中可以设置图例的列数，根据图纸排版及布局进行选择）。

➤【布局】中可以设置图例中色块之间的距离，与标题、标注之间的距离等。

➤【框架】为图例边框，若有专门的图例框则不需要进行设置。

➤【大小和位置】按需进行设置。

➤ 点击【应用】–【确定】完成图例设置。将图例拖动到图例框中合适位置即可。

◆**步骤六**：出图设置。点击菜单栏中【文件】–【导出地图】，弹出导出地图对话框，设置输出图片位置、名称、文件格式、分辨率即可。

图 4-35 布局视图工具选择元素示意图

图 4-36 插入图例示意图   图 4-37 图例属性设置

图 4-38 国土用地布局图（自然资源部全国村庄规划优秀案例）

■第 4 章参考文献

[1] 程茂吉，汪毅.村庄规划 [M]. 南京：东南大学出版社，2021.

[2] 林坚.新时代国土空间规划与用途管制："区域 要素"统筹 [M]. 北京：中国大地出版社，2021.

[3] 华乐.国土空间规划体系下实用性村庄规划策略探讨 [J]. 城乡规划，2021（Z1）：69-81.

[4] 程茂吉.基于详细规划定位的村庄规划土地用途管制方式和管控重点研究 [J]. 城乡规划，2021（6）：39-47.

[5] 陈曦悦.乡村振兴背景下村庄规划编制策略与空间布局管控方法研究 [D]. 南昌：江西财经大学，2020.

[6] 童玉芬，刘志丽，宫倩楠.从七普数据看中国劳动力人口的变动 [J]. 人口研究，2021，45（3）：65-74.

[7] 郭士梅，牛慧恩，杨永春.城市规划中人口规模预测方法评析 [J]. 西北人口，2005（1）：6-9，5.

[8] 周克元.中国人口增长预测数学模型 [J]. 高等函授学报（自然科学版），2009，22（3）：5-7.

[9] 牛强.城乡规划 GIS 技术应用指南：国土空间规划编制和双评价 [M]. 北京：中国建筑工业出版社，2020.

第 5 章

居民点规划与整治

CHAPTER SUMMARY

章节概要

第 5 章居民点规划与整治，主要内容包括：①厘清不同层面的居民点规划关注重点与各级规划上下传导关系，探索农业转移人口数量不断增加、农村宅基地和住宅闲置浪费问题日益突出的现实背景下，宅基地用地盘活和乡村产业项目用地等要素的交错关系；②在符合村域用地布局规划和用途管控要求的基础上，结合宅基地挖潜摸底、需求统计、遵规选址与建设管控优化居民点布局；③以村庄人居环境设计和整治为重点，结合村庄建筑民居、公共空间、道路环境、绿化景观、标识标牌设计引导，彰显乡村特色，通过美好空间环境的营造促进产业发展、文化复兴、生态改善和村庄治理，提升村民的获得感和幸福感，推动实现乡村振兴；④结合村庄规划管理和核发规划许可等实际需要，合理确定规划编制内容的深度和表达形式，并试图回答规划师在编制过程遇到的以下疑问：

· 村庄居民点规划解决什么问题、落实什么要求？

· 如何盘活利用农村闲置宅基地？政策要求与保障是什么？

· 超面积宅基地如何确权？

· 村庄规划有哪些存量指标可以挖潜？

· 居民点布局规划中需要关注哪些指标需求？

· 新建宅基地如何选址？

· 宅基地如何建设管控？依据是什么？

· 从哪些方面开展乡村人居环境整治？一般要求是什么？

· 需要办理/可免于办理/不适用于办理乡村规划建设许可证的情形有哪些？

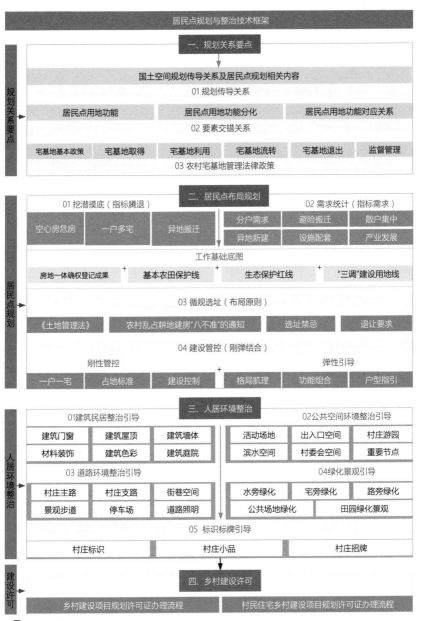

居民点规划与整治技术框架

一、规划关系要点

国土空间规划传导关系及居民点规划相关内容

01 规划传导关系

| 居民点用地功能 | 居民点用地功能分化 | 居民点用地功能对应关系 |

02 要素交错关系

| 宅基地基本政策 | 宅基地取得 | 宅基地利用 | 宅基地流转 | 宅基地退出 | 监督管理 |

03 农村宅基地管理法律政策

二、居民点布局规划

01 挖潜摸底（指标腾退）

| 空心房危房 | 一户多宅 | 异地搬迁 |

02 需求统计（指标需求）

| 分户需求 | 避险搬迁 | 散户集中 |
| 异地新建 | 设施配套 | 产业发展 |

工作基础底图

| 房地一体确权登记成果 | + | 基本农田保护线 | + | 生态保护红线 | + | "三调"建设用地线 |

03 循规选址（布局原则）

| 《土地管理法》 | 农村乱占耕地建房"八不准"的通知 | 选址禁忌 | 退让要求 |

04 建设管控（刚弹结合）

刚性管控　　　　　　　　　　　　　　　弹性引导

| 一户一宅 | 占地标准 | 建设控制 | + | 格局肌理 | 功能组合 | 户型指引 |

三、人居环境整治

01建筑民居整治引导

| 建筑门窗 | 建筑屋顶 | 建筑墙体 |
| 材料装饰 | 建筑色彩 | 建筑庭院 |

02公共空间环境整治引导

| 活动场地 | 出入口空间 | 村庄游园 |
| 滨水空间 | 村委会空间 | 重要节点 |

03 道路环境整治引导

| 村庄主路 | 村庄支路 | 街巷空间 |
| 景观步道 | 停车场 | 道路照明 |

04绿化景观引导

| 水旁绿化 | 宅旁绿化 | 路旁绿化 |
| 公共场地绿化 | 田园绿化景观 |

05 标识标牌引导

| 村庄标识 | 村庄小品 | 村庄招牌 |

四、乡村建设许可

| 乡村建设项目规划许可证办理流程 | 村民住宅乡村建设项目规划许可证办理流程 |

逻辑体系 LOGICAL SYSTEM

图 5-1 居民点规划与整治逻辑结构

5 居民点规划与整治
RESIDENTIAL AREA PLANNING AND RENOVATION

■ 5.1 规划关系要点

农村居民点是农村居民生产和活动的主要空间载体,是农区人地系统交互耦合的核心,农村居民点布局优化也是实用性村庄规划的重要职能,伴随着城乡互动加剧,农村居民点用地内部结构与功能逐渐多样化,也呈现显著的混合利用特征。基于此,本章节尝试在回顾不同层面的居民点规划关注重点与上下传导关系的基础上,按照农村居民点用地功能演化与功能空间分化趋势,对农村居民点用地混合利用进行解析,在实践中为编制村庄规划、助推乡村振兴提供科学支撑。

5.1.1 居民点布局规划传导关系

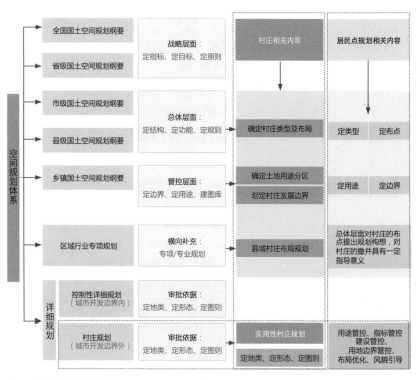

图 5-2 居民点规划传导关系

5.1.2 居民点用地功能交错关系

农村居民点用地并不是一个均质或单一的图斑，而是具有内部结构与功能的复杂性，尤其在社会经济转型发展中，农村居民点用地结构与功能多样化、分化势不可挡。伴随着城乡互动加剧，农村居民点用地内部结构与功能逐渐多样化，也呈现显著的混合利用特征。

1. 农村居民点用地功能

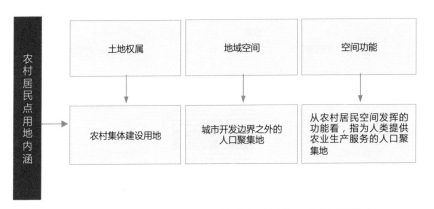

图 5-3 农村居民点用地内涵（根据乡村振兴战略下农村居民点用地功能——分化与更新整理）

2. 农村居民点用地功能分化

农村居民点用地时空格局是一定自然、经济社会发展环境下农村居民居住活动在其分布地区的反映，自然资源、区位条件、经济基础、社会人口是影响农户生计的内生因子，生计策略的选择反映出农户对效用最大化的追求，对农村居民点内部土地利用结构有着强烈的影响，其次，社会发展转型、政策变迁、市场需求变化、技术手段进步影响引发了农户的生计转型，农户的需求随着经济发展不断变化，从而对农村居民点用地功能类型进行权衡与取舍，导致农村居民点用地混合利用的变化。

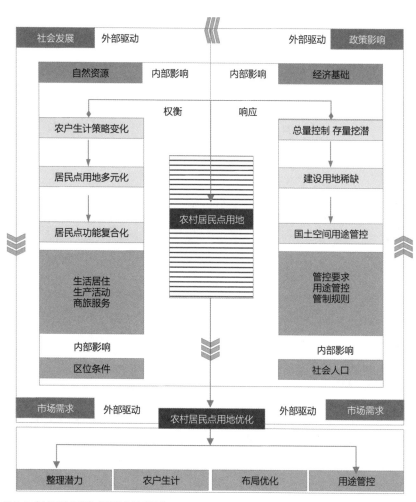

图 5-4 农村居民点用地功能分化关系示意

3. 农村居民点用地功能对应关系

农村居民点用地功能具有丰富的内涵和表征属性，总的来说，可以分为两类。①农村居民点用地生活功能，指农村居民点用地为农户提供日常作息、起居及交往的场所和服务，主要指农村宅基地、公共管理和公共服务用地等，是农村居民点首要和基础功能。②农村居民点用地生产功能，指农户在农村居民点内部经营的种、养殖及非农生产，是农户增加收入的重要途径，也是农村居民点在工业化、城市化背景下的重要发展方向，包括农业生产功能、工业生产功能和商旅服务功能，是农户增加收入的重要途径，也是农村居民点在工业化、城市化背景下的重要发展方向。

农村居民点用地功能与用地属性对应关系 表 5-1

农村居民点用地功能			备注
生活功能	居住功能	07 居住用地	主要指农村宅基地，承载农户居住功能
	生活服务	08 公共管理与公共服务用地	—
		06 农业设施建设用地	—
		13 公用设施用地	包括供水用地等 11 个二级类，不包括水工设施用地
		14 绿地与开敞空间用地	—
生产功能	农业生产 + 工业生产 + 商旅服务	07 居住用地	指农村宅基地，除居住功能外，一些农户利用宅基地内部空间发展庭院养殖或非农生产，农村居民点内部的小超市、餐馆及理发店等用地因此具有复合功能，鼓励利用闲置住宅发展符合乡村特点的休闲农业、乡村旅游、餐饮民宿、文化体验、创意办公、电子商务等新产业新业态，以及农产品冷链、初加工、仓储等一二三产业融合发展项目
		12 道路交通运输用地	1208 交通场站用地 1209 其他交通设施用地
	工业生产功能	10 工矿用地	居民点内的工业生产、物资存放
		11 仓储用地	
	商旅服务功能	09 商业服务业用地	—

5.1.3 农村宅基地管理法律政策

宅基地是农民最基本的生活保障，同时也是农村经济社会发展和社会稳定的重要基础。近年来，国家启动乡村振兴战略，大力发展农村经济、改善农民生活，大力促进美丽乡村和农村宜居环境建设，能不能把农民宅基地使用需求保障好，把农民已有宅基地利用好，让宅基地成为农村经济新引擎，是实用性村庄规划编制必须要面对的问题，对农村宅基地管理法律政策的梳理学习分析，在实践中为科学编制村庄规划、助推乡村振兴提供科学支撑。

1. 宅基地基本政策

（1）宅基地概念	（2）宅基地所有权	（3）行使宅基地所有权主体
农村宅基地是农村村民用于建造住宅及其附属设施的集体建设用地，包括住房、附属用房和庭院等用地，不包括与宅基地相连的农业生产性用地、农户超出宅基地范围占用的空闲地等土地	农村宅基地归本集体成员集体所有。《中华人民共和国宪法》第十条规定，农村和城市郊区的土地，除由法律规定属于国家所有的以外，属于集体所有；宅基地和自留地、自留山，也属于集体所有。《中华人民共和国物权法》（以下简称物权法）第五十九条规定，农村集体所有的不动产和动产，属于本集体成员集体所有	可代表集体行使宅基地所有权的主体包括四类，即集体经济组织（乡镇、村、村内）村民委员会村民小组乡（镇）政府（代管）
（4）一户一宅	（5）宅基地制度基本特征	（6）宅基地产权制度
农村村民一户只能拥有一处宅基地，其宅基地的面积不得超过省、自治区、直辖市规定的标准。人均土地少、不能保障一户拥有一处宅基地的地区，县级人民政府在充分尊重农村村民意愿的基础上，可以采取措施，按照省、自治区、直辖市规定的标准保障农村村民实现户有所居	宅基地制度是中国特色土地制度的重要组成部分，其核心是维护农村土地集体所有和保障农民基本居住权利。新中国成立以来，历经演变，我国农村宅基地制度框架已基本形成，其基本特征是：集体所有、成员使用，一户一宅、限定面积，无偿取得、长期占有，规划管控、内部流转	农村宅基地产权制度的基本内容农民集体拥有宅基地所有权，农村集体经济组织成员拥有宅基地使用权，符合条件的农户具有分配宅基地的资格
（7）农村土地三项制度改革	（8）宅基地三权分置	
农村土地三项制度改革是指农村土地征收、集体经营性建设用地入市、宅基地制度改革试点	2018年中央1号文件《中共中央国务院关于实施乡村振兴战略的意见》在"深化农村土地制度改革"中提出，探索宅基地所有权、资格权、使用权"三权分置"，落实宅基地集体所有权，保障宅基地农户资格权和农民房屋财权，适度放活宅基地和农民房屋使用权	

（9）
新中国成立以来农村宅基地制度演变

新中国成立以来农村宅基地制度的演变，以改革开放、物权法颁布、土地管理法修订为标志，分为四个阶段。

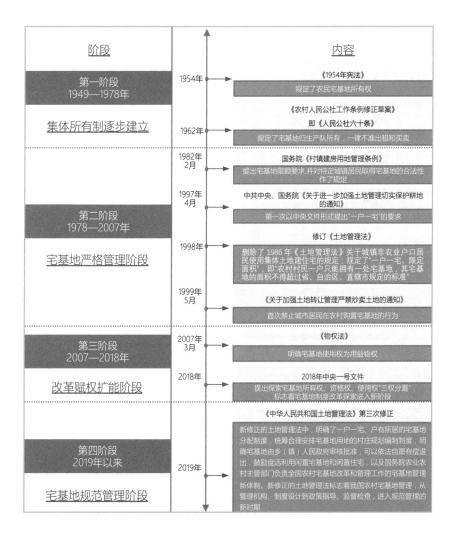

2. 宅基地取得

（1）农村村民在什么情况下可以申请宅基地	（2）农村宅基地审批主体	（3）宅基地转让
依据土地管理法，结合各省（自治区、直辖市）宅基地管理的有关规定，农村村民有下列情况之一的，可以以户为单位申请宅基地： （1）无宅基地的； （2）因子女结婚等原因确需分户而现有的宅基地低于分户标准的； （3）现住房影响乡（镇）村建设规划，需要搬迁重建的； （4）符合政策规定迁入村集体组织落户为正式成员且在原籍没有宅基地的； （5）因自然灾害损毁或避让地质灾害搬迁的。 各省（自治区、直辖市）对农户申请宅基地条件有其他规定的，应同时满足其他条件要求。	土地管理法第六十二条规定，农村村民住宅用地，由乡（镇）人民政府审核批准；其中，涉及占用农用地的，依照本法第四十四条的规定办理审批手续。第四十四条规定，建设占用土地，涉及农用地转为建设用地的，应当办理农用地转用审批手续。	按照土地管理法第六十二条规定，农村村民出卖、出租、赠与住宅后，再申请宅基地的，不予批准。
		（4）农村宅基地使用权性质
		宅基地使用权是一种用益物权。物权法第三编"用益物权"第十三章专章规范宅基地使用权，其中第一百五十二条规定，"宅基地使用权人依法对集体所有的土地享有占有、使用的权利，有权依法利用该土地建造住宅及其附属设施"。

（5）农村宅基地申请审批程序	（6）农民建房能否使用农用地
农村宅基地分配实行农户申请、村组审核、乡镇审批。按照《农业农村部自然资源部关于规范农村宅基地审批管理的通知》（农经发〔2019〕6号），宅基地申请审批流程包括农户申请、村民小组会讨论通过并公示、村级组织开展材料审核、乡镇部门审查、乡镇政府审批、发放宅基地批准书等环节。没有分设村民小组或宅基地和建房申请等事项已统一由村级组织办理的，农户直接向村级组织提出申请，经村民代表会议讨论通过并在本集体经济组织范围内公示后，报送乡镇政府批准。	农民建房在符合规划的条件下可以使用农用地，但要依法先行办理农用地转用手续。农用地转为建设用地的，按照土地管理法第四十四条规定，在土地利用总体规划确定的城市和村庄、集镇建设用地规模范围内，为实施规划将永久基本农田以外的农用地转为建设用地的，按土地利用年度计划分批次分别由原批准土地利用总体规划的机关或者其授权的机关批准；在已批准的农用地转用范围内，具体可以由市、县人民政府批准。在土地利用总体规划确定的城市和村庄、集镇建设用地规模范围外，将永久基本农田以外的农用地转为建设用地的，由国务院或者国务院授权的省、自治区、直辖市人民政府批准。永久基本农田转为建设用地的，由国务院批准。

进城落户的农民可以依法保留其原来合法取得的宅基地使用权。

按照《中共中央国务院关于坚持农业农村优先发展做好"三农"工作的若干意见》（中发〔2019〕1号）"坚持保障农民土地权益、不得以退出承包地和宅基地作为农民进城落户条件"规定精神，不能强迫进城落户农民放弃其合法取得的宅基地使用权。在此之前，《国土资源部关于进一步加快宅基地和集体建设用地确权登记发证有关问题的通知》（国土资发〔2016〕191号）规定，"农民进城落户后，其原合法取得的宅基地使用权应予以确权登记。

农村宅基地不能继承，农房可以依法继承。

农村宅基地所有权、宅基地使用权和房屋所有权相分离，宅基地所有权属于农民集体，宅基地使用权和房屋所有权属于农户。宅基地使用权人以户为单位，依法享有占有和使用宅基地的权利。在户内有成员死亡而农户存续的情况下，不发生宅基地继承问题。农户消亡时，权利主体不再存在，宅基地使用权灭失。同时，根据继承法的有关规定，被继承人的房屋作为其遗产由继承人继承。因房地无法分离，继承人继承房屋取得房屋所有权后，可以依法使用宅基地，但并不取得用益物权性质的宅基地使用权。

"房地一体"不动产权证是物权权利归属的凭证。根据《不动产登记暂行条例》《不动产登记暂行条例实施细则》《不动产登记操作规范（试行）》等的规定，将农村宅基地、集体建设用地及其上的建筑物、构筑物实行统一权籍调查和确权登记后，统一颁发"房地一体"的不动产权证书。

申请宅基地使用权及房屋所有权首次登记的，应当根据不同情况，提交下列材料：（一）申请人身份证和户口簿；（二）不动产权属证书或者有批准权的人民政府批准用地的文件等权属来源材料；（三）房屋符合规划或者建设的相关材料；（四）权籍调查表、宗地图、房屋平面图以及宗地界址点坐标等有关不动产界址、面积等材料；（五）其他必要材料。

因依法继承、分家析产、集体经济组织内部互换房屋等导致宅基地使用权及房屋所有权发生转移而申请登记的，申请人应当根据不同情况，提交下列材料：（一）不动产权属证书或者其他权属来源材料；（二）依法继承的材料；（三）分家析产的协议或者材料；（四）集体经济组织内部互换房屋的协议；（五）其他必要材料。

根据原国土资源部、中央农村工作领导小组办公室、财政部、原农业部《关于农村集体土地确权登记发证的若干意见》（国土资发〔2011〕178号）规定，按照不同的历史阶段对超面积的宅基地进行确权登记发证。

1982年《村镇建房用地管理条例》实施前，农村村民建房占用的宅基地，在《村镇建房用地管理条例》实施后至今未扩大用地面积的，可以按现有实际使用面积进行确权登记。

1982年《村镇建房用地管理条例》实施起至1987年《土地管理法》实施时止，农村村民建房占用的宅基地，超过当地规定的面积标准的，超过部分按当时国家和地方有关规定处理后，可以按实际使用面积进行确权登记。

1987年《土地管理法》实施后，农村村民建房占用的宅基地，超过当地规定的面积标准的，按照实际批准面积进行确权登记。其面积超过各地规定标准的，可在土地登记簿和土地权利证书记事栏内注明超过标准的面积，待以后分户建房或现有房屋拆迁、改建、翻建、政府依法实施规划重新建设时，按有关规定作出处理，并按照各地规定的面积标准重新进行确权登记。

3. 宅基地利用

（1）闲置宅基地和闲置住宅盘活利用的主要方式有哪些

　　闲置宅基地盘活利用要统筹考虑区位条件、资源禀赋、环境容量、产业基础和历史文化传承等因素，选择适合本地实际的农村闲置宅基地和闲置住宅盘活利用模式。根据《农业农村部关于积极稳妥开展农村闲置宅基地和闲置住宅盘活利用工作的通知》（农经发〔2019〕4号），盘活利用主要有以下方式：

　　一是利用闲置住宅发展符合乡村特点的休闲农业、乡村旅游、餐饮民宿、文化体验、创意办公、电子商务等新产业新业态。

　　二是利用闲置住宅发展农产品冷链、初加工、仓储等一二三产业融合发展项目。

　　三是采取整理、复垦、复绿等方式，开展农村闲置宅基地整治，依法依规利用城乡建设用地增减挂钩、集体经营性建设用地入市等政策，为农民建房、乡村建设和产业发展等提供土地等要素保障。

（2）闲置宅基地和闲置住宅盘活利用的主体有哪些

　　《农业农村部关于积极稳妥开展农村闲置宅基地和闲置住宅盘活利用工作的通知》（农经发〔2019〕4号）提出，依法保护各类主体的合法权益，推动形成多方参与、合作共赢的良好局面。盘活利用的主体主要包括以下三类：

　　一是农村集体经济组织及其成员。在充分保障农民宅基地合法权益的前提下，支持农村集体经济组织及其成员采取自营、出租、入股、合作等多种方式盘活利用农村闲置宅基地和闲置住宅。鼓励有一定经济实力的农村集体经济组织对闲置宅基地和闲置住宅进行统一盘活利用。

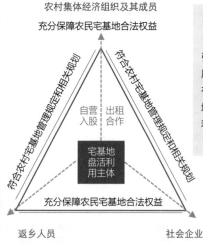

　　二是返乡人员。支持返乡人员依托自有和闲置住宅发展适合的乡村产业项目。《国务院办公厅关于支持返乡下乡人员创业创新促进农村一二三产业融合发展的意见》（国办发〔2016〕84号）提出"支持返乡下乡人员依托自有和闲置农房院落发展农家乐。在符合农村宅基地管理规定和相关规划的前提下，允许返乡下乡人员和农民合作改建自住房。"

　　三是社会企业。引导有实力、有意愿、有责任的企业有序参与闲置宅基地和闲置住宅盘活利用工作。

（3）农村宅基地和农民住房是否可以抵押	（4）发展民宿利用农民农宅（房）有什么规定
除全国人大常委会授权开展农民住房财产权抵押贷款试点的地区外，其他地方农村宅基地和农房不能抵押。 物权法第一百八十四条规定，耕地、宅基地、自留地、自留山等集体所有的土地使用权不得抵押，但法律规定可以抵押的除外。担保法第三十七条规定，耕地、宅基地、自留地、自留山等集体所有的土地使用权不能抵押。 同时，物权法第一百八十二条规定，以建筑物抵押的，该建筑物占用范围内的建设用地使用权一并抵押。以建设用地使用权抵押的，该土地上的建筑物一并抵押。即我国实行"房地一体"原则，因宅基地使用权不得抵押，造成其上农房事实上也不能抵押。	根据2019年文化和旅游部出台的《旅游民宿基本要求与评价》（LB/T065—2019），旅游民宿是指利用当地民居等相关闲置资源，经营用客房不超过4层、建筑面积不超过800平方米，主人参与接待，为旅客提供体验当地自然、文化与生产生活方式的小型住宿设施，分为城镇民宿和乡村民宿。旅游民宿的经营场地应符合本市县国土空间总体规划（包括现行城镇总体规划、土地利用规划）、所在地民宿发展有关规划。经营民宿应符合治安、消防、卫生、环境保护、安全等有关规定与要求，取得当地政府要求的相关证照。 《中央农村工作领导小组办公室 农业农村部关于进一步加强农村宅基地管理的通知》（中农发〔2019〕11号）规定，鼓励村集体和农民盘活利用闲置宅基地和闲置住宅，通过自主经营、合作经营、委托经营等方式，依法依规发展农家乐、民宿、乡村旅游等。城镇居民、工商资本等租赁农房居住或开展经营的，要严格遵守合同法的规定，租赁合同的期限不得超过二十年。合同到期后，双方可以另行约定。

4. 宅基地流转

（1）宅基地使用权流转的方式有哪些	
转让	**出租**
（2）宅基地使用权转让必须满足什么条件？	**（3）农房出租的最长年限是多少？**
宅基地使用权转让须在征得宅基地所有权人同意的前提下，在村集体经济组织内部进行，且受让人须为符合宅基地申请条件的农村村民。各省（自治区、直辖市）对宅基地转让做出其他条件要求的，须同时满足规定要求。	合同法第二百一十四条规定：租赁期限不得超过二十年。超过二十年的，超过部分无效。租赁期间届满，当事人可以续订租赁合同，但约定的租赁期限自续订之日起不得超过二十年。 《中央农村工作领导小组办公室农业农村部关于进一步加强农村宅基地管理的通知》（中农发〔2019〕11号）规定，城镇居民、工商资本等租赁农房居住或开展经营的，要严格遵守合同法的规定，租赁合同的期限不得超过二十年。合同到期后，双方可以另行约定。

（4）城镇居民能否在农村购买宅基地？
《国务院关于深化改革严格土地管理的决定》（国发〔2004〕28号）明确规定，禁止城镇居民在农村购买宅基地。《中央农村工作领导小组办公室 农业农村部关于进一步加强农村宅基地管理的通知》（中农发〔2019〕11号）要求，"宅基地是农村村民的基本居住保障，严禁城镇居民到农村购买宅基地，严禁下乡利用农村宅基地建设别墅大院和私人会馆。严禁借流转之名违法违规圈占、买卖宅基地。"

5. 部分宅基地退出

(1) 村集体在什么情况下可以收回农民宅基地？

有下列情形之一的，村集体报经原批准用地的人民政府批准，可以收回宅基地使用权：

1.乡（镇）村公共设施和公益事业建设需要使用土地的，集体收回宅基地使用权，并对宅基地使用权人给予适当补偿。	2.不按照批准的用途使用宅基地的。	3.因撤销、迁移等原因而停止使用宅基地。	4.空闲或房屋坍塌、拆除两年以上未恢复使用的宅基地，不再确认土地使用权。已经确定使用权的，由集体报经县级人民政府批准，注销其土地登记，集体收回宅基地使用权。
5.非农业户口居民（含华侨）原在农村的宅基地，房屋产权没有变化的，可依法确定其集体建设用地使用权。房屋拆除后没有批准重建的，集体收回宅基地使用权。	6.在确定农村居民宅基地使用权时，其面积超过当地政府规定标准的，可在土地登记卡和权证内注明超过标准面积的数量。以后分户建房或现有房屋拆迁、改建、翻建或政府依法实施规划重新建设时，按当地政府规定的面积标准重新确定使用权，其超过部分由集体收回使用权。		7.地方政府规定的其他情形。

(2) 农村宅基地自愿有偿退出有哪些规定？	(3) 农民退出宅基地的程序	(4) 农民退出的宅基地如何利用？
土地管理法第六十二条规定：国家允许进城落户的农村村民依法自愿有偿退出宅基地，鼓励农村集体经济组织及其成员盘活利用闲置宅基地和闲置住宅。《中央农村工作领导小组办公室农业农村部关于进一步加强农村宅基地管理的通知》（中农发〔2019〕11号）规定：对进城落户的农村村民，各地可以多渠道筹集资金，探索通过多种方式鼓励其自愿有偿退出宅基地。	在宅基地制度改革试点探索中，农民退出宅基地主要包括以下步骤：农户提交书面申请、村审核、专业机构评估价值、农户与村集体签订协议、农户获得补偿、县级主管部门变更登记。	《中央农村工作领导小组办公室农业农村部关于进一步加强农村宅基地管理的通知》（中农发〔2019〕11号）提出，在尊重农民意愿并符合规划的前提下，鼓励村集体对退出的宅基地进行土地综合整治，整治出的土地优先用于满足农民新增宅基地需求、村庄建设和乡村产业发展。闲置宅基地盘活利用产生的土地增值收益要全部用于农业农村。

(5) 农村宅基地征收如何补偿

　　对宅基地征收，物权法、土地管理法都作了明确规定。

　　物权法第四十二条规定：为了公共利益的需要，征收集体所有的土地，应当依法足额支付土地补偿费、安置补助费、地上附着物和青苗的补偿费等费用，安排被征地农民的社会保障费用，保障被征地农民的生活，维护被征地农民的合法权益。征收单位、个人的房屋及其他不动产，应当依法给予拆迁补偿，维护被征收人的合法权益；征收个人住宅的，还应当保障被征收人的居住条件。

　　土地管理法第四十八条第四款规定：征收农用地以外的其他土地、地上附着物和青苗等的补偿标准，由省、自治区、直辖市制定。对其中的农村村民住宅，应当按照先补偿后搬迁、居住条件有改善的原则，尊重农村村民意愿，采取重新安排宅基地建房、提供安置房或者货币补偿等方式给予公平、合理的补偿，并对因征收造成的搬迁、临时安置等费用予以补偿，保障农村村民居住的权利和合法的住房财产权益。

6. 宅基地监督管理

（1）农业农村部门与自然资源部门关于农村宅基地的职责与分工

自然资源部 / 农业农村部

| A | A |

负责国土空间规划、土地利用计划和规划许可等工作 / 建立健全宅基地分配、使用、流转、违法用地查处等管理制度

| B | B |

土地等国土空间用途转用、土地整理复垦、不动产统一确权登记 / 完善宅基地用地标准，指导宅基地合理布局、闲置宅基地和闲置农房利用

| C | C |

在国土空间规划中统筹安排宅基地用地规模和布局，满足合理的宅基地需求，依法办理农用地转用审批和规划许可等相关手续 / 组织开展农村宅基地现状和需求情况统计调查，及时将农民建房新增建设用地需求通报同级自然资源部门

| D | D |

负责编制国土空间规划和村庄规划 / 参与编制国土空间规划和村庄规划

年度计划 规划许可 确权登记 / 指导管理 改革利用 调查监管

（2）农村宅基地审批监管"三到场"指什么

农村宅基地审批监管"三到场"是指宅基地申请审查到场、开工前丈量批放到场和建成后核查验收到场。

宅基地申请审查到场：收到宅基地和建房（规划许可）申请后，乡镇政府要及时组织农业农村、自然资源部门实地审查申请人是否符合条件、拟用地是否符合规划和地类等。

开工前丈量批放到场：经批准用地建房的农户，应当在开工前向乡镇政府或授权的牵头部门申请划定宅基地用地范围，乡镇政府及时组织农业农村、自然资源等部门到现场进行开工查验，实地丈量批放宅基地，确定建房位置。

建成后核查验收到场：农户建房完工后，乡镇政府组织相关部门进行验收，实地检查农户是否按照批准面积、四至等要求使用宅基地，是否按照批准面积和规划要求建设住房，并出具《农村宅基地和建房（规划许可）验收意见表》。

（3）农村宅基地管理的工作机制是什么

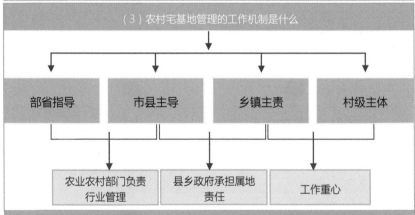

（4）如何推进农村宅基地历史遗留问题化解

"一户多宅"、面积超标等农村宅基地历史遗留问题成因复杂，涉及农民群众切身利益，要因地制宜，对照法律和政策进行分类认定，妥善处置。

1.结合第三次全国国土调查等工作，开展农村宅基地统计调查，掌握基本情况。

2.结合房地一体的宅基地使用权确权登记颁证，按照不同时期的法律和政策，分类处理。

3.结合实施村庄规划、新农村建设、农村人居环境整治等，对多占、超占、乱占宅基地等按照规划进行逐步调整。

4.引导村级通过民主协商和村民自治，化解一部分遗留问题。

5.加强农村宅基地管理，防止产生新的违法违规行为。

■ 5.2 居民点布局规划

　　严格落实"一户一宅"，优化宅基地用地布局，在县（市）、乡镇国土空间规划和村庄规划中根据人口变化情况和实际需求合理预测居民点建设用地需求，并预留发展空间。居民点建设用地布局应结合现有的规划基础，本着节约集约用地的原则，建议集中选址，形成一定规模，以便集约高效配套各项基础设施和公共服务设施。居民点布局规划涉及的主要技术流程为挖潜摸底、需求统计、遵规选址与建设管控。

5.2.1 挖潜摸底

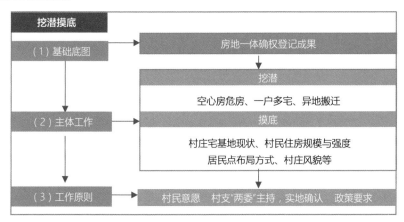

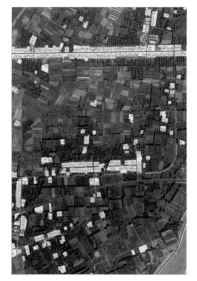

图 5-5 XX 村村民宅基地指标腾退调查摸底图

XX 村村民宅基地指标腾退调查表　　表 5-2

序号	户主姓名	房屋面积	建设时间	类别	所属村组	备注
1						

5.2.2 需求统计

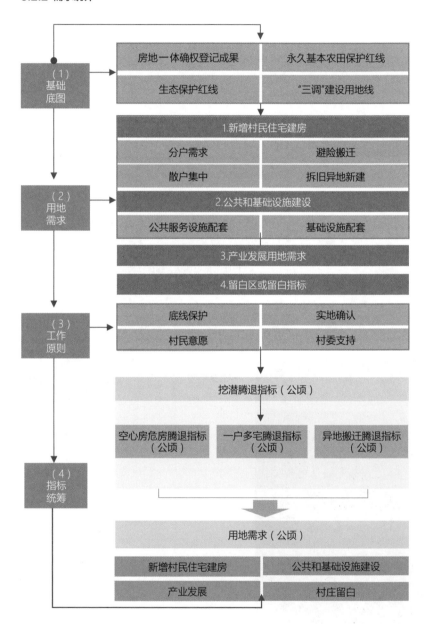

5.2.3 遵规选址

遵规		
1.新增村民住宅建房		
① 《中华人民共和国土地管理法》	XX省实施《中华人民共和国土地管理法》办法	以甘肃省为例
农村村民住宅用地按以下标准执行 （一）农区：村人均耕地667平方米(1亩)以下的，每户宅基地不得超过200平方米，667平方米(1亩)以上1334平方米(2亩)以下的，不得超过267平方米，1334平方米(2亩)以上的，不得超过330平方米; （二）牧区：每户宅基地不得超过330平方米。		
农村乱占耕地建房"八不准"的通知		
② 不准占用永久基本农田建房		不准强占多占耕地建房
不准买卖、流转耕地违法建房		不准在承包耕地上违法建房
不准巧立名目违法占用耕地建房		不准违反"一户一宅"规定占用耕地建房
不准非法出售占用耕地建的房屋		不准违法审批占用耕地建房
③ **XX省农村住房建设管理办法**		

选址	
（1） 选址规避	不准违反国土空间规划、占用永久基本农田、生态红线
	不准在地质灾害危险区内建设
	不准在文物保护区范围内建设，砍伐古树名木、拆除有保护价值的建（构）筑物
	不准侵占排洪、排污沟渠等公用设施
	不准阻碍交通、侵占邻里通道和公共绿地等公共空间
（2） 一般退 让要求	新建居民点住宅退后国道 ≥20米
	新建居民点住宅退后省道 ≥15米
	新建居民点住宅退后县道 ≥10米
	新建居民点住宅退后乡道 ≥5米
	住宅主入口外墙退让村庄主要道路 ≥3米
	距10kV架空电力线 ≥1.5米，距35kV架空电力线 ≥3米，距110kV架空电力线 ≥4米，距220kV架空电力线 ≥5米
（3）用地 标准	先批后建　　　　　一户一宅

5.2.4 建设管控

刚性管控	用途管控	指标管控	建设管控	用地边界管控
	农村住宅用地	一户一宅 占地标准	建筑高度 建筑层数 建筑退线	村庄建设 用地边界

弹性引导	格局肌理	功能组织	建筑户型
	自然基底	生活宜居	户型平面
	空间肌理	生产便利	建筑形态
	空间形态	功能分明	建筑风貌

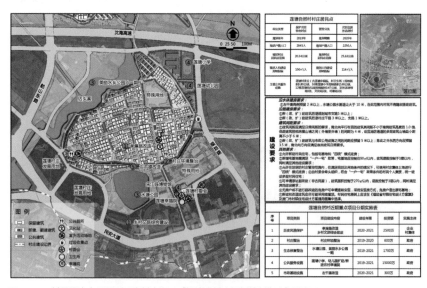

图 5-6 XX村居民点布局图则（资料来源：《福建省村庄规划编制指南》试行）

■ 5.3 村庄人居环境整治

村庄人居环境整治是塑造特色鲜明、层次丰富乡村风貌的重要手段，整治内容结合村庄人居环境要素，以"突出整治"和"强化设计"为重点，为村庄地区改善村容村貌、打造宜居环境、传承地域文化提出设计指引，通过村庄美好空间的营造，提升村民幸福感。

5.3.1 民居建筑风貌整治引导

民居建筑风貌整治引导表　　　　　　　　　　　　表 5-3

整治设计原则	建筑要素		建设导则
✚ 彰显地域特色	民居建筑	建筑屋顶	屋顶坡度满足排水、遮阳、防积雪等要求，形式宜遵循地域气候特征、民族习惯和传统文化，宜通过适度的屋顶组合，形成高低错落的屋面形式
✚ 承载田园乡愁		建筑门窗	门窗形式宜简洁质朴，色彩样式宜遵从当地传统门窗形式，宜适当设置窗套、窗花、窗楣等装饰构件，同一建筑的门窗尺寸、色彩、形式、材料和开启方式宜尽量统一
		建筑墙体	墙体要注意墙顶、墙面、墙基（勒脚）的划分，通过色彩、线条、材料、质感的变化，形成地域风貌特色。墙体材料宜就地取材，使用木、石、砖等地方乡土材料，且与建筑结构形式相匹配。墙体饰面除了使用涂料以外，宜灵活使用石材、青砖、木、竹等材料进行饰面，体现乡土风情
		建筑材料	宜尽量采用原有材料和工艺，保护建筑的年代记忆。对于与村庄整体风貌极不协调的建筑，宜通过建筑装饰、构件改造和色彩调整等手法进行外观整治，装饰材料耐久牢固，不宜过分外贴夸张的装饰构件
✚ 富有品质活力		建筑色彩	传承地域传统建筑色彩及搭配，基于地方材料的本色，遵循所在区域整体色彩特征，与周边建筑整体风貌协调，避免色彩突兀、反差过大、浓艳粗俗、格调低下
✚ 体现现代文明		建筑细部	遵从当地传统和文化习俗对农房进行装饰，装饰部位宜在墙体和屋脊、山花、檐口、层间、门窗、勒脚等部位。装饰宜选择成品构件，使用彩绘、雕刻等，材料可选择木、石、砖、金属等

a）不同形式的屋顶穿插组合

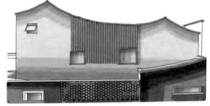

b）在传统建筑的坡屋顶形式上进行变化

图 5-7 高低错落的屋面形式（图片来源于特色田园乡村建设指南）

5.3.2 公共空间环境整治引导

公共空间环境整治引导表　　　　　　　　　　　　　　　表5-4

公共活动空间要素		建设导则
公共活动空间	公共活动场地	根据村庄形态，选择在方便村民使用的地方，优先利用村内闲置场地建设公共活动场地。也可与村民活动中心等村庄公共建筑合并布局。公共活动场地要紧扣村民生活需求，成为村民日常交流聚会，举办文体、民俗活动以及操办红白喜事的场所，形成具有活力的村庄公共空间。历史文化遗存丰富的村庄，公共活动场地建设宜结合村庄历史文化遗存或非物质文化遗产的保护，为文化展示和传承提供空间载体。场地内宜设置与传统文化相关的小品、标识，展示村庄特色
	出入口空间	出入口空间宜结合村庄特色资源、特色产业、历史文化、特色民俗、特色产品等进行设计建造，体现标识性、独特性、乡土自然、体量适度，体现地方特色。村口空间要经济实用、尺度宜人，避免体量过大、比例失衡、造型夸张。宜利用村庄原有大树、小桥、古井、戏台等标志性景观作为村庄入口，亦可使用构筑物、小品或植物群组形成层次丰富的村口形象
	村庄游园	村庄游园设计要紧密结合村庄日常休闲生活，尽量与原有环境相结合，设计体量要"轻巧"，尽量减小工程的动土体量，场地元素结合村庄特点，并要考虑到不同年龄的使用需求
	滨水空间	及时清理河道淤积杂物，沟通水系。驳岸形式宜生态自然，若必须硬化，宜选择形式多样、生态透水的驳岸形式，滨水构筑物与公共活动空间相结合，尺度与河塘相协调，不宜尺度失调、造型色彩夸张
	村委会空间	村委会空间是村庄重要的议事空间，也是服务村民最频繁的公共空间，场地设计要结合不同功能，综合考虑集散和休憩的功能组合
	其他重要节点	可结合现状祠堂、高塔、大树、广场、水塘形成一定的公共活动序列，节点设计宜依形就势、尺度适宜、比例协调。可巧妙利用原生植物和瓜果蔬菜等塑造宜人景观环境。避免形式单一、尺度过大、硬质化过多，慎用大理石、镜面石材、色泽鲜艳的材料，避免机械采用几何图案、整形灌木、树阵等城市广场设计建造手法

a）活动场地　　　　　　b）健身场地　　　　　　c）村庄戏台

图5-8 多种类型的村庄公共节点（图片来源于特色田园乡村建设指南）

5.3.3 道路环境整治引导

道路环境整治引导表   表 5-5

道路环境要素		建设导则
道路环境整治引导	村庄主路	村庄主路宽度适宜，一般为 5~7 米，保持村庄道路通畅，路面普遍硬化，道路两侧留有一定腹地，满足管网铺设，满足雨水、污水重力自流管线收集排放要求，对有地质隐患的区域提出关键点（区域）的控制要求，并设预警、指示牌，满足绿化防护等要求
	村庄支路	村庄支路满足村民日常生产、生活要求，路面普遍硬化，道路结构在原有路网上进行优化，合理衔接村庄主路和对外交通，不能满足会车要求的，应在一定距离内根据地形条件设置会车场地；同时增设会车标志，道路两旁设置绿化
	景观巷道	景观巷道宜采用当地乡土材料（石材、石砖）铺装，施工宜采用透水做法，如需使用透水砖，应采用与当地乡土铺装相近色彩，搭配石材分割，避免大面积单调铺设，特色建筑聚落、传统民居、庙埕广场等特色节点内部和周边巷道铺装、边沟设置须采用乡土材料，应整体协调设计，保证风貌一致性和材质原真性
	田间道	健全田间道路网络，使居民点、生产经营中心、各轮作区和田块之间保持便捷的交通联系。力求线路笔直且往返路程最短，道路面积与路网密度达到合理水平，确保农机具可达每一个耕作田块，促进田间生产作业效率的提高和耕作成本的降低，鼓励采用砂石路面、泥结碎石、素土路面，一般采用混凝土路面。为了满足农业观光、农业休闲需要，部分地域也可采用沥青路面、木栈道、生态步道等路面铺装形式
	停车场	宜充分利用村庄闲置空间，采用集中与分散相结合的方式布局停车场地。集中停车场宜充分考虑村民交通出行路线，结合村庄入口和对外交通，设置在村庄交通便捷的地区。在不影响道路通行的情况下，可在道路单侧划定路边停车位。旅游人口或者外来人口较多的村庄宜根据外来人口规模适度增加停车场地，有农业机械停放需求的村庄宜设置大型运输车辆、农机器械停车场。停车场地宜采用生态建设方式，提倡"一场多用"，兼作农作物晾晒、集市、文体活动场地等
	道路照明	村庄道路应设置路灯照明，宜采用节能灯，在经济条件允许的基础上推荐采用太阳能等新能源灯具；因地制宜设置线杆、路灯，采用一侧或两侧交叉布置的方式设置；没有条件架设线杆的路段，可结合建筑山墙布置照明设施。线杆灯具设计可结合地域文化及村庄特色，但不宜采用花哨夸张的灯具，主要功能是满足交通照明

图 5-9 乡村景观道路示意图

5.3.4 村庄绿化景观引导

村庄绿化景观引导表   表5-6

村庄绿化景观环境要素		建设导则
村庄绿化景观引导	水旁渠旁绿化	保护河道沟塘原生植被，水岸绿化以乡土植物为主，采用自然生态的布局形式，注重浮水、挺水、沉水等植物搭配，营造自然多样的滨水植物景观，硬化材料应多采用本地石材、石块、砖和一些建筑废弃材料且长度不宜太长，避免连续硬质驳岸
	宅旁绿化	宅旁绿地宜以种植瓜果蔬菜为主，适当增加乡土景观植物，注重季相变化，通过色彩丰富形态多样的乡土树种搭配，创造出四季皆宜的优美绿化环境
	路旁绿化	路旁绿化应注重乡土经济、养护方便、形式多样，结合乔木、灌木、花卉、农作物多种形式搭配，形成多样化的路旁绿化景观。 （1）主要道路绿化可采用乔木列植或乔灌混植的方式。乔木应分支点高，一般选择以乡土树种为主。乔木下可以栽植一些花灌木和地被植物，丰富道路两侧景观。 （2）次要道路绿化接近村民生活，应自由温馨、形式多样，宜以小乔木为主，配植花卉、灌木。使路旁绿化色彩更加丰富。 （3）有条件的村庄宜使用观赏性较强、易于维护的绿化品种，打造主题式道路绿化景观
	公共空间绿化	公共场地绿化配置宜简洁实用，提倡采用景观树、农作物、爬藤植物、乡土花卉作为节点绿化。避免大草坪、模纹色块、装饰灌木、机械的行列式、树阵等城市绿化形式，创造亲切的邻里氛围
	田园景观绿化	村庄宜与田园、林地相互融合，结合农业产业布局和特色产业发展，营造"村田相映"的空间景观

a）充分利用空闲地，见缝插绿   b）种植瓜果蔬菜和经济林果

图5-10 宅旁绿化示意（图片来源于特色田园乡村建设指南）

5.3.5 村庄标识标牌引导

村庄标识标牌引导表

表 5-7

村庄标识标牌元素		建设导则
村庄标识标牌引导	村庄标识	村庄标识要易于识别、指向明确、经久耐用,在方便使用的同时体现村庄特色和乡土风情,实现景观和功能的双重效益,可结合村庄出入口空间、重要视觉空间设置
	村庄标牌	村庄主要标牌有:交通指示牌、科普指示牌等 1. 交通指示牌: 向车辆访客提供村庄名称、通往方向、景点、建筑、停车场等信息,指引游客快速、便捷地找到目的地,一般设置于入村口、转弯处等地点。主要分为低杆指示牌与高杆指示牌。 (1)低杆指示牌:提供游客所在位置的下一个景点的方向,标明游览方向和此线路上最近的服务信息,满足游客便捷地找到下一个景点、服务设施及咨询点,一般用于村庄或景区内部。 (2)高杆指示牌:向车辆访客提供村庄名称、通往方向等信息,指引游客快速、便捷地找到目的地,一般设置于入村口、转弯处等地点。 2. 科普指示牌: 结合村庄产业特色及文化资源、旅游景点布置科普指示牌,作为一种指引性的标识物,加强环境景观管理和梳理上的秩序,为公众提供便利。加强对村庄的介绍与宣传。指示牌设计考虑周边的环境和人文特点等因素,以文字、图形、符号等完成视觉图像系统设计,给人以醒目、美观的视觉冲击
	村庄小品	村庄环境小品要贴合村民实际需求,便于实施、使用、维护。宜充分利用当地乡土材料,尺度适宜,与周边环境相协调

a)利用青砖、木材制成的标识牌　　b)乡土自然的木质导向标识　　c)在标识中融入乡村产业特色

图 5-11 标识标牌(图片来源于特色田园乡村建设指南)

■ 5.4 乡村建设许可

实行乡村建设规划许可证管理制度是《中华人民共和国城乡规划法》对乡村建设的新要求，目的是遏制农村无序建设和浪费土地。

该法第四十一条规定：在乡、村庄规划区内进行乡镇企业、乡村公共设施和公益事业建设的，建设单位或者个人应当向乡、镇人民政府提出申请，由乡、镇人民政府报城市、县人民政府城乡规划主管部门核发乡村建设规划许可证。

在乡、村庄规划区内使用原有宅基地进行农村村民住宅建设的规划管理办法，由省、自治区、直辖市制定。

在机构改革前，由于国土资源和城乡规划分别由两个部门管理，实践中存在部门分头审批、内容重复审查、审查环节多、办理周期长、当事人多头申请和反复提交报件材料等堵点和难点。

机构改革后，国土资源和城乡规划管理职责整合到自然资源部门。为了便民利民，提高效率，2019年自然资源部推进了建设用地审批和城乡规划许可的"多审合一、多证合一"改革，要求各地要结合村庄规划的编制和实施，同步办理建设用地审批和乡村建设规划许可，破解申请人多头申请和反复提交报件材料等堵点和难点问题。

目前全国各地乡村建设规划许可实施存在差异，规划许可审批主体各地规定不一、规划许可与用地审批前后顺序各地做法不同，在加强和规范乡村建设规划许可管理工作方面，此节结合《广西壮族自治区自然资源厅关于加强和规范乡村建设规划许可管理工作的通知》及《上海市乡村建设项目规划资源审批制度改革实施细则（试行）》的主要内容，介绍先进经验，希望有助于推动乡村建设规划管理水平的提高，并对推进城乡统筹和乡村振兴进程产生积极的影响。

5.4.1 乡村建设规划许可的广西经验

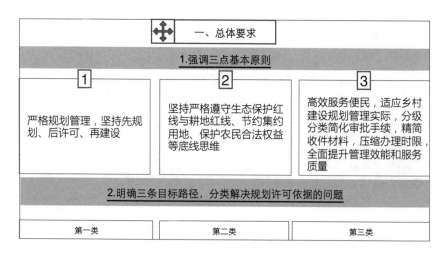

已批复"多规合一"村庄规划的,严格依据村庄规划实施管理,采用"村庄规划+乡村建设规划许可"的国土空间用途管制模式。	暂时没有"多规合一"村庄规划的,各县(市、区)应加快制定村庄规划设计通则或农房建设规划管控办法,采用"设计通则或管控办法+乡村建设规划许可"的国土空间用途管制模式。	暂时没有"多规合一"村庄规划的,在村庄规划设计通则或农房建设规划管控办法出台前,可在与正在编制的国土空间规划做好衔接、符合用途管制的基础上,采取"与国土空间规划衔接乡村建设规划许可"的国土空间用途管制模式。

 二、范围界定

需要办理乡村建设规划许可证的情形	可免于办理乡村建设规划许可证的情形	不适用于办理乡村建设规划许可证的情形
明确在城镇开发边界外的集体土地上进行乡村建设项目及村民住宅建设,应当取得乡村建设规划许可证。在城镇开发边界外的农村集体经营性用地入市建设项目参照乡村建设项目办理规划许可手续。	满足条件的农村人居环境建设和小型基础设施项目,按规定报备后可免办理乡村建设规划许可手续。	在城镇开发边界内的集体土地和在城镇开发边界外的国有土地上进行工程建设的,不适用乡村建设规划许可管理,应按照相关规定办理建设工程规划许可手续。

 三、办理流程

村民住宅建设规划许可证办理	乡村建设项目规划许可证办理

分类明确了申请审批流程、申请材料清单、重点审查内容等。
通过规范和简化办理流程,明确乡村建设规划许可证承诺结办时限不得超过10个工作日,比法定的20个工作日减少了一半。

四、批后监管

1.许可期限	2.许可变更	3.许可张贴	4.规划核实
乡村建设规划许可证有效期为2年。期满需进行建设的,应在有效期届满30日前申请办理延期手续,经批准可以延期一次,延长期限最长不超过2年,与《广西壮族自治区乡村规划建设管理条例》)保持一致。	实施过程中,对方案布局、建设指标等有重大调整的,应及时申请变更或重新办理乡村建设规划许可证。	开工前,建设单位或个人应当在工程现场显要位置张贴乡村建设规划许可证及其附件复印件,接受社会监督,并起宣传作用。	竣工后,建设单位或者个人应当就建设工程是否符合乡村建设规划许可的内容,向核发乡村建设规划许a证的有关部门申请核实。

5.4.2 乡村建设规划许可的上海做法

2020 年上海市规划和自然资源局发布了《上海市乡村建设项目规划资源审批制度改革实施细则(试行)》(简称《实施细则》),首次明确了乡村建设项目的审批事项、流程、要件,优化简化审批环节,填补了长期以来乡村地区建设项目管理的相对空白,提高了项目实施效率,有利于进一步落实国土空间管制、加快推进乡村振兴战略实施。

《实施细则》明确集体土地上的建设用地使用、经营性建设用地入市、农户建房等项目作为乡村建设项目审批;将原用地预审、选址意见书或核定规划条件合并为"规划土地意见

175

书"一个事项；将建设工程设计方案、建设工程规划许可证、建设用地批准书合并为"乡村建设规划许可证"一个事项；小型乡村公益项目可免审批或下沉审批权到乡镇；开工放样可采用备案承诺制；结合信息化建设，全部报审、审批、归档、发件均在网上电子化办理，提高审批效率。

《实施细则》印发后，规范了乡村建设项目落地，缩短了审批时限，减少了审批沟通成本，又提升了乡镇发展的自主性和灵活性，与当前乡村地区建设发展的诉求不谋而合，有效提升了项目实施效率。

5.4.3 村民住宅建设规划许可证办理流程

 1.书面申请

符合宅基地申请条件的农户，以户为单位向所在村民小组提出宅基地和建房（规划许可）书面申请

 2.村民小组讨论公示

村民小组收到申请后，应提交村民小组会议讨论，将申请理由、拟用地位置和面积、拟建房层高和面积等情况在本小组范围内公示。公示无异议或异议不成立的，村民小组将农户申请、村民小组会议记录等材料交村级组织审查

 3.村级审查

村级组织重点审查提交的材料是否真实有效、拟用地建房是否符合村庄规划、是否征求了用地建房相邻权利人意见等。审查通过的，由村级组织签署意见报送乡镇政府。

没有分设村民小组或宅基地和建房申请等事项已统一由村级组织办理的，农户直接向村级组织提出申请经村民代表会议讨论通过并在本集体经济组织范围内公示后，由村级组织签署意见，报送乡镇政府

 4.乡镇受理审核

乡镇政府要探索建立一个窗口对外受理、多部门内部联动运行的农村宅基地用地建房联审联办制度，方便农民群众办事。

农业农村部门负责审查申请人是否符合申请条件、拟用地是否符合宅基地合理布局要求和面积标准、宅基地和建房（规划许可）申请是否经过村组审核公示等，并综合各部门意见提出审批建议；自然资源部门负责审查用地建房是否符合国土空间规划、用途管制要求，其中涉及占用农用地的，应在办理农用地转用审批手续后，核发乡村建设规划许可证；涉及林业、水利、电力等部门的要及时征求意见

 5.乡政府审批

根据各部门联审结果，由乡镇政府对农民宅基地申请进行审批，出具《农村宅基地批准书》

 6.县级政府备案

乡镇要建立宅基地用地建房审批管理台账，有关资料归档留存，并及时将审批情况报县级农业农村、自然资源等部门备案

 7.宅基地申请审查到场

收到宅基地和建房（规划许可）申请后，乡镇政府要及时组织农业农村、自然资源部门实地审查申请人是否符合条件、拟用地是否符合规划和地类等

 8.批准后丈量批放到场

经批准用地建房的农户，应当在开工前向乡镇政府或授权的牵头部门申请划定宅基地用地范围，乡镇政府及时组织农业农村、自然资源等部门到现场进行开工查验，实地丈量批放宅基地，确定建房位置

 9.住宅竣工后验收到场

农户建房完工后，乡镇政府组织相关部门进行验收，实地检查农户是否按照批准面积、"四至"等要求使用宅基地，是否按照批准面积和规划要求建设住房，并出具《农村宅基地和建房（规划许可）验收意见表》

 10.申请办理不动产登记

通过验收的农户可以向不动产登记部门申请办理不动产登记

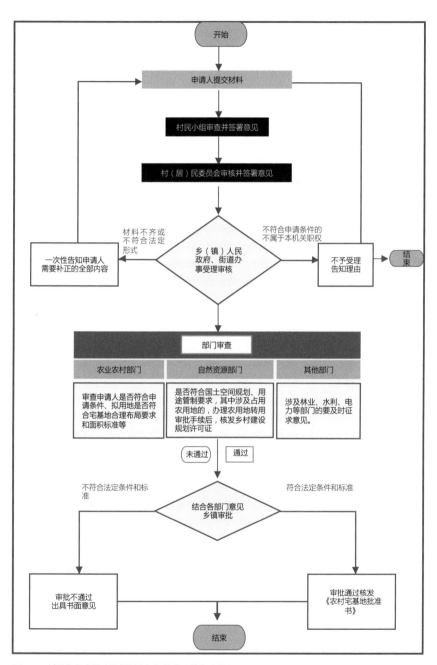

图 5-12 村民住宅乡村建设规划许可证核发—外部流程图

■ 第 5 章参考文献

[1] 张佰林, 姜广辉, 曲衍波. 乡村振兴战略下农村居民点用地功能: 分化与更新 [M]. 北京: 知识产权出版社, 2019.

[2] 张佰林, 钱家乘, 蔡为民. 论农村居民点用地混合利用的研究框架 [J]. 自然资源学报, 2020, 35 (12): 2929-2941.

[3] 农业农村部农村合作经济指导司. 农村宅基地管理法律政策问答 [Z].2021.

[4] 中国城市规划学会. 特色田园乡村建设指南 T/UPSC 004-2021[S], 2021.

[5] 广西壮族自治区自然资源厅关于加强和规范乡村建设规划许可管理工作的通知.

[6] 上海市规划和自然资源局关于印发《上海市乡村建设项目规划资源审批制度改革实施细则 (试行)》的通知.

[7] 农业农村部, 自然资源部《关于规范农村宅基地审批管理的通知》(农经发〔2019〕6 号).

第6章

产业布局规划

CHAPTER SUMMARY

章节概要

产业是村庄存在的根本载体，是推动村庄发展演变的核心因素。本章重点介绍 "多规合一"实用性村庄规划中村庄产业发展的要素构成、关系要点、发展方向、发展思路、项目策划、空间布局、用地管控、集体经营性建设用地等内容，梳理村庄产业发展脉络、明确村庄产业影响因子、预判村庄产业发展趋势、提出村庄产业发展策略，分类分阶段指引村庄产业发展路径，为实用性村庄规划产业规划布局提供借鉴参考。本章节试图回答规划师在编制过程中遇到的以下疑问：

· 在调研过程中村庄产业现状要素、特征、潜力如何挖掘？

· 村民和政府的产业发展需求应如何回应？

· 村庄产业与区域产业如何统筹？

· 村庄产业发展思路、发展模式、产业体系、项目策划、产品体系等如何量体裁衣？

· 村庄产业发展用地如何保障？用地如何管控？

· 村庄产业如何运营，何如盈利，村民如何收益？

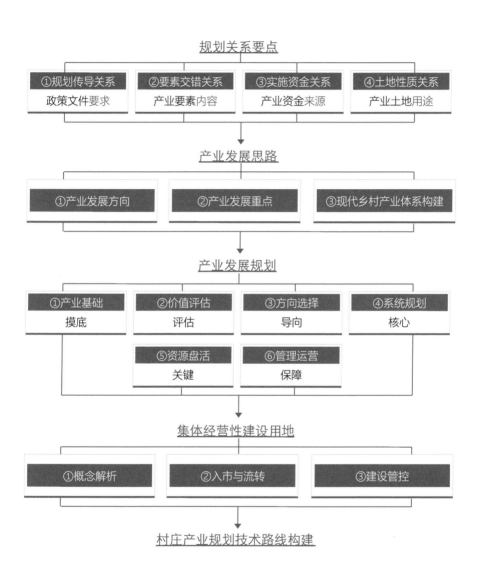

规划关系要点

①规划传导关系	②要素交错关系	③实施资金关系	④土地性质关系
政策文件要求	产业要素内容	产业资金来源	产业土地用途

产业发展思路

①产业发展方向	②产业发展重点	③现代乡村产业体系构建

产业发展规划

①产业基础	②价值评估	③方向选择	④系统规划
摸底	评估	导向	核心

⑤资源盘活	⑥管理运营
关键	保障

集体经营性建设用地

①概念解析	②入市与流转	③建设管控

村庄产业规划技术路线构建

逻辑体系 LOGICAL SYSTEM

图 6-1 村庄产业布局规划逻辑体系图

6 产业布局规划

INDUSTRIAL LAYOUT PLANNING

■ 6.1 规划关系要点

乡村产业是乡村振兴的重要基础,是解决农村一切问题的前提。村庄产业发展面临着在地性和外部性诸多因素的影响和制约,本节尝试理清乡村产业发展的关系要点,梳理乡村产业发展的政策文件传导关系、产业要素交错关系、用地利用供应关系、产业经营主体关系以及空间风貌管控关系,为编制村庄规划提供前提导向,为乡村产业发展面临的共同困惑提供解答参考。

6.1.1 规划传导关系

1. 政策文件传导关系

通过梳理国家及各省对乡村产业发展的政策文件内容,梳理乡村产业发展自上而下的传导要求与内容,总结产业发展的共性传导内容与个性要求。政策文件类型可分为产业发展类、产业土地类政策。

（1）产业发展类政策

产业发展类政策文件梳理表   表 6-1

序号	发布时间	文件名称
1	2015 年 5 月	《全国农业可持续发展规划（2015—2030 年）》农计发〔2015〕145 号
2	2015 年 8 月	《关于加快转变农业发展方式的意见》国办发〔2015〕59 号
3	2015 年 10 月	《国务院办公厅关于促进农村电子商务加快发展的指导意见》国办发〔2015〕78 号
4	2015 年 12 月	《国务院办公厅关于推进农村一二三产业融合发展的指导意见》国办发〔2015〕93 号
5	2016 年 12 月	《国务院办公厅关于进一步促进农产品加工业发展的意见》国办发〔2016〕93 号
6	2017 年 9 月	《国务院办公厅关于加快推进农业供给侧结构改革大力发展粮食产业经济的意见》国办发〔2017〕78 号
7	2018 年 4 月	《农业农村部 财政部发布 2018 年财政重点强农惠农政策》
8	2018 年 9 月	《农业农村部办公厅 乡村振兴科技支撑行动实施方案》
9	2018 年 10 月	《国家农村产业融合发展示范园认定管理办法（试行）》
10	2018 年 12 月	《农业农村部 发展改革委 科技部 工业和信息化部 财政部 商务部 卫生健康委 市场监管总局 银保监会关于进一步促进奶业振兴的若干意见》
11	2019 年 1 月	《关于有效发挥政府性融资担保基金作用切实支持小微企业和"三农"发展的指导意见》国办发〔2019〕6 号
12	2019 年 2 月	中共中央办公厅 国务院办公厅印发《关于促进小农户和现代农业发展有机衔接的意见》
13	2019 年 6 月	《国务院关于促进乡村产业振兴的指导意见》国发〔2019〕12 号
14	2020 年 4 月	《农业农村部关于加快农产品仓储保鲜冷链设施建设的实施意见》
15	2020 年 6 月	农业农村部 国家发展改革委 教育部 科技部 财政部 人力资源和社会保障部 自然资源部 退役军人部 银保监会 《关于深入实施农村创新创业带头人培育行动的意见》

序号	发布时间	文件名称
16	2020 年 7 月	《农业农村部办公厅关于国家农业科技创新联盟建设的指导意见》
17	2020 年 7 月	农业农村部关于印发《全国乡村产业发展规划（2020-2025 年）》的通知 农产发〔2020〕4 号
18	2020 年 7 月	农业农村部办公厅等部门关于印发《中国特色农产品优势区管理办法（试行）》的通知
19	2020 年 9 月	《国务院办公厅关于促进畜牧业高质量发展的意见》 国办发〔2020〕31 号
20	2021 年 1 月	《中共中央国务院关于全面推进乡村振兴加快农业农村现代化的意见》
21	2021 年 5 月	农业农村部办公厅 国家乡村振兴局综合司关于印发《社会资本投资农业农村指引（2021 年）》的通知
22	2021 年 9 月	《关于印发全国特色小镇规范健康发展导则的通知》 发改规划〔2021〕1383 号
23	2022 年 3 月	文化和旅游部 教育部 自然资源部 农业农村部 国家乡村振兴局 国家开发银行关于推动文化产业赋能乡村振兴的意见 文旅产业发〔2022〕33 号

（2）土地利用类政策

土地利用类政策文件梳理表 表 6-2

序号	发布时间	文件名称
1	2017 年 1 月	《中共中央国务院出台关于加强耕地保护和改进占补平衡的意见》
2	2017 年 12 月	《关于深入推进农业供给侧结构性改革做好农村产业融合发展用地保障的通知》国土资规〔2017〕12 号
3	2018 年 7 月	财政部《关于印发跨省域补充耕地资金收支管理办法和城乡建设用地增减挂钩节余指标跨省域调剂资金收支管理办法的通知》 财综〔2018〕40 号
4	2018 年 12 月	农业农村部 国家发展改革委 财政部 中国人民银行 国家税务总局 国家市场监督管理总局《关于开展土地经营权入股发展农业产业化经营试点的指导意见》 农产发〔2018〕4 号
5	2019 年 2 月	《中国银保监会办公厅 自然资源部办公厅 关于延长农村集体经营性建设用地使用权抵押贷款工作试点期限的通知》银保监办发〔2019〕27 号
6	2019 年 9 月	《中央农村工作领导小组办公室 农业农村部关于进一步加强农村宅基地管理的通知》 中农发〔2019〕11 号
7	2019 年 11 月	《自然资源部关于加强规划和用地保障支持养老服务发展的指导意见》 自然资规〔2019〕3 号
8	2019 年 12 月	《自然资源部 农业农村部关于设施农业用地管理有关问题的通知》自然资规〔2019〕4 号
9	2020 年 3 月	国务院《关于授权和委托用地审批权的决定》 国发〔2020〕4 号
10	2020 年 7 月	自然资源部 农业农村部《关于保障农村村民住宅建设合理用地的通知》 自然资发〔2020〕128 号
11	2020 年 9 月	《关于调整完善土地出让收入使用范围优先支持乡村振兴的意见》
12	2020 年 9 月	《国务院办公厅关于坚决制止耕地"非农化"行为的通知》 国办发明电〔2020〕24 号
13	2021 年 6 月	中华人民共和国农业农村部令 2021 年第 1 号《农村土地经营权流转管理办法》
14	2021 年 12 月	自然资源部 农业农村部 国家林业和草原局关于严格耕地用途管制有关问题的通知 自然资发〔2021〕166 号

各省村庄规划编制指南中对村庄产业规划的内容要求均涉及以下方面：

（1）对接上位规划，提出村庄产业发展类型及主导产业；

（2）合理布局一二三产用地，合理选址养殖设施类项目；

（3）明确经营性建设用地布局，提出其用地规模、用途、强度、负面清单等内容；

（4）鼓励新产业新业态发展。

2. 省级—市县级—镇（乡）级—村级产业规划内容传导

通过梳理省级、市县级、乡镇级国土空间规划以及村庄规划中产业规划的内容，明确各级上位规划中对产业的关注重点，分析上位规划到村庄规划的传导路径及主要内容，作为村庄产业发展明确上位国土空间规划的依据。

产业传导内容	省级	市县级	乡镇级	村级
01 发展方向	落实国家主体功能区要求	落实省级主体功能区要求	落实县级主体功能区要求及县域产业布局	落实乡镇级村庄分类要求，确定主导产业
02 空间布局	划分政策单元，优化农业生产结构和布局	优化农业生产布局融合城乡发展空间提出乡村分类分区	优化镇乡产业用地布局，分类引导村庄产业发展	划定三产功能分区确定生产用地布局
03 用地要求	宏观调控，红线管控，合理分配	分区分类引导功能用途管控	重点用地规模确定城乡产业用地	各类经营性用地布局、用途、范围、规模、权属等
04 项目选址	省级重大项目选址乡村产业引导策略	市县级重点项目选址乡村产业项目分类引导	重点项目选址原则	项目准入门槛、项目选址要求、项目负面清单
05 用地指标	统筹地市建设指标分配	统筹乡镇建设指标分配	统筹乡村重点产业及项目指标分配	存量挖掘，集约高效

图 6-2 村庄产业传导关系示意图

省—市县—镇（乡）—村级国土空间规划对产业内容的要求　　　　　表 6-3

国土空间规划层级	产业规划内容	传导内容（省级—市县—乡镇—村）	内容确定主要依据
省级	①落实全国国土空间规划纲要确定的国家级主体功能区。各地可结合实际，完善和细化省级主体功能区，按照协调定位划分政策单元，确定协调引导要求，明确管控导向； ②将全国国土空间规划纲要确定的耕地和永久基本农田保护任务严格落实，确保数量不减少、质量不降低、生态有改善、布局有优化。以水平衡为前提，优先保护平原地区水土光热条件好、质量等级高、集中连片的优质耕地，实施"小块并大块"，推进现代农业规模化发展；在山地丘陵地区因地制宜发展特色农业； ③综合考虑不同种植结构水资源需求和现代农业发展方向，明确种植业、畜牧业、养殖业等农产品主产区，优化农业生产结构和空间布局	①市县层面关注省级主体功能区的加分（主体功能区最小划分单元为县级）； ②市县层面严格落实永久基本农田及耕地的保护要求； ③市县层面落实省级产业分区、空间布局、重点项目； ④市县级层面落实层级层面的建设指标	省级国土空间规划编制指南

184

国土空间规划层级	产业规划内容	传导内容（省级—市县—乡镇—村）	内容确定主要依据
市县级	①落实主体功能定位，明确空间发展目标战略； ②保障农业发展空间：优化农业（畜牧业）生产空间布局，引导布局都市农业，提高就近粮食保障能力和蔬菜自给率，重点保护集中连片的优质耕地、草地，明确具备整治潜力的区域，以及生态退耕、耕地补充的区域，沿海城市要合理安排集约化海水养殖和现代化海洋牧场空间布局； ③融合城乡发展空间：围绕新型城镇化、乡村振兴、产城融合，明确城镇体系的规模等级和空间结构，提出村庄布局优化的原则和要求。完善城乡基础设施和公共服务设施网络体系，改善可达性，构建不同层次和类型、功能复合、安全韧性的城乡生活圈； ④对乡村地区分类分区提出特色保护、风貌塑造和高度控制等空间形态管控要求，发挥田野的生态、景观和空间间隔作用，营造体现地域特色的田园风光	①乡镇层面落实县级的主体功能区发展要求； ②乡镇层面落实县级产业分区及发展方向； ③乡镇层面落实城乡融合要求； ④乡镇层面支撑县级重点产业项目的落位； ⑤乡镇层面落实县级层面的建设指标	市县级国土空间规划指南
乡镇级	①乡镇域。按照发展定位以及自身资源特色，结合上级规划要求，统筹城乡产业发展，优化城乡产业布局，落实"不少于10%建设用地指标重点保障乡村重点产业和项目用地"的要求，合理保障农村新产业新业态发展用地，推动巩固拓展脱贫攻坚成果同乡村振兴有效衔接。以提质增效和坡耕地结构调整为重点，大力发展农业特色优势产业，提高产出率和收益率； ②充分利用农村现状集体经营性建设用地，在村庄建设用地规划范围内，优先将腾退的宅基地等闲散建设用地规模，集中用于乡村产业发展。除少量农产品生产加工外，一般不在农村地区安排新增工业用地； ③乡镇政府驻地。结合资源禀赋、产业特点，合理确定工业用地规模及布局，引导工业向城镇开发边界内集中集聚、规模化发展	①村级层面落实乡镇对村庄分类发展的要求； ②村级层面落实乡镇重点产业项目； ③村级层面落实乡镇产业准入清单要求以及项目选址要求	贵州省、四川省、湖南省等乡镇国土空间总体规划编制技术指南
村级	①落实县级、乡镇级上位规划关于产业布局的引导，结合村庄的资源特色突出村庄产业发展的思路、策略和主导产业类型； ②合理划定村庄一二三产业功能分区，结合当地实际选择合适的农林牧渔产业，合理确定生产用地布局； ③合理划定经营性建设用地布局。包括商业服务业用地、工业生产及其相应附属设施用地、用于物资储备、中转的场所及其相应附属设施； ④涉及集体经营性建设用地的，应明确保留、新（扩）建或拆除集体经营性建设用地的范围、规模和权属；明确规划集体经营性建设用地的用地类型、范围、面积； ⑤提出村庄产业准入负面清单； ⑥提出各类建设项目的选址原则； ⑦有必要的应提出建设用地的容积率、建筑限高、出入口位置、建筑退线等提出管控要求	村庄产业重点传导以下几个方面： ①村级产业规划要遵循上位规划的村庄发展类型的要求； ②村级产业规划要关注上位规划对村庄建设指标的要求； ③村级产业规划要符合上位规划的项目选址要求； ④村级产业规划要符合上位规划确定相关建设用地强度的要求	各省村庄规划编制导则

6.1.2 要素交错关系

1. 村庄产业要素交错关系

村庄产业发展是在多要素聚集、交错下的结果；从各要素在乡村生产活动中的功能作用视角来看，村庄产业要素可划分为本底要素、核心要素、驱动要素、管理要素。

（1）本底要素，是指村庄产业发展的基础条件和必备要素，是构成产业活动的基本条件，主要包括资源环境和基础设施。

（2）核心要素，是指产业活动开展的核心主体——人。从广义上讲，随着农业生产经营活动的多元化，对乡村生产活动起主导作用的主体不限于单个的自然人，而是拓展为包括农户、专业大户、家庭农场、农民专业合作社、农业企业等在内的多元经营主体 [1]。同时，乡村范围内的多元经营主体，以乡村资源环境和聚居社区为基础，围绕特定的生产方式、生活方式，形成地域特色鲜明的道德情感、社会心理、风俗习惯、行为方式等，经过长期的积累与沉淀逐渐固化，便衍生出了乡村文化 [2]。乡村文化一旦形成，便通过作用于乡村经营主体的价值认知和意识形态，通过文化认同对乡村生产活动产生作用 [3]。所以村庄经营主体和乡村文化构成了村庄产业发展的核心要素。

（3）驱动要素，是指推动村庄产业发展的外部动力，主要通过外部条件赋能乡村产业，实现外部能量转化，来促进产业发展。主要包括信息、资本、技术、市场等要素。

（4）管理要素，不同层级对乡村发展的管理要素要求始终贯穿于村庄产业发展的全过程，对村庄产业的发展水平、规模、程度起着重要作用，主要包括制度和政策。

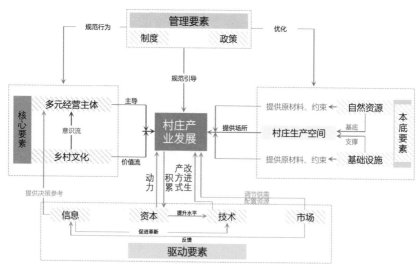

图 6-3 村庄产业要素交错关系示意图

产业要素	要素分类	内容	作用
本底要素	资源环境	资源环境是乡村生产活动的本底,一定区域内乡村资源环境在数量上和种类上的有限性以及分布上的地域性构成了该区域乡村生产空间系统特有的资源环境约束,如地质条件、水文条件、土壤条件、生态环境等(周明茗等,2019)	村庄产业发展的基础条件
	基础设施	现代乡村生产活动离不开道路系统、农田水利、电力供给等基础设施的支撑,它们不仅可以通过影响生产要素投入结构促进农业增产、降低生产成本,更是乡村生产空间系统维持生产功能、可持续发展的必备条件(朱晶等,2016)	村庄产业发展的支撑条件
核心要素	经营主体	从广义上讲,随着农业生产经营活动的多元化,对乡村生产活动起主导作用的主体不限于单个的自然人,而是拓展为包括农户、专业大户、家庭农场、农民专业合作社、农业企业等在内的多元经营主体(宋洪远等,2015)	村庄产业发展的核心主体,是主导要素
	乡村文化	乡村文化伴随乡村生产活动的始终,其本身既是条件也是结果。特别是在现代乡村生产活动中,文化已经成为极为重要的价值元素,文化景观的塑造与文化产业的挖掘正逐渐成为乡村生产空间系统新的价值增长点(周明茗等,2019)	作用于经营主体的观念、认知等方面
驱动要素	信息	信息普遍存在于乡村生产活动的各个环节,它的主要功能是消除不确定性以提供辅助决策。信息的交互与融合已成为推进乡村生产空间系统技术进步、生产力革新、经营方式创新的重要平台	村庄产业发展的媒介与新兴业态平台
	资本	资本是促进传统农业向现代农业、知识农业转变发展不可或缺的要素之一,它既作为重要的生产要素参与乡村生产,亦是生产成果的最终体现形式。从某种层面上讲,乡村生产的最终目的也是实现资本的积累(周小斌等,2003;王劲屹,2018)	村庄产业发展的最终目的
	技术	技术则是提高生产效率、提高产品质量、降低生产成本必不可少的要素,科学技术的创新从根本上决定着乡村产业发展的速度和质量(王雅鹏等,2015)	村庄产业发展的质量、速率、成本的决定因子
	市场	市场调节着农产品或相关服务的供需平衡,通过对空间经济运动日益增强的吸纳力量,使之逐渐成为乡村内部和乡村之间以及乡村和城市之间经济运动的联系纽带,推动着乡村生产空间系统中各类资源和生产要素的配置和利用(周明茗等,2019)	村庄产业发展的调节器
管理要素	制度	是乡村生产活动必须遵循的准则或行为规范,构成乡村生产空间系统的运行轨道,乡村生产活动的一切行为必须处于制度轨道之上,不能脱离或逾越,如土地供应制度、用途管制制度、基本农田保护制度等	村庄产业发展的限制性因素
	政策	政策是管理者为实现一定目的而制定的具体措施,一般来说,政策不得逾越制度的框架,并为制度服务,如用地保障政策、财政支农政策、产业促进政策等	村庄产业发展的引导性因素

2. 我国乡村产业空间系统演进历程

以生产力和生产关系的演变为主线,结合农业农村制度变迁、工农城乡关系演变、农业生产组织形式及生产方式转变等特征,对我国乡村生产空间系统的演进历程进行梳理,大致经历了土地改革运动时期、农业合作化运动时期、人民公社化运动时期和家庭联产承包责任制时期 4 个时期[4]。

我国乡村生产空间系统的演进历程一览表　　　　表6-5

发展时期	发展阶段	土地制度	经济体制	城乡关系	经营主体	产业结构	政策导向
土地改革运动时期（1949-1952年）	——	农民所有农民经营	计划经济	城乡互助互惠，商品、资金和劳动力等生产要素可以自由流动	农户	以种植业为主的单一产业结构形态	耕者有其田，农业自给自足
农业互助合作运动时期（1953-1957年）	——	集体所有集体经营	计划经济	限制农村劳动力、资本、土地等生产要素向城市流动，城乡二元结构初步形成	农业合作社	以种植业为主的单一产业结构形态	统购统销，为工业化提供资本积累
人民公社化运动时期（1958-1977年）	——	集体所有集体经营	计划经济	城乡分割的二元户籍制度确立，城乡二元结构固化，城乡差距趋高	人民公社	以种植业为主的单一产业结构形态	一大二公，进一步为工业奠定基础
家庭联产承包责任制时期（1978至今）	第一阶段（1978-1991年）	集体所有农户自主经营	计划、市场双规制	城乡二元关系缓和，城乡要素、产品流通逐渐频繁	农户、乡镇企业	农林牧副渔并举，农村第二、三产业开始涌现	高产，农业市场化
	第二阶段（1992-2002年）	集体所有农户自主经营	市场经济	城乡发展不对等，城市化迅速推进，乡村发展滞后	农户为主，沿海少数地区开始出现专业大户、家庭农场等新型经营主体	第一产业为主，第二、三产业快速发展	高产、优质、高效
	第三阶段（2003-2011年）	集体所有多元经营	市场经济	城乡统筹发展	农户、专业大户、家庭农场、农民专业合作社、农村企业等多元经营主体并存	三产同步	保农、增收、减负，实现农业农村全面发展
	第四阶段（2012年至今）	集体所有多元经营	市场经济	城乡融合发展	多元分化加速、新型农业经营体系开始萌芽	三产融合	乡村全面振兴，农业强、农村美、农民富

3. 乡村产业发展类型及要素

"产业兴旺"是乡村振兴战略的核心和基石，产业发展也是乡村振兴和繁荣的关键点。巩固一产、提质二产、做优三产、融合发展是目前乡村产业发展基本路径；本节根据《国民经济行业分类》GB/T 4754—2017梳理村庄产业类型，明确乡村产业发展的全要素内容。

（1）乡村第一产业

一产是村庄发展的基础产业，一般来说，也是村庄的主导产业。村庄第一产业是指各类水生、土生等农业原始产品，如粮农、菜农、棉农、猪农、豆农、渔民、牧民、瓜农、茶农，以利用生物的自然生长和自我繁殖的特性，人为控制其生长和繁殖过，生产出人类所需要的不必经过深度加工就可消费的产品或工业原料的一类行业。

（2）乡村第二产业

二产是村庄发展的支撑产业，也是一二三产业融合发展的重要环节，可以延长农产品产业链，提升农产品价值。村庄第二产业包括能源与采矿、建筑业、制造业等。

（3）乡村第三产业

三产是村庄发展的驱动产业，是乡村生产力提高和社会发展的必然结果，也是一二三产业融合发展的核心触媒。村庄第三产业包括流通、服务两大类。

6.1.3 实施资金关系（钱从哪来）

1. 政策导向

2021 年以来，人民银行、银保监会发布两个关于乡村振兴的文件，一个是联合六部委发布《关于金融支持新型农业经营主体发展的意见》。另一个是《金融机构服务乡村振兴考核评估办法》。从 2021 年中央 1 号文件后，两个文件快速精准指向具体操作层面。乡村振兴战略在全国拉开序幕，资金和资源将更多导向农村农业去，农业现代化将是继城镇化进程后高质量发展阶段的投融资阵地。本节根据最新政策精神，梳理乡村振兴实施资金来源，总结乡村振兴融资方向和模式。

乡村振兴实施资金政策梳理 　　　表 6-6

发布时间及文件名称	融资方式	内容及要求
2022 年 02 月 22 日，中共中央 国务院《关于做好 2022 年全面推进乡村振兴重点工作的意见》	方式 1：财政资金	继续把农业农村作为一般公共预算优先保障领域，中央预算内投资进一步向农业农村倾斜，压实地方政府投入责任
	方式 2：信贷	加大支农支小再贷款、再贴现支持力度，支持各类金融机构探索农业农村基础设施中长期信贷模式
	方式 3：抵押融资	稳妥有序推进农村集体经营性建设用地入市。推动开展集体经营性建设用地使用权抵押融资
2021 年 1 月 4 日，中共中央国务院《关于全面推进乡村振兴加快农业农村现代化的意见》	方式 1：私募基金	发挥财政投入引领作用，支持以市场化方式设立乡村振兴基金，撬动金融资本、社会力量参与，重点支持乡村产业发展
	方式 2：财政资金	继续把农业农村作为一般公共预算优先保障领域。中央预算内投资进一步向农业农村倾斜
	方式 3：一般债和专项债	支持地方政府发行一般债券和专项债券用于现代农业设施建设过和乡村建设行动
	方式 4：贷款体系产品	县域金融机构支农支小再贷款、新型农业经营主体和农村新产业新业态，增加首贷、信用贷、农户小额信用贷款、保单质押贷款、农机具和大棚设施抵押贷款业务、基建中长期信贷
	方式 5：土地出让收入	制定落实提高土地出让收益用于农业农村比例考核办法，确保按规定提高用于农业农村的比例

续表

发布时间及文件名称	融资方式	内容及要求
2021年4月29日，《中华人民共和国乡村振兴促进法》	建立乡村振兴基金	国家支持以市场化方式设立乡村振兴基金，重点支持乡村产业发展和公共基础设施建设
2021年5月25日，人民银行 中央农办 农业农村部 财政部 银保监会 证监会联合发布《关于金融支持新型农业经营主体发展的意见》	方式1：贷款系类产品	银行业金融机构要为符合条件的新型农业经营主体提供免担保的信用贷款支持、积极推广农村承包土地的经营权抵押贷款、积极开展新型农业经营主体"首贷"、无还本续贷业务
	方式2：债务融资工具	支持优质农业产业化龙头企业发行非金融企业债务融资工具，募集资金用于支持新型农业经营主体等涉农领域发展。鼓励地方建立完善新型农业经营主体发债项目库
	方式3：基金、PPP、股权上市融资	支持各类社会资本在依法合规前提下，通过注资、入股、人才和技术支持等方式，支持新型农业经营主体发展。支持符合条件的涉农企业在主板、中小板、创业板、科创板及新三板等上市和挂牌融资
	方式4：供应链金融产品	创新订单、仓单、存货、应收账款融资等供应链金融产品
2021年5月7日，农村农业部、国家乡村振兴局关于印发《社会资本投资农业农村指引(2021年)》的通知（农办计财〔2021〕15号）	方式1：PPP模式	创新政府和社会资本合作模式
	方式2：资产证券化	鼓励社会资本探索通过资产证券化、股权转让等方式，盘活项目存量资产，丰富资本进入退出渠道
	方式3：乡村振兴基金	设立政府资金引导、金融机构大力支持、社会资本广泛参与、市场化运作的乡村振兴基金
	方式4：片区开发融资：探索区域整体开发模式	因地制宜探索区域整体开发模式，统筹乡村基础设施和公共服务建设、高标准农田建设、集中连片水产健康养殖示范建设、产业融合发展等进行整体化投资，建立完善合理的利益分配机制

2. 主要融资模式

（1）贷款

人民银行、银保监会的《金融机构服务乡村振兴考核评估办法》下发后，各银行将会加大贷款发放规模，满足考评要求。涉农贷款将竞争激烈，尤其是龙头类企业主体、项目现金流较好项目将是营销争夺的重点。

（2）PPP模式

创新政府和社会资本合作模式。鼓励信贷、保险机构加大金融产品和服务创新力度，配合财政支持农业农村重大项目实施，加大投贷联动、投贷保贴一体化等投融资模式探索力度。积极探索农业农村领域有稳定收益的公益性项目，推广政府和社会资本合作（PPP）模式的实施路径和机制，让社会资本投资可预期、有回报、能持续，依法合规、有序推进政府和社会资本合作。鼓励各级农业农村部门按照农业领域政府和社会资本合作相关文件要求，对本地区农业投资项目进行系统性梳理，筛选并培育适于采取 PPP 模式的乡村振兴项目，优先支持农业农村基础设施建设等有一定收益的公益性项目。

（3）标准化产品

主要是鼓励的是 ABS（资产支持证券）和债务融资工具。ABS 从农业产业链角度，对产业链上产供销各方及核心企业进行需求分析，提供应收账款作为基础资产的产品，但是符合条件的基础资产也不多。

（4）政府一般债和专项债

政府一般债是指某一国家中有财政收入的地方政府、地方公共机构发行的债券；地方政府债券一般用于交通、通信、住宅、教育、医院和污水处理系统等地方性公共设施的建设。政府专项债是指为了筹集资金建设某专项具体工程而发行的债券。专项债券（收益债券）和一般债券（普通债券）的区别是：前者是指为了筹集资金建设某专项具体工程而发行的债券，后者是指地方政府为了缓解资金紧张或解决临时经费不足而发行的债券。

（5）私募股权投资基金

相比其他融资方式，私募股权基金的优势在于投资资本金，解决其他融资的前期资金问题，需求层面和产品灵活性是很高的。同时，在债务融资和间接融资转向股权融资和直接融资的趋势下，市场化私募股权基金变得尤为重要。

6.1.4 土地性质关系

村庄产业用地有效供给是保障村庄产业发展的前提条件，是产业项目落地的必要条件。根据国家及各省出台的政策文件精神，梳理不同产业类型的供地要求，为村庄规划中产业空间布局、产业类型选择以及供地审批手续做好前期铺垫，以更好地落实耕地保护、生态保护、产业发展的要求，增强村庄产业项目策划及落地的可行性与合理性。

根据《国土空间调查、规划、用途管制用地用海分类指南（试行）》，梳理村庄土地利用类型，并结合村庄产业发展类型，理出不同土地性质适合发展的产业类型。

村庄用地类型与适用产业关系一览表　　　表 6-7

一级类		二级类		三级类		适用产业类型	规划许可要点
代码	名称	代码	名称	代码	名称		
01	耕地	0101	水田			主要用于种植粮食作物	坚决制止各类耕地"非农化"行为，坚决守住耕地红线；严格落实耕地保护政策
		0102	水浇地				
		0103	旱地				
02	园地	0201	果园			果蔬种植、林下经济、旅游等	在满足项目选址原则的条件下依法办理农转手续
		0202	茶园				
		0203	橡胶园				
		0204	油料园地				
		0205	其他园地				

191

续表

一级类		二级类		三级类		适用产业类型	规划许可要点
代码	名称	代码	名称	代码	名称		
03	林地	0301	乔木林地			林下经济、适度旅游	在生态红线中的严格落实其保护管控制度；在生态红线外的原则保护，确实需要占用的按照流程依法上报林草部门
		0302	竹林地				
		0303	灌木林地				
		0304	其他林地				
04	草地	0401	天然牧草地			畜牧养殖、适度旅游	严格落实生态红线保护要求以及基本草原的管控要求
		0402	人工牧草地				
		0403	其他草地				
05	湿地	0501	森林沼泽			旅游、种植、畜牧、水产养殖、航运，应当避免改变湿地的自然状况，并采取措施减轻对湿地生态功能的不利影响	严格遵守《中华人民共和国湿地保护法》
		0502	灌丛沼泽				
		0503	沼泽草地				
		0504	其他沼泽地				
		0505	沿海滩涂				
		0506	内陆滩涂				
		0507	红树林地				
06	农业设施建设用地	0601	农村道路	060101	村道用地	—	产业发展的支撑
				060102	田间道		
		0602	设施农用地	060201	种植设施建设用地	设施种植、设施养殖和设施食用菌等	设施农业属于农业内部结构调整，可以使用一般耕地，需落实耕地进出平衡
				060202	畜禽养殖设施建设用地		
				060203	水产养殖设施建设用地		

一级类		二级类		三级类		适用产业类型	规划许可要点
代码	名称	代码	名称	代码	名称		
07	居住用地	0703	农村宅基地	070301	一类农村宅基地	兼容商业	计划指标单列，加强规划管控，统一落实耕地占补平衡
				070302	二类农村宅基地		
		0704	农村社区服务设施用地				
09	商业服务业用地	0901	商业用地	090101	零售商业用地	零售商业、批发市场、餐饮、旅馆、金融服务、娱乐、康体、旅游等	执行村庄建设用地的管理标准
				090102	批发市场用地		
				090103	餐饮用地		
				090104	旅馆用地		
				090105	公用设施营业网点用地		
		0902	商务金融用地				
		0903	娱乐用地				
		0904	其他商业服务业用地				
10	工矿用地	1001	工业用地	100101	一类工业用地	—	按照工业选址政策法规布局与管控
				100102	二类工业用地		
				100103	三类工业用地		
		1002	采矿用地				
		1003	盐田				
11	仓储用地	1101	物流仓储用地	110101	一类物流仓储用地	—	按照仓储用地政策法规布局与管控
				110102	二类物流仓储用地		
				110103	三类物流仓储用地		
		1102	储备库用地				
16	留白用地						

一级类		二级类		三级类		适用产业类型	规划许可要点
代码	名称	代码	名称	代码	名称		
17	陆地水域	1701	河流水面				严格落实生态保护红线保护要求，以及生态用地和各类专项条例内容
		1702	湖泊水面				
		1703	水库水面				
		1704	坑塘水面				
		1705	沟渠				
		1706	冰川及常年积雪				
18	渔业用地	1801	渔业基础设施用海			渔业生产	加强水生生物资源养护
		1802	增养殖用海				
		1803	捕捞海域				
		1804	农林牧业用岛			农、林、牧业生产活动	
21	游憩用海	2101	风景旅游用海			旅游业	
		2102	文体休闲娱乐用海				
23	其他土地	2301	空闲地				
		2302	后备耕地				
		2303	田坎				
		2304	盐碱地				
		2305	沙地				
		2306	裸土地				
		2307	裸岩石砾地				

■ 6.2 产业发展思路

乡村产业发展应立足乡村资源禀赋优势，适应城镇化、工业化、信息化等的大趋势，结合国家乡村振兴战略导向与产业发展的政策需求，判断乡村产未来发展方向和关注重点，并以构建现代乡村产业体系为目标，探索一二三产业融合发展路径及模式。

6.2.1 乡村产业发展方向

结合 2022 年《中共中央 国务院关于做好 2022 年全面推进乡村振兴重点工作的意见》（简称《意见》），以及各部门对乡村产业的政策文件要求，立足乡村产业发展现状，以市场需求为导向，梳理以下乡村产业发展方向。

1. 集体经营性建设用地入市模式探索将成热点

《意见》重点强调"深化农村土地制度改革"，在"三个坚持"（坚持农村土地集体所有、不搞私有化；坚持农地农用、防止非农化；坚持保障农民土地权益）的前提下，放开"两个允许"（允许承包土地的经营权担保融资——方便抵押贷款；允许在县域内开展全域乡村闲置校舍、厂房、废弃地等整治——盘活土地资源），推进"两个加快"（加快宅基地使用权确权登记颁证工作，2020 年基本完成；加快推进农村集体经营性资产股份合作制改革），完成"一个推开"（全面推开农村土地征收制度改革和农村集体经营性建设用地入市改革）。根据各省村庄规划导则内容，将集体经营性建设用地入市作为村庄规划的重点内容，所以，集体经营性建设用地入市的探索势在必行；另外需要注意的是允许入市的只是农村集体经营性建设用地，必须在符合规划和用途管制的前提下，农村集体的经营性建设用地才可以出让、租赁、入股，并不是说所有的农村建设用地都可以自由入市。

2. 乡村产业走 IP 化创新之路势在必行

加快发展乡村特色产业，倡导"一村一品""一县一业"，鼓励乡村创响一批"土字号""乡字号"特色产品品牌。"一村一品""一县一业"为旅游主题化做背书，"土字号""乡字号"的要求即是乡土 IP 的要求。通过主题包装、IP 化造势是产业型乡村文旅振兴项目的重要途径，通过 IP 形象设计、农礼文创研发、旅游商品包装等一系列手段讲好特色产业故事、做好 IP 推广，对实现乡村特色高识别度、强竞争力、高附加值具有积极的推动作用。

3. 以旅游为导向升级配套设施或将更为符合乡村现实

除了资源活用痛点之外，基础设施升级是中国乡村普遍存在的另一痛点，尤其是文旅进入乡村，基础设施升级要求则更为急迫。提出"扎实地推进乡村建设"中，更是重点强调了"深入学习推广浙江'千村示范、万村整治'工程经验，全面推开以农村垃圾污水治理、厕所革命和村容村貌提升为重点的农村人居环境整治。"为乡村发展带来利好，文旅型乡村项目可通过旅游的方式创新污水处理、乡村道路建设、乡村厕所革命、村容更新等实际问题，既是保存乡村个性、避免村城雷同大修大建的有效途径，也是乡村建设更为实际的操作办法。

4. 乡村文化振兴为文旅介入乡村带来多种可能性

"加强农村精神文明建设""支持建设文化礼堂、文化广场等设施，培育特色文化村镇、村寨。"直接表明国家对于乡村文化建设的重视，基于对乡村在地文化的保护、再塑造和传播等一系列的期望，从村史馆、乡村博物馆建设，到非遗传承体验，到文化景观、特色建筑营造、生活方式呈现、文创商品的研发等环节会有更多更优的可能性，未来诗意的乡村景观＋舒适的建筑空间＋有灵魂的文化内容或是文旅型乡村的基本配置。

5. 乡村产业业态进一步扩展，为创新乡村产品模式提供了灵感

充分发挥乡村资源、生态和文化优势，发展适应城乡居民需要的休闲旅游、餐饮民宿、文化体验、健康养生、养老服务等产业。乡村即将摆脱民宿＋采摘的简单模式，乡村可接受的产业业态将进一步扩大和增多，活跃在城市、特色小镇、旅游景区的休闲业态、文化体验、新型服务将走进乡村，这将对乡村产品营造提供启发灵感，从而带动人才返乡。同时结合集体经营性建设用地入市条件的放宽，乡村有可能会形成与城市不同的综合性文旅目的地。

6. 数字乡村与智慧农业革新的实现更为现实和可行

实施数字乡村战略，扩大农业物联网示范应用，开发适应"三农"特点的信息技术、产品、应用和服务，全面推进信息进村入户。相比于之前对数字乡村、智慧乡村的呼吁，此次文件的提出更具有现实性和可能性。当前，我国正处在信息化与农业农村现代化的历史交汇期，实施乡村振兴战略必须紧紧抓住信息化带来的重大历史机遇，深刻认识到实施数字乡村战略是历史与现实的必然选择，实施数字乡村战略要符合"网络强国＋乡村振兴""数字中

国＋乡村治理""数字经济＋共同富裕"的要求，坚持走中国特色数字乡村发展之路。

中央网信办、农业农村部、国家发展改革委、工业和信息化部、国家乡村振兴局联合印发《2022年数字乡村发展工作要点》，重点提出10个方面的内容要求。一是构筑粮食安全数字化屏障；二是持续巩固提升网络帮扶成效；三是加快补齐数字基础设施短板；四是大力推进智慧农业建设；五是培育乡村数字经济新业态；六是繁荣发展乡村数字文化；七是提升乡村数字化治理效能；八是拓展数字惠民服务空间；九是加快建设智慧绿色乡村；十是统筹推进数字乡村建设。

6.2.2 明确乡村产业发展重点

1. 现代种养业

支持社会资本发展规模化、标准化、品牌化和绿色化种养业，推动品种培优、品质提升、品牌打造和标准化生产，助力提升粮食和重要农产品供给保障能力。

①粮食——巩固主产区粮棉油糖胶生产，推进国家粮食安全产业带建设。支持大豆油料生产基地建设，支持玉米大豆带状复合种植，发展旱作农业，加强智能粮库建设。

②蔬菜——加强蔬菜（含食药用菌）生产能力建设，大力发展温室大棚、集约养殖、水肥一体、高效节水等设施农业。

③畜禽——鼓励发展工厂化集约养殖、立体生态养殖等新型养殖设施。支持稳定生猪基础产能，推进标准化规模养殖；加快发展草食畜牧业，扩大基础母畜产能，稳步发展家禽业，加强奶源基地建设。

④饲料——支持建设现代化饲草产业体系，推进饲草料专业化生产。

⑤水产——鼓励发展水产绿色健康养殖，发展稻渔综合种养、大水面生态渔业和盐碱水养殖。支持深远海养殖业发展，发展深远海大型智能化养殖渔场，推动海洋牧场、远洋渔业基地建设。

⑥食物——支持大食物开发，保障各类食物有效供给。

2. 现代种业

①鼓励社会资本投资创新型种业企业，扶优扶强种业企业，推进科企深度融合，支持种业龙头企业健全商业化育种体系，提升商业化育种创新能力，提升种业竞争力。

②引导参与现代种业自主创新能力提升，推进种源等农业关键核心技术攻关。

③加强种质资源保存与利用、育种创新、品种检测测试与展示示范、良种繁育等能力建设，促进育繁推一体化发展，建立现代种业体系。

④在严格监管、风险可控的基础上，鼓励社会资本积极参与生物育种产业化应用。

⑤创新推广"龙头企业＋优势基地"模式，支持社会资本参与国家南繁育种基地等制种基地建设与升级，加快制种大县和区域性良繁基地建设。

⑥鼓励社会资本参与建设国家级育种场，完善良种繁育和生物安全防护设施条件，推进国家级水产供种繁育基地建设。

3. 乡村富民产业

①鼓励社会资本开发特色农业农村资源，支持农业现代化示范区主导全产业链升级，积极参与建设现代农业产业园、优势特色产业集群、农业产业强镇、渔港经济区，发展特色农

产品优势区，发展国家农村产业融合发展示范园，支持建设"一村一品"示范村镇。

②鼓励企业到产地发展粮油加工、农产品初加工、食品制造。支持发展特色优势产业，发展绿色农产品、有机农产品和地理标志农产品,支持拓展农业多种功能、挖掘乡村多元价值。

③建设标准化生产基地、集约化加工基地、仓储物流基地，完善科技支撑体系、生产服务体系、品牌与市场营销体系、质量控制体系，建立利益联结紧密的建设运行机制。

④巩固提升脱贫地区特色产业，鼓励有条件的脱贫地区发展光伏产业。

⑤因地制宜发展具有民族、文化与地域特色的乡村手工业，发展一批家庭工厂、手工作坊、乡村车间。

⑥加快农业品牌培育，加强品牌营销推介，鼓励社会资本支持区域公用品牌建设，打造一批具有市场竞争力的农业企业品牌。

4. 农产品加工流通业

①鼓励社会资本参与粮食主产区和特色农产品优势区发展农产品加工业，提升行业机械化、标准化水平。

②鼓励发展冷藏保鲜、原料处理、分级包装等初加工，到产地发展粮油加工、农产品加工、食品制造等精深加工，在主产区和大中城市郊区布局中央厨房、主食加工、休闲食品、方便食品、净菜加工等业态。

③鼓励参与农产品产地、集散地、销地批发市场、田头市场建设，完善农村商贸服务网络。

④加强粮食、棉花、食糖等重要农产品仓储物流设施建设，建设一批贮藏保鲜、分级包装、冷链配送等设施设备和田头小型仓储保鲜冷链设施。

⑤鼓励有条件的地方建设产地冷链配送中心，打造农产品物流节点，发展农超、农社、农企、农校等产销对接的新型流通业态。

⑥鼓励发展生鲜农产品新零售。支持冷链物流企业做大做强，支持大型流通企业以县城和中心镇为重点下沉供应链，促进农村客货邮融合发展。

5. 乡村新型服务业

①鼓励社会资本发展休闲观光、乡村民宿、创意农业、农事体验、农耕文化、农村康养等产业，做精做优乡村休闲旅游业。

②支持挖掘和利用农耕文化遗产资源，发展乡村特色文化产业，培育具有农耕特质的乡村文化产品，大力开发乡宿、乡游、乡食、乡购、乡娱等休闲体验产品，建设农耕主题博物馆、村史馆，传承农耕手工艺、曲艺、民俗节庆，促进农文旅融合发展。

③鼓励发展生产性服务业，引导设施租赁、市场营销、信息咨询等领域市场主体将服务网点延伸到乡村。

④引导采取"农资＋服务""农机＋服务""科技＋服务""互联网＋服务"等方式，发展农业生产托管服务，提供市场信息、农技推广、农资供应、统防统治、深松整地、农产品营销等社会化服务。

⑤鼓励社会资本拓展生活性服务业，改造提升餐饮住宿、商超零售、电器维修、再生资源回收和养老护幼、卫生保洁、文化演出等乡村生活服务业。

6. 农业农村绿色发展

①鼓励社会资本积极参与建设国家农业绿色发展先行区，支持参与绿色种养循环农业试点、畜禽粪污资源化利用、养殖池塘尾水治理、农业面源污染综合治理、秸秆综合利用、农膜农药包装物回收行动、病死畜禽无害化处理、废弃渔网具回收再利用，推进农业投入品减量增效，加大对收储运和处理体系等方面的投入力度。

②鼓励投资农村可再生能源开发利用，加大对农村能源综合建设投入力度，推广农村可再生能源利用技术，提升秸秆能源化、饲料化利用能力。

③支持研发应用减碳增汇型农业技术，探索建立碳汇产品价值实现机制，助力农业农村减排固碳。

④参与长江黄河等流域生态保护、东北黑土地保护、重金属污染耕地治理修复。

7. 农业科技创新

①鼓励社会资本创办农业科技创新型企业，参与农业关键核心技术攻关，开展全产业链协同攻关。

②鼓励聚焦生物育种、耕地质量、智慧农业、农业机械设备、农业绿色投入品等关键领域，加快研发与创新一批关键核心技术及产品，开展生物育种、高端智能农机、丘陵山区农机、大型复合农机和产业急需农民急用的短板机具、渔业装备、绿色投入品、环保渔具和玻璃钢等新材料渔船等的研发创新、成果转化与技术服务，提升装备研发应用水平。

③鼓励参与农业领域国家重点实验室等科技创新平台基地建设，参与农业科技创新联盟、国家现代农业产业科技创新中心等建设，促进科技与产业深度融合。

④支持农业企业牵头建设农业科技创新联合体或新型研发机构，加强农业科技社会化服务体系建设，完善农业科技推广服务云平台。

⑤引导发展技术交易市场和科技服务机构，提供科技成果转化服务，加快先进实用技术集成创新与推广应用。

8. 农业农村人才培养

①支持社会资本参与农业生产经营人才、农村二三产业发展人才、乡村公共服务人才、乡村治理人才、农业农村科技人才、乡村基础设施建设和管护人才等培养。

②鼓励依托原料基地、产业园区等建设实训基地，依托信息、科技、品牌、资金等优势打造乡村人才孵化基地。

③鼓励为优秀农业农村人才提供奖励资助、技术支持、管理服务，促进农业农村人才脱颖而出。

9. 农业农村基础设施建设

①支持社会资本参与高标准农田建设、中低产田改造、耕地地力提升、盐碱地开发利用、农田水利建设，农村产业路、资源路、旅游路建设，通村组路硬化，丘陵山区农田宜机化改造，农房质量安全提升，农村电网巩固，农村供水工程建设和小型工程标准化改造，太阳能、风能、水能、地势能、生物质能等清洁能源建设，以及乡村储气罐站和微管网供气系统建设。

②立足乡村现有基础扎实稳妥推进乡村建设，协调推进农村道路、供水、乡村清洁能源、数字乡村等基础设施建设。

③在有条件的地区推动实施区域化整体建设，推进田水林路电综合配套，同步发展高效节水灌溉。

④鼓励参与渔港和避风锚地建设，协同推动乡村基础设施建设和公共服务发展。

10. 数字乡村和智慧农业建设

①鼓励社会资本参与建设数字乡村和智慧农业，推进农业遥感、物联网、5G、人工智能、区块链等应用，推动新一代信息技术与农业生产经营、质量安全管控深度融合，促进信息技术与农机农艺融合应用，提高农业生产智能化、经营网络化水平。

②支持参与数字乡村建设行动，引导平台企业、物流企业、金融企业等各类主体布局乡村。

③鼓励参与农业农村大数据建设，拓展农业农村大数据应用场景，加强农产品及农资市场监测和分析预警，为新型农业经营主体、小农户提供信息服务。

④鼓励参与农村地区信息基础设施建设，助力提升乡村治理、社会文化服务等信息化水平。

⑤鼓励参与"互联网＋"农产品出村进城工程建设，推进优质特色农产品网络销售，促进农产品产销对接。支持数字乡村标准化建设，加强农村信用基础设施建设，推动遥感卫星数据在农业农村领域中的应用，健全农村信息服务体系。

⑥鼓励建设数字田园、数字灌区和智慧农（牧、渔）场，借力信息技术赋能乡村公共服务，推动"互联网＋政务服务"向乡村延伸覆盖。

11. 农村创业创新

①鼓励社会资本投资建设返乡入乡创业园、农村创业创新园区和农村创业孵化实训基地等平台载体，加强各类平台载体的基础设施、服务体系建设，推动产学研用合作，激发农村创业创新活力。

②鼓励联合普通高校、职业院校、优质教育培训机构等开展面向农村创业创新带头人关于创业能力、产业技术、经营管理方面的培训，建设产学研用协同创新基地，规范发展新就业形态，培育发展家政服务、物流配送、养老托育等生活性服务业，促进农民就地就近就业创业。

12. 农村人居环境整治

①支持社会资本参与农村人居环境整治提升五年行动。

②鼓励参与农村厕所革命、农村生活垃圾治理、农村生活污水治理等项目建设运营，健全农村生活垃圾收运处置体系，加强村庄有机废弃物综合处置利用设施建设。

③鼓励参与村庄清洁和绿化行动。推进农村人居环境整治与发展乡村休闲旅游等有机结合。

13. 农业对外合作

①鼓励社会资本参与农业对外经贸合作，支持企业在"一带一路"共建国家开展粮、棉、油、糖、胶、畜、渔等生产加工、仓储物流项目合作，建设境外农业合作园区。

②鼓励围绕粮食安全、气候变化、绿色发展等领域，积极参与全球农业科技合作，参与农资农机、农产品加工流通，农业信息等服务走出去，带动相关领域产能合作。

③鼓励参与农业国际贸易高质量发展基地、农业对外开放合作试验区等建设，创新农业经贸合作模式，对接有关规则标准，培育出口农产品品牌，建设国际营销促销网络，培育农业国际竞争新优势。

6.2.3 构建现代乡村产业体系

1.构建现代乡村产业发展体系的基础

（1）建立城乡要素双向流动机制

土地、劳动力、技术以及资本构成了乡村经济发展的必备要素。长期以来，乡村生产要素"单向流入"城市，"乡村反哺城市"的现象持续存在，这除了过去城乡二元结构的影响外，乡村土地要素与人口要素绑定固化也在一定程度上制约了乡村农业规模化发展的空间。随着乡村振兴战略的提出和实施，以及城市反哺乡村的趋势越发明显的背景下，通过体制机制改革以及政策力度支持实现城乡要素双向流动、融合发展势在必行。

乡村土地要素的活化是实现"城乡要素双向流动"的核心内容。通过土地政策调整和土地制度的三权分置改革，实现了集体土地经营权的活化利用；通过村庄建设用地整理，整理出可利用的建设用地，并采取入股、联营等方式，重点支持乡村休闲、旅游、养老等产业和农村三产融合发展，吸引包括涉农龙头企业、合作社和家庭农场等生产经营主体的加入，这些经营主体的加入将带来先进的资本；通过对土地要素的松绑还会带来其他生产要素的城乡互动，人地关系松动的速度与节奏将加快，土地流转带来的财产性收入将成为农民收入的重要增量构成；经营性建设用地入市带来集体收益增加形成的示范效应可加速土地流转进程从而促进乡村一二三产业融合发展。[5]

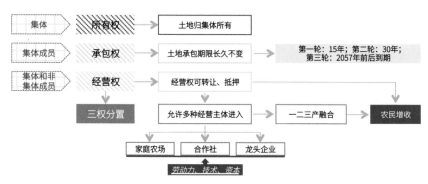

图 6-4 土地要素活化示意图

（2）统筹兼顾培育新型农业经营主体

1）扶持小农户

中共中央办公厅 国务院办公厅印发《关于促进小农户和现代农业发展有机衔接的意见》，明确当前和今后很长一个时期，小农户家庭经营将是我国农业的主要经营方式，要认清这种经营形态的国情农情，在鼓励发展多种形式适度规模经营的同时，完善针对小农户的扶持政策，加强面向小农户的社会化服务，把小农户引入现代农业发展轨道。逐步建立起信息化农业服务平台，汇聚农业全产业链资源加以打造和整合，通过上游产品和技术资源提供包括土壤改良、全程作物营养解决方案、农机供给及农机手代收代种、农业金融等服务。联合下游产品经销商实现产销对接，保障并拓展农产品销路，破解农产品难卖和卖价低等难题，为小农户提供诸如从种到收的全方位的农业服务。

2）培育新型农业经营主体

与扶持传统小农户相对应，培育新型农业经营主体（包括：专业大户、家庭农场、农民合作社、农业产业化龙头企业），发挥他们在农业生产经营、社会化服务等多领域、多层面的带动引领作用是我国未来形成新型农业体系的基础。尽管相关研究发现对新型农业经营主体的培育有诸多对弱势群体、小规模农户的负面影响，但稳健推进新型农业经营主体的培育和成长，以土地要素集中和规模化为主线的农业适度规模经营依然是乡村振兴、农业现代化发展的主要抓手。目前，对新型经营主体的政策支持体系已经初步建立并正在逐步完善之中，一批与"互联网＋"紧密结合、以知识化的现代职业农民为代表的各类新型经营主体正成为现代乡村产业体系构建的中坚力量。[5]

（3）通过合理土地资本化盘活农村土地资产

所谓土地资本化就是利用法律和经济等手段，优化配置农村土地资源，使农村土地参与到市场经济中，在生产、分配等流通环节中实现土地增值的一个过程。农村土地分为农用地、集体建设用地及未利用土地。对于农用地的资本化，是从农村承包经营权的三权分置改革中，赋予其融资担保权等权利；农村集体建设用地，包括宅基地、集体经营性建设用地、公益性公共设施用地，将通过土地征收制度改革、与国有土地同权同价等方式让农民享受到土地增值收益。2018 年中央农村经济工作会议中强调"实施乡村振兴战略，必须大力推进体制机制创新，强化乡村振兴制度性供给。要以完善产权制度和要素市场化配置为重点，激活主体、激活要素、激活市场，着力增强改革的系统性、整体性、协同性。"随着农用地和宅基地三权分置试点的扩大和全面铺开，农村土地、宅基地投资权益的适度资本化已经成为目前最重要的农业融资工具，是农村土地红利释放的制度性保证。[5]

（4）加快基础设施赋能乡村产业升级

乡村农业生产质量要求的提高、规模化生产推广农业与二三产业融合的加深，对道路、物流、互联网等基础设施建设的要求也随之提升，综合考虑产业发展需求以及政策导向，农村公路、供水、供气、环保、电网、物流、信息、广播电视等农业、农村基础设施将提档升级，成为乡村振兴的重要发力点。

2. 以农业产业联合体推动产业规模化发展

农业产业化联合体是指龙头企业、农民合作社和家庭农场等新型农业经营主体以分工协作为前提，通过建立紧密的利益联结机制，形成完善的契约网，将不同经营主体紧密地联结在一起，形成以规模经营为依托，以产业、要素、利益联结为纽带的一体化农业经营组织联盟。最具代表性的是龙头企业打造的"土地＋种子＋化肥＋农药＋农技＋农机＋收购＋加工＋营销＋资讯＋金融"的一体化综合服务商，借助其规模优势、资金优势、品牌优势和技术优势，为小农户提供诸如农资供应、农技服务、物流配送、农产品购销、农村金融等服务，在实现企业、农民、社会三方共赢的基础上，有助于拉长农业产业链，推进农村一二三产业融合，把农业做强做大，培养农民真正成为专业化的新型农业经营主体，从而拓宽增收致富的渠道，也促进了农业行业的产业升级和市场集中度的加速提升。

图 6-5 农业产业联合体发展路径示意图

3. 打造农业全产业链运作模式提高农业产业整体竞争力

从农业全产业链来看，主要分为四个部分：上游的种子、化肥、农药等农资购销；中游的耕、种、收等田间作业和管理；下游粮食的烘干、仓储、物流、贸易和加工；为产业链服务的信贷、保险等金融服务，信息服务和农业基础设施建设。在这种产业化经营模式下，相关产业链在采购、物流、销售、服务等环节相互配合发挥协同优势，凭借这种纵向打通、横向协同的整体优势，控制关键环节和终端出口，推动行业整合。

目前，以中粮集团为代表的企业在探索农业全产业链再造新模式的过程中，有两部分可以形成比较竞争优势：一个是中间环节的种植管理，其核心是做到高效率、低成本，释放种植利润；另一个是下游的流通销售环节，烘干、仓储等设施偏重资产，且只有有效掌握了下游的销售，才能有效驱动上游的资源整合和扩张。上游的农资端在整个产业链中壁垒较低，这主要是由于上游农资端分散以及缺少优势产品所致；而农业服务尤其是金融服务的开展有赖于从上而下形成的产业链闭环，而一旦形成闭环，供应链金融也就顺理成章了。当前，随着互联网在农业领域的不断渗透，"互联网＋农业"正通过产业链融合，改变着现代农业的技术供给和资源配置，形成了诸多的创新实践模式。

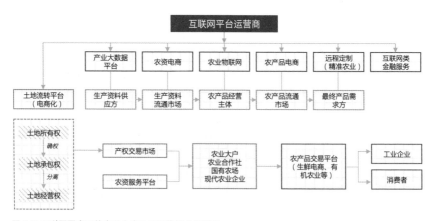

图 6-6 互联网平台下的农业全产业链运作模式示意图

4. 培育乡村产业新业态推动农文旅融合发展

实施乡村振兴战略离不开农业、农村新业态的培育。所谓农业新业态是指现代农业发展到一定阶段，通过产业创新和产业融合而产生的不同于传统业态的农业新型产业形态，最突出的特征表现为技术进步、农业多功能的拓展以及新要素价值的凸显。伴随乡村振兴战略逐步发力，打造集现代农业、休闲农业、田园生活于一体的新业态，成为农村发展新动能的重要来源。

（1）促进以"互联网＋农业"发展模式为核心的农业生产性服务业发展

所谓数字农业是在"互联网＋"的基础上，以技术突破、政策扶持、土地流转改革和新型经营主体崛起为主要驱动力，借力大数据、人工智能和物联网，从全产业链角度深化数字化改革趋势和力度，进一步提升产业链运营效率并优化资源配置效率的一种经济模式。

（2）以农旅融合为核心促进村庄旅游休闲产业发展

1）以生态资源为基础的村庄，在符合生态保护管控要求的前提下，结合当地旅游资源，将生态优势转化成为经济优势，积极探索发展符合村庄特色的生态旅游、文化旅游、康养度假等多种模式的服务活动，着力打造生态保护＋生态景观＋生态旅游＋生态农业的多元化产业格局，实现生态保护和经济发展有机结合，促进人居环境改善和生活质量提高。

2）具有文化资源价值的村庄，强调以文化特征为切入点，打造符合新时代气息的特色文化乡村品牌，增强村庄文化品牌输出力影响。传统村落、少数民族村寨、历史文化名村等重要传统文化载体，要加快改善村庄基础设施和公共环境，在符合文保要求的前提下合理开发利用特色文化资源，形成资源保护与村庄发展的良性机制。

3）通过培育休闲度假、观光游览、商务会展和创意文化等农旅融合新产业、新业态，促进农业产业链、价值链延伸，形成以龙头企业、新型经济组织带动的农旅全产业链发展模式。在市场需求的推动下形成布局科学、结构合理、特色鲜明、效益显著的庄园经济带，打造丰富的精品旅游线路，发展不同形式的农家乐，带动乡村经济稳步发展。

（3）构建以双向物流体系为核心的乡村网络零售业

建立城市—乡村双向物流网络，通过发展乡村生鲜物流，建立高效的冷链物流体系。首先，要提高农村的道路交通水平；其次，要建设专业化仓储、冷藏设施，有效衔接配送环节，提高农村双向电商物流的整体效率；推广应用冷藏保温仓储设施与低温物流箱等冷链物流设备，为农产品和部分工业品多温区存储、低温加工提供必要的设施基础，完善农产品冷链物流体系。

提高乡村信息化水平，提高互联网覆盖率，并开展信息技术培训，增加信息设备的投入和使用，加强商品交易、运输、仓储、配送全过程的监控与追踪。

6 | 产业布局规划
INDUSTRIAL LAYOUT PLANNING

■ 6.3 产业发展规划

通过产业发展政策以及发展思路的梳理，立足村庄产业基础条件，构建村庄产业发展规划框架，并通过产业基础摸底、产业价值评估、产业方向选择、产业系统规划、闲置资源盘活、产业运营管理6个方面的重点内容阐述产业规划的主要内容。

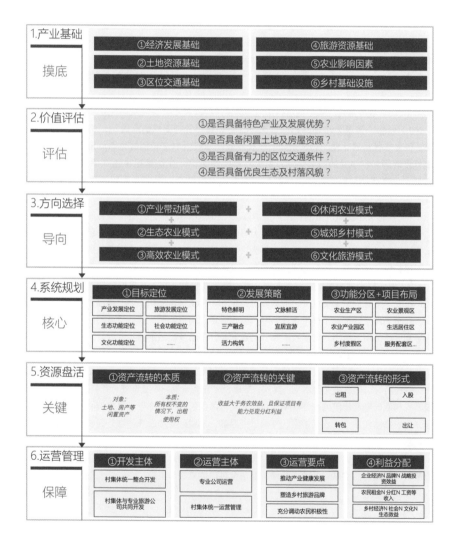

1.产业基础 / 摸底
①经济发展基础 / ④旅游资源基础
②土地资源基础 / ⑤农业影响因素
③区位交通基础 / ⑥乡村基础设施

2.价值评估 / 评估
①是否具备特色产业及发展优势？
②是否具备闲置土地及房屋资源？
③是否具备有力的区位交通条件？
④是否具备优良生态及村落风貌？

3.方向选择 / 导向
①产业带动模式 + ④休闲农业模式
②生态农业模式 + ⑤城郊乡村模式
③高效农业模式 + ⑥文化旅游模式

4.系统规划 / 核心
①目标定位：产业发展定位 / 旅游发展定位 / 生态功能定位 / 社会功能定位 / 文化功能定位 / ……
②发展策略：特色鲜明 / 文脉鲜活 / 三产融合 / 宜居宜游 / 活力构筑 / ……
③功能分区+项目布局：农业生产区 / 农业景观区 / 农业产业园区 / 生活居住区 / 乡村度假区 / 服务配套区

5.资源盘活 / 关键
①资产流转的本质：对象：土地、房产等闲置资产
②资产流转的关键：本质不变的情况下，出租使用权 / 收益大于务农效益，且保证项目有能力兑现分红利益
③资产流转的形式：出租 / 入股 / 转包 / 出让

6.运营管理 / 保障
①开发主体：村集体统一整合开发 / 村集体与专业旅游公司共同开发
②运营主体：专业公司运营 / 村集体统一运营管理
③运营要点：推动产业健康发展 / 塑造乡村旅游品牌 / 充分调动农民积极性
④利益分配：企业经济N 品牌N 战略投资效益 / 农民租金N 分红N 工资等收入 / 乡村经济N 社会N 文化N 生态效益

6.3.1 产业基础摸底

乡村现有土地、房屋、产业、自然人文等资源和所在区位、经济、社会等内外部基本条件，决定了乡村产业发展的核心导向。基于村庄资源禀赋、区位条件以及外部影响因素，从经济发展、土地资源、区位交通、旅游资源、农业因素、基础设施 6 个方面对村庄产业发展基础进行摸底。

村庄产业基础摸底要点一览表

表6-8

序号	摸底方向	要素构成	摸底内容	关注要点
1	经济发展基础	产业基础	现有核心产业及其他产业发展状况及产业结构	是否具有产业链优化、延伸势能及产业融合基础
		生产要素	商品、劳务、资本、信息、人才等资源状况	是否具备推动经济提质升级的发展活力
		泛参与者	村民、乡贤、村集体、合作社、开发商、地方及上级政府等参与主体发展诉求	是否能够充分调动各参与者能动性
2	土地资源基础	土地总面积	地块总面积决定了项目体量	是否具备合适的发展规模
		建设用地	商业及餐饮、旅馆等商业设施用地，娱乐、康体设施用地，度假村用地等旅游用地以及其他相关建设用地	是否能够保障投资大平衡
		农业用地	耕地、园地、林地、牧草地以及其他农用地	是否具有优渥的土地资源，核心产业是否能够向规模化、现代化、产业融合提质升级转化
		其他可以做休闲农业用地的土地	如农民自有住宅、闲置宅基地、农村集体建设用地、四荒地等	是否能够最大化利用项目地资源实现统筹发展（注：以农业为依托的休闲观光度假场所、各类庄园、酒庄、农家乐，以及各类农业园区中涉及建设永久性餐饮、住宿、会议、大型停车场、工厂化农产品加工、展销等用地，必须依法依规按建设用地进行管理，而非按农用地管理）
3	区位交通基础	大区位	地理区位、所处经济圈、比邻的客源市场等基本状况	是否具有优势距离、资源、市场基础
		大交通	铁路、公路、民航等交通资源	是否具备商贸物流条件及旅游可进入性
		小交通	村镇内部路网、道路硬化情况等	是否具备优良发展基本，是否需要升级

续表

序号	摸底方向	要素构成	摸底内容	关注要点
4	旅游资源	自然资源	地质、地貌、水文、动植物、生态等资源	是否具有良好生态基础及资源特色
		文化资源	遗址、遗迹、文物等历史文化遗产类景观，建筑、桥梁、公园、人造景观、博物馆等近现代人文吸引物，民俗、节庆、手工艺等非物质文化遗产等资源，历史故事、传说等文化脉络	是否具备地域性、独特性、传承性等可挖掘、演绎的价值
		建筑风貌	建筑形态、风格、材料、色彩、高度、密度及项目地村落原有空间肌理的适配度等特点	是否是风貌突出、特色鲜明的传统风格，是否具有一定的完整性，是否具有改造价值
		接待设施	停车场、酒店、饭店、公共厕所、医疗救护设施等基础旅游接待设施	是否充沛、卫生、安全，是否满足一定程度的接待档次
5	农业影响因素	自然条件	气候、水源、地形、土壤、热量、光照、温差等自然条件	是否满足当地现有农业发展，是否需要调整，是否有新增领域可能
		社会经济	市场需求、交通、国家政策、农业生产技术、工业基础、劳动力、地价水平	是否有利于地方农业产业结构升级
6	乡村基础设施	农业生产基础设施	现代化农业基地、农田水利建设、用材林生产基础和防护林建设、农业教育、科研、技术推广和气象基础设施等	是否充足完备，是否能够推动农村经济发展、促进农业和农村现代化，是否需要加大投入
		农村生活基础设施	饮水安全、农村沼气、农村道路、农村电力等基础设施建设	是否能够满足居民生活基本需要，是否需要加大投入
		社会发展基础设施	农村教育、文化、卫生、医疗、体育等设施	是否建设齐备，是否品质过硬，是否满足改善农民生活条件的要求，是否有利于促进农村生活软环境的发展，是否需要加大投入

6.3.2 产业价值评估

1. 是否具备特色产业及发展优势

乡村项目打造的成功关键在于能够创造长足、健康的经济效益，因而具备一定特色产业的村镇，或具备优良的资源、管理、环境、人才、文化、技术等方面的优势的村镇，更加具备发力基础，能够相对容易地通过产业链整合、产业结构升级，形成具有本地区特色及核心市场竞争力的产业或产业集群。

2. 是否具备闲置土地及房屋资源

通常来看，"空心村"或新村搬迁之后的废弃旧村往往具备更便捷的开发条件，因为闲置的农宅、土地等资源更容易进行资产流转，这将大大减少项目前期的工作难度。而未来乡村项目的成功打造，将既有利于避免闲置资源的浪费，又能使得偏僻、废置、无人居住的村落焕发新生。

3. 是否具备有利的区位交通条件

不论是农业产业规模化、结构化升级调整，还是农旅融合，都需要项目地具有优良的区位和交通条件，好的区位和交通代表了好的市场对接性和通达性，不仅有利于农副产品的贸易与流通，还有利于旅游市场的开拓与稳定发展。

4. 是否具备优良生态及村落风貌

乡村项目打造需要"三生空间优美"，"三生"即生产、生活、生态。生态环境优良、乡土风味浓郁、建筑风貌独特的村落，具备天然的、原生态的、保存良好的乡土气息、村落格局和建筑风格，能够称为项目"三生空间"打造的重要载体。

6.3.3 产业方向选择

根据地域特征、资源禀赋、区位条件以及市场需求，结合乡村产业兴旺的总体要求，以成功案例为参考借鉴，形成 6 个村庄产业发展方向。

村庄产业方向选择一览表　　　　　　　　　　　　　　　　　　表6-9

序号	产业方向	适用村镇	规划要点	可发展项目
1	产业带动式	以分布在东部沿海等经济相对兴旺地区、具有产业优势的乡村为主，此类乡村具有较好的特色产业基础，且产业化程度较高	根据每一个乡村的具体特征，以优势产业为依托，完善相关产业链，强化产业优势，加速产业带动效应。同时，若区域确有打造旅游吸引力的基础，也可以选择导入旅游业，发展休闲农业产业	三产融合产业园、农产品加工示范基地及其他产业化经营项目，即包括经济林及设施农业种植、畜牧水产养殖等种植养殖基地项目，储藏保鲜、产地批发市场等流通设施项目
2	生态农业式	主要针对自然条件良好的、有传统田园乡村风貌和地方特色的、有丰富的水资源和森林资源等自然及人文资源优势显著村镇	把生态资源优势变为经济优势，构建旅游引导的农业生态示范区，同时发展生态农业旅游放大经济效能	生态农庄、生态农业产业园项目、生态循环农业项目、生态农业观光项目等
3	高效农业式	适合分布在我国以发展农业作物生产为主、农业基础设施完善、农业机械化程度高、农产品商品化程度的农业主产区的村镇	打造"零废弃"型生态农业产业示范区，提高农业规模化运营程度，增加土地产出率	农业质量品牌提升工程、智慧农业示范区、农业开放合作示范工程等
4	休闲农牧式	分布在沿海和淡水水网渔区、牧区及半牧区及农林牧渔资源兴旺地区，以农林牧渔为主要传统产业的村镇	根据养殖要求，因地制宜地规划科学饲养的现代化牧区、渔区等养殖基地，有条件地区，可以核心特色产业及区域风貌为基础，发展旅游度假产业，规划适宜接待的主题度假区	休闲农业综合体、现代牧场/养殖基地，农牧循环示范项目，综合性海洋/农牧文化休闲度假区等

207

续表

序号	产业方向	适用村镇	规划要点	可发展项目
5	城郊乡村式	在城市周边的经济条件相对较好、公共基础设施相对完善的村镇	加大城乡融合发展力度，规划以优质乡村优质产品和乡村旅游度假为核心依托的新型城镇化，打造城郊新田园乡村社区示范项目	观光农庄、新农业科技开发示范园项目、田园风情度假区等
6	文化旅游式	在旅游资源丰富，交通便捷，距离城市较近的适宜发展乡村旅游的相关村镇，及具有古村落、古建筑、古民居以及传统文化等特色人文资源的村镇	基于区域资源条件及文化特色，以村落、郊野、田园等环境为依托，规划提升住宿、餐饮、休闲娱乐设施，并结合良好民风民俗文化以及非物质文化特色，打造乡村旅游度假区	田园综合体、乡村度假村、古村古镇、传统村落保护等项目

6.3.4 产业系统规划

1. 目标定位

根据资源、开发综合条件、开发价值判断设计合理的总体战略定位，将特色产业发展、旅游业融合发展、生态可持续发展、乡村社会生活提质升级、乡村文化传承与自信树立作为进行通盘考量，理性确定最科学的发展定位。

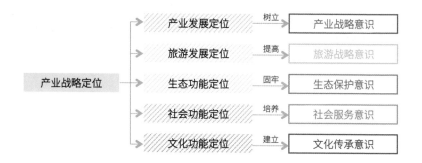

2. 发展策略

（1）特色鲜明——保持地域、产业、生态、风貌特色

1）保持鲜明的地域特色。针对山水资源丰富的地区，应体现"山谷""水乡""乡野"特色。针对文化资源丰富的地区，应体现特色"乡味""民俗"等地域特色。

➤ *规划要点：多用地方材料、符号，体现地域特色，注重整体格局和风貌的打造，格局自然，风貌整体和谐统一，体现特色。*

2）保持鲜明的产业特色。乡村土地肥沃，农、林、渔等传统农业资源丰富、具备一定产业基础，应当把所在地的产业优势糅合进去，着力培育支柱产业，或"农"或"林"或"渔"，形成自身的特色产业。

> *规划要点：产业规划与地域规划结合。*

3）保持鲜明的生态特色。乡村项目的打造，必须符合"现代化生态农村"的建设目标，必须保证在乡村自然区的生态涵养，注重生态农业基地的开发及绿色产业体系、乡村生活体系的打造等。

> *规划要点：景观多用自然，注重小品等景观打造。如在环境设计、建筑设计、资源的利用和保护、循环经济等方面都要注入"生态"理念。*

（2）文脉鲜活——保持乡土文化的原生性、鲜活性

1）提炼元素：所谓"原生性"和"鲜活性"，是指用独特的自然风貌、生活习俗和人的生产劳动等社会性生态元素，诠释项目地文化传统。可供挖掘的乡土文化十分丰富，如纺线、织布、蒸糕、做圆子等生活文化，土布服饰展示、传统婚庆仪式等民俗文化，推铁环、踩高跷等文化。

2）文化传承：对历史文化丰厚的项目地，应注重保护历史、传统文化，传承、挖掘文化要充分，形成乡村的文化认同。

3）品质提升：合理开发利用文化资源，系统打造，形成文化品牌，增强竞争软实力。

4）重塑精神：对于文化资源匮乏或是新建的项目，应注重文化培育和打造，在现有建设的基础上发展，逐步形成自身文化特色。

（3）三产融合——统筹区域产业规划保障发展动力

1）一二三产业融合：把农业、渔业、林业、商贸业，以及饮食等各类服务业的发展结合起来，全面规划，选择适合项目发展方向的产业做强做大，逐步发育成为乡村发展的有力支撑。

2）现有产业升级：在现有基础上发展产业，不要凭空创造和引进新的产业。

3）调整产业结构：发挥人气与资源集聚优势，拉动、促进乡村产业发展，完善产业结构，升级产业体系，延长产业链，构建合理的产业集群，打造竞争优势，扩大产业影响力，提升产业竞争力。

（4）宜居宜游——留住生产力，扩大消费吸引力

1）挖掘旅游题材：乡村项目的开发建设，旅游不是核心目的，但拥有一定的旅游功能作支撑，乡村发展将会更有生命力。可将山水风光、地形地貌、风俗风味、古村古居、人文历史等作为旅游题材。

2）打造共享配套：乡村项目的公共服务设施、基础设施建设除了满足基础生产、生活需求以外，还应做好三个服务：a.注重服务社会事业。设施建设要与镇区结合，共建共享，建设完善的服务体系，推动乡村整体经济社会可持续发展。b.注重服务经济发展。建立完善与经济社会发展相适应的服务体系，提升综合承载能力，成为整合资源、集聚创新、特色产业的"新载体"。c.注重服务周边村民。统筹布局、互联互通，完善补足城乡服务设施体系，促进服务设施向周边农村延伸。

3）留足发展空间：对接区域市场需求，尤其大城市周边，旅购产品策划考虑外溢的功能需求。

（5）活力构筑——聚集人气，防止空村鬼镇出现

1）打造活力型街区：要结合棚户区改造等，打造一些有活力的早餐、夜宵、娱乐等街区。

2）提升冬季的活力：北方地区项目选择考虑弥补气候条件等因素，积极发展全季节旅游，增加冬季项目。

3）注重夜经济打造：增加夜晚的商业和文化活力，打造具有魅力的夜色景观，增加乡村夜生活、夜消费活力。

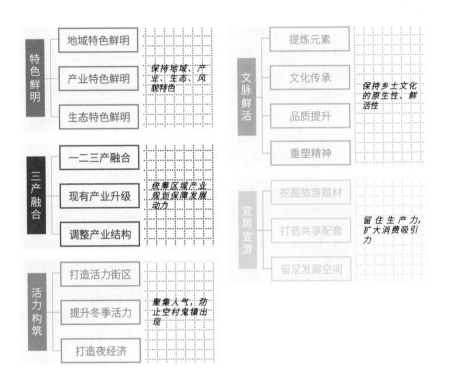

3. 功能分区 + 项目布局

农业生产区	农业景观区	现代农业产业园区	生活居住区
衍生产业区	产城一体服务配套区	乡村休闲度假区	农业科普教育及农事体验区

8个功能分区+分区项目策划

序号	功能分区	功能定位	规划要点	项目策划
1	农业生产区	田园农业生产的核心空间,是农业生产的主要功能分区,是为综合体发展和运行提供产业支撑和发展动力的核心区域	选在田间水利设施完善、田地平整肥沃、水利设施配套、田间道路畅通的区域进行规划建设,同时应结合我国特色农产品区域布局规划,遴选合适的种养品种,并且应当最大化地尊重地肌理,还应当尽量满足机械化种植的需求,充分考虑机耕道的要求与四季产业的耕作规划	农业生产区除了常规农作物种植、禽畜饲养等保障农业生产性基地、园区的建设外,还可以依托基地或园区特色开展生态农业示范、农业科普教育示范、农业科技示范、市民/团体认种田等项目
2	农业景观区	以田园景观、农业生产和优质农产品为基础的主题观光区域	以当地资源环境为基础,规划开发以特色园圃、现代农业设施、农产品展示、创意农业景观小品为特色景观要素的景观观光区,核心景观片区的规划布局要突出的景观主题,规划主题性景观及特殊的游览方式(线路、节点)	观赏型农田、名优瓜果园,观赏苗木、花卉展示、创意农业景观小品展示、湿地风光,山水风光等景观区
3	现代农业产业园区	农业产业链现代化延伸区域,以产业园区的方式发展现代化农业,实现农业现代化和规模化经营	现代农业产业园区通常根据项目方资本、技术、资源等基本条件,选择性规划发展循环农业、设施农业、特色农业、无土农业、外向型农业、休闲农业、创意农业等新型农业产业园,一般规模较大	现代农业产业园区可包括现代农业产业园、现代农业科技园、现代农业创业园等,主要从事种养殖生产,及农产品加工、推介、销售,农产品研发等,形成完整的产业链;也可包含部分农业科普教育及现代农业观光的内容,但应主要以农业生产为核心
4	生活居住区	城镇化主要功能部分核心承载片区,农民、工人、旅行者等人口相对集中的居住生活区域	规划适宜当地农民社区化居住生活、产业工人聚集居住生活、外来休闲旅游居住生活等3类人口相对集中的居住生活区域,打造新型乡村人口聚集区,保证乡村居民生活品质,吸引人口回流,促进乡村发展活力	根据实际及长期发展需求,建筑用地块特点,选择开发居住区、居住小区、居住组团等不同体量的片区
5	农业科普教育及农事体验区	承载农业文化内涵与教育功能重要区域	利用农业生产基地及相关设施、空间等规划打造农业科普教育与休闲务农体验为一体的活动区域,让游客深度了解乡村务农文化的核心内涵	规划专门片区,打造现代农业博物馆、现代农业示范区、传统农业体验区、动植物园、环境自然教育公园、市民农场、创意农业展示区、农牧体验园等
6	乡村休闲度假区	创意农业休闲片区是游人能够深入体验农业创意的特色生活空间	主要利用乡村的山地、森林、溪流、水库、湖泊、湿地、居民点及乡村文化等,开展各种各样的户外活动及娱乐活动	乡村自然游憩公园及户外运动公园:配置登山、徒步、山地自行车、漂流、野营、垂钓、划船、园艺、拓展各种文化娱乐活动等产品;乡村度假村:配置乡村文化民宿、乡村酒店、小木屋、别墅、农业庄园等,满足人们回归自然,归隐田园的需求

续表

序号	功能分区	功能定位	规划要点	项目策划
7	产城一体服务配套区	为农村、农民、农业，生产、生活提供服务和保障的核心区域	规划建设基础设施及公共服务设施。一方面服务于居住区内的居民、村民对医疗、教育、卫生、生产生活、休闲等基本生活需求，另一方面服务于农业、加工业、旅游休闲、商贸物流、乡村金融等产业发展需求	交通、给水排水、电力、电信、燃气、人防、综合防灾等基础设施；教育、医疗卫生、体育、社会福利与保障、邮政电信、乡村金融等公共服务设施
8	衍生产业区	乡村新型产业、高级发展模式试点区	在关注农业基础、关注农民利益的基础上，发展衍生特色产业，延伸产业链，打造多元产业融合	健康产业、养老产业、互联网农业、体育产业、影视产业、创意产业、科教产业、生态产业等

6.3.5 闲置资源盘活

盘活闲置资源包括土地、房屋等闲置资产流转，是获取乡村土地，房屋等资源的主要途径，是促进城乡要素流动的有效手段，也是乡村项目开发必须考虑的首要问题。农村闲置资产流转，有利于美丽乡村建设，有利于农村集体经济发展，有利于帮助农民增收。乡村闲置资产流转能够唤醒沉睡的闲置资产，发挥资产价值，进而实现一定收益。

1. 资产流转的本质

资产流转的本质是农民资产的使用权出租。当代乡村体系中，许多农民由于出外务工等原因离开本乡、本镇，造成拥有的土地、房屋等资产闲置浪费，土地、房屋资产的财产权、收益权得不到有效体现。

闲置资产流转，就是在资产所有权不变的情况下，通过出租其使用权来实现闲置资产的价值。即资产的所有权的权属不变，依然归农民所有，而流转只是将其资产的使用权进行出租、出让，农民作为资产的所有者，可以以租金、分红等方式获取收益。

2. 资产流转的关键

资产能否顺畅流转很大程度上取决于承租方的务农效益，因而，只有在充分尊重农民意愿的条件下，保障长足的经营效益，才能确保项目有能力兑现其对农民租金承诺及分红利益，才能够让农民自愿参与到资产的流转中来。

3. 资产流转的形式

[a] 出租]

出租是在一定期限内，农户与承租方之间的资产使用权转移，即农户作为出租方，自愿将全部或部分资产的一定期限内的使用权出租给承租方，承租方支付农户固定的收益。承包期限一般由双方协商确定，最长不超过承包合同的剩余期限。

流转步骤一般为村集体统一收购（收回）闲置资产；农户在获得一次性补偿后，自愿放弃土地、房屋等的使用权；承租人和村集体协商租赁价格、租期（一般是 20 年），并签订房屋租赁合同。

［ b｜入股 ］

农户将全部或部分资产的使用权作价为股份，与投资者的投资共同组成一个公司或经济实体，参与股份制或股份合作制经营，分红以入股的资产使用权为依据，按经营效益的高低确定分红数额。

［ c｜转包 ］

土地承包方将全部或部分承包地的使用权包给第三方，转包期限由双方协商确定，但不得超过土地承包合同的剩余期限，且转包方与发包方的原承包关系不变。

［ d｜出让 ］

取得一定量的土地补偿后放弃土地承包经营权剩余期限的形式。这种多是因公路、桥梁、公共设施、城镇建设、工商业发展等建设用地的需要，被政府征用土地的部分。这部分被征用了土地的农民，在按有关规定获得资金补偿后，就将土地使用权交给发包方或当地政府，从而再转交给建设方，承包方对这部分土地的使用权即行终止。

6.3.6 产业运营管理

1. 开发主体

［ a｜村集体统一开发 ］

村集体通过成立专业合作社，以自筹资金的形式，将村里闲置土地及房屋等资产流转过来，进行统一的整合开发。

➢ *开发主体：村集体成立专业合作社*

➢ *资金来源：自筹资金*

➢ *资产流转：对村内闲置房屋、土地等闲置资产进行流转*

➢ *开发经营：统一开发和经营管理*

［ b｜村集体与专业旅游公司共同开发 ］

村集体与专业的旅游开发公司合作，引入外来资金，对村里的闲置资产进行统一流转、整合开发与专业运营。

➢ *开发主体：村集体与专业旅游公司组成旅游合作社*

➢ *资金来源：外来资金引入*

➢ *资产流转：对村内闲置房屋、土地等闲置资产进行流转*

➢ *开发经营：统一开发和管理*

2. 运营主体

［ a｜专业运营管理公司 ］

在对闲置资产进行统一整理和开发的基础上，可以引进专业的酒店运营管理公司进行运营管理。这类公司对酒店有着专业的运营管理理念，可以有效、专业地管理乡村酒店，以获取相应的收益。

［ b｜村集体统一运营管理 ］

村集体可以通过合作社的形式，对乡村项目进行统一经营管理。由合作社统一进行结算，在利益分配上以逐年递增的形式，为入社的闲置农宅合作社农户分配红利和租金，从而防止恶性竞争。

3. 运营要点

[a l 推动产业健康发展]

经济是乡村振兴的命脉，产业是经济发展的核心抓手，具体运营过程中要注意夯实农业产业基础，做好资源、人才、土地、技术、资金、信息等必要生产要素的配置，推动农业产业链延伸，推动农旅融合，有条件的地区深入推进一二三产业融合布局，打好产业结构转型攻坚战。

[b l 塑造乡村旅游品牌]

运营管理过程中，有意识地进行度假品牌培育和塑造，力求以成功特色的项目开发，打造乡村旅游度假品牌，以完善的运营管理，塑造品牌并逐渐实现品牌延伸和品牌输出，在一定区域内进行品牌复制。

[c l 充分调动农民积极性]

一方面，让农民充分参与其中。优先考虑本地现有居民以及返乡居民就业，并积极组织农民培训，调动农民的积极性；项目开发充分利用乡村现有资源，在力求不改变居民生产生活方式的基础上，为农民带来收益。另一方面，让农民真正获得收益。从农民角度出发，制定切实能够满足农民利益的相关政策，进而激发农民参与旅游开发的热情。

4. 利益分配

[a l 企业——经济、品牌、战略投资效益]

乡村项目的成功开发建设，一方面可以获得应得的经济回报，另一方面，随着项目的投资、开发、运营管理及营销推广的系统化运作，会形成自身的度假品牌，在一定的区域内会逐渐形成品牌号召力，形成连锁运营模式，通过模式复制获取更大的品牌效益。

[b l 农民——租金、分红、工资等收入]

乡村项目中，农民是最直接的受益者，其收入来源主要分为三部分，即租金收入、分红收入及工资收入。

➤ *租金收入：农民将闲置土地（宅地）、房屋等资产以租赁的形式流转，果园、农园等的经营权也可一并外包，农民每年收取租金。*

➤ *分红收入：农民将闲置土地（宅地）、房屋等资产以入股的形式流转，果园、农园等的经营权也可一并入股，农民每年获得分红收益。*

➤ *工资收入：乡村项目的开发建设为当地居民提供了大量的就业机会，推动村民就地就业的进程。随着大量工作岗位的释放，如客房服务、安保巡逻、卫生保洁、农场耕作、果树管护等，为村里的原住居民和在外打工的农民提供就业岗位，成为挣工资的新型农民。*

[c l 乡村——经济、社会、文化、生态效益]

乡村项目的建设过程中，会同时推进乡村公共交通、供水供电、垃圾和污水处理、通信信息和劳动就业服务等体系的建设，推动乡村公共基础设施升级，使现代、文明的生活方式与农村田园牧歌式的传统生活方式得到有机的融合，促进乡村的可持续发展。

■ 6.4 集体经营性建设用地

根据新《土地管理法》第 4 条、第 9 条等有关土地权属、用途的法律规定，以及相关规范标准，土地分类按所有权分类，可划分为国家所有土地和集体所有土地两类；按用途分类，可划分为农用地、建设用地和未利用地三大类。2021 年 9 月 1 日实施的最新修订的《土地管理法实施条例》，允许"集体经营性建设用地"入市是最大的亮点。

"集体经营性建设用地"是指集体所有的、经国土空间规划（如尚未制定国土空间规划的，则依据土地利用总体规划、城乡规划确定）确定为工业、商业等经营性用途的建设用地。而农村集体建设经营用地，是指具有生产经营性质的农村建设用地。农村集体经济组织使用乡（镇）土地利用总体规划确定的建设用地兴办企业或者与其他单位、个人以土地使用权入股、联营等形式共同举办企业。

6.4.1 入市与流转

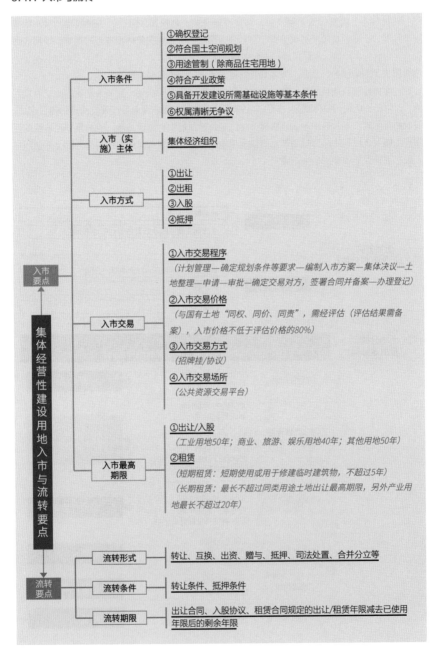

集体经营性建设用地入市与流转要点

入市要点

入市条件
①确权登记
②符合国土空间规划
③用途管制（除商品住宅用地）
④符合产业政策
⑤具备开发建设所需基础设施等基本条件
⑥权属清晰无争议

入市（实施）主体
集体经济组织

入市方式
①出让
②出租
③入股
④抵押

入市交易
①入市交易程序
（计划管理—确定规划条件等要求—编制入市方案—集体决议—土地整理—申请—审批—确定交易对方，签署合同并备案—办理登记）
②入市交易价格
（与国有土地"同权、同价、同责"，需经评估（评估结果需备案），入市价格不低于评估价格的80%）
③入市交易方式
（招牌挂/协议）
④入市交易场所
（公共资源交易平台）

入市最高期限
①出让/入股
（工业用地50年；商业、旅游、娱乐用地40年；其他用地50年）
②租赁
（短期租赁：短期使用或用于修建临时建筑物，不超过5年）
（长期租赁：最长不超过同类用途土地出让最高期限，另外产业用地最长不超过20年）

流转要点

流转形式
转让、互换、出资、赠与、抵押、司法处置、合并分立等

流转条件
转让条件、抵押条件

流转期限
出让合同、入股协议、租赁合同规定的出让/租赁年限减去已使用年限后的剩余年限

1. 法律法规及政策文件梳理

（1）国家层面

按照法律法规及政策文件发布时间进行梳理：

2015年

1月　中共中央办公厅、国务院办公厅发布：
《关于农村土地征收、集体经营性建设用地入市、宅基地制度改革试点工作的意见》中办发〔2014〕71号

2月　全国人大常委会发布：
《关于授权国务院在北京市大兴区等三十三个试点县（市、区）行政区域暂时调整实施有关法律规定的决定》

3月　国土资源部发布：
《关于印发农村土地征收、集体经营性建设用地入市和宅基地制度改革试点实施细则的通知》国土资发〔2015〕35号

2016年

4月　财政部、国土资源部发布：
《农村集体经营性建设用地土地增值收益调节金征收使用管理暂行办法》财税〔2016〕41号

5月　银监会、国土资源部发布：
《关于印发农村集体经营性建设用地使用权抵押贷款管理暂行办法的通知》银监发〔2016〕26号

2017年

4月　财政部、国土资源办公厅发布：
《关于新增农村集体经营性建设用地入市试点地区适用土地增值收益调节金政策的通知》财税〔2017〕1号

11月　全国人大常务委员会发布：
《关于延长授权国务院在北京大兴区等三十三个试点县（市、区）行政区域暂时调整实施有关法律规定期限的决定》

12月　银监会办公厅、国土资源部办公厅发布：
《关于延长农村集体经营性建设用地使用权抵押贷款工作试点期限的通知》银监办发〔2017〕174号

2018年

1月　财政部、国土资源部发布：
《关于继续执行农村集体经营性建设用地土地增值收益调节金有关政策的通知》财税〔2018〕7号

12月　全国人大常委会发布：
《关于延长授权国务院在北京大兴区等三十三个试点县（市、区）行政区域暂时调整实施有关法律规定期限的决定》

2019年

2月　银保监会办公厅、自然资源部办公厅发布：
《关于延长农村集体经营性建设用地使用权抵押贷款工作试点期限的通知》银保监会发〔2019〕27号

3月　财政部、自然资源部发布：
《关于延长农村集体经营性建设用地土地增值收益调节金政策期限的通知》财税〔2019〕27号

7月　财政部、国家税务总局发布：
《土地增值税法》（征求意见稿）

8月　全国人大常委会发布：
《中华人民共和国土地管理法》

2021年

7月　国务院发布：
《土地管理法实施条例》

6 产业布局规划
INDUSTRIAL LAYOUT PLANNING

（2）地方层面

地方层面，根据集体经营性建设用地使用权入市试点期间部分试点县（市、区）的相关规定和实践经验，本小节着重研究了上海市松江区、江苏省常州市武进区、浙江省义乌市及德清县的最新规定，并梳理如下（表6-11）：

地方层面政策文件及法规梳理一览表　　　　　　　　　　表6-11

序号	地区	政策文件
1	上海市松江区	《上海市松江区农村集体经营性建设用地入市管理办法》 《上海市松江区农村集体经营性建设用地土地增值收益调节金征收使用管理实施细则》 《上海市松江区农村集体经营性建设用地使用权抵押贷款试行管理办法》 《上海市松江区农村集体经营性建设用地集体收益分配管理规定》 《上海市松江区农村集体经营性建设用地基准地价》 《关于松江区建立农村土地民主管理机制的实施意见》
2	江苏省常州市武进区	《常州市武进区农村集体经营性建设用地入市管理办法（试行）》 《常州市武进区农村集体经营性建设用地入市收益调节金征收和使用管理暂行办法》 《常州市武进区农村集体经营性建设用地使用权抵押贷款试点暂行办法》 《武进区农村集体经营性建设用地开发项目审批管理办法》
3	浙江省义乌市	《义乌市农村集体经营性建设用地入市管理办法（试行）》 《义乌市农村集体经营性建设用地入市土地增值收益调节金征收和使用规定（试行）》 《义乌市农村集体经营性建设用地使用权抵押贷款工作实施意见（试行）》 《义乌市农村集体经营性建设用地使用权出让规定（试行）》 《义乌市农村集体经营性建设用地出让地价管理规定（试行）》 《义乌市农村集体经营性建设用地异地调整规定（试行）》 《关于公布义乌市集体建设用地基准地价的通知》
4	浙江省德清县	《德清县农村集体经营性建设用地入市管理办法（试行）》 《德清县农村集体经营性建设用地入市土地增值收益调节金征收和使用规定（试行）》 《关于印发德清县鼓励金融机构开展农村集体经营性建用地使用权抵押贷款的指导意见的通知》 《德清县农村集体经营性建设用地入市收益分配管理规定（试行）》 《德清县农村集体经营性建设用地使用权出让规定（试行）》 《德清县农村集体经营性建设用地出让地价管理规定（试行）》 《德清县农村集体经营性建设用地异地调整规定（试行）》

2. 集体经营性建设用地入市

（1）入市条件

从国家层面看，相关主体已（拟）颁布的、与集体经营性建设用地使用权入市制度相关的法律法规及政策梳理见表6-12。

集体经营性建设用地入市条件一览表　　　　表6-12

入市条件要素						依据
已登记	符合规划	用途管制	符合政策	开发建设所需基础设施条件	其他条件	
√	√	工业仓储、商服、营利性教育/医疗/养老/等设施用地等经营性用途	√	三通+土地平整	无违法用地行为，无司法机关依法裁定查封或其他形式限定土地权利的；权属清晰无争议	上海松江相关规定
依法取得	√	工矿仓储、商服、旅游等用途	√	未明确	未被司法机关、行政机关限制土地权利；权属清晰无争议	江苏武进相关规定
依法取得	√	工矿仓储、商务、旅游等用途	√	未明确	未被司法机关、行政机关限制土地权利；权属清晰无争议	浙江德清相关规定
√	√	工业、商业等经营性用途	√	未明确	无	《土地管理法》及实施条例

（2）入市（实施）主体

《土地管理法》及《土地管理法实施条例》并未明确规定"入市（实施）主体"的含义。在试点地区中，有关入市（实施）主体的含义也各有不同，详见表6-13。

集体经营性建设用地入市（实施）主体一览表　　　　表6-13

序号	地区	入市（实施）主体
1	上海市松江区	未明确规定"入市主体"，但明确入市出让人是代表其所有权的农民集体，可由农村集体经济组织代表农民集体负责入市工作，并明确以下内容： ■属于镇（街道）农民集体所有的，由镇（街道）集体经济组织代表集体行使所有权；属于村集体所有的，由村集体经济组织代表集体行使所有权； ■分别属于两个及以上农民集体所有的，由各村集体经济组织共同行使集体所有权； ■集体经济组织尚未依法取得法人资格的，可以通过授权或者委托其他具有法人资格的组织代理实施入市，并明确双方权利义务关系
2	江苏省常州市武进区	■入市主体：农民集体 ■入市代理实施主体： 　①集体经营性建设用地属镇集体经济组织的，可以由镇资产管理公司或其代理人作为入市代理实施主体； 　②集体经营性建设用地属村集体经济组织的，可以委托镇资产管理公司作为入市代理实施主体
3	浙江省义乌市	■入市主体：代表集体经营性建设用地所有权的农村集体经济组织； ■入市实施主体： 　①集体经营性建设用地属乡镇集体经济组织的，入市实施主体为乡镇资产经营公司等乡镇全资下属公司或其代理人；
4	浙江省德清县	②集体经营性建设用地属村集体经济组织的，入市实施主体为村股份经济合作社（村经济合作社）或其代理人

《土地管理法》及《土地管理法实施条例》规定：土地所有权人是出让、出租集体经营性建设用地的主体。如前所述，集体经营性建设用地归属于集体所有。由于集体并不具有行使权利、履行义务、承担责任的法律人格，故由集体成员成立的集体经济组织代为行使所有权。

（3）入市方式

根据《土地管理法》及《土地管理法实施条例》相关规定，结合部分试点地区试点期间实践经验，本小节梳理集体经营性建设用地使用权的入市方式相关规定，详见表6-14。

集体经营性建设用地入市方式一览表　　　　表6-14

入市方式					依据
出让	出租	入股	抵押	其他方式	
√	√	未明确			上海松江相关规定
√	√	√	√	未明确	江苏武进相关规定
√	√	√	√	未明确	浙江德清相关规定
√	√	未明确			《土地管理法》及实施条例

（4）入市交易

[a] 入市交易程序]

根据《土地管理法实施条例》第四章第五节规定，并结合部分试点地区规定，集体经营性建设用地入市交易程序详见表6-15。

集体经营性建设用地入市交易程序一览表　　　　表6-15

序号	程序	程序要点	依据
1	计划管理	用地所在地政府统筹安排土地利用年度计划，并合理安排集体经营性建设用地入市计划	《土地管理法》第23条
2	确定规划条件、产业准入和生态环境保护要求	■规划条件：市、县人民政府自然资源主管部门应当依据国土空间规划提出拟入市（包括出让、出租、作价出资/入股）的集体经营性建设用地的规划条件，明确土地界址、面积、用途和开发建设强度等； ■产业准入和生态环境保护要求：市、县人民政府自然资源主管部门应当会同有关部门提出产业准入和生态环境保护要求	《土地管理法实施条例》第39条
3	编制入市（出让、出租、入股等）方案	■土地所有权人应依据规划条件、产业准入和生态环境保护要求等，编制集体经营性建设用地入市方案； ■集体经营性建设用地入市方案应当载明宗地的土地界址、面积、用途、规划条件、产业准入和生态环境保护要求、使用期限、交易方式、入市价格、集体收益分配安排等内容	《土地管理法实施条例》第40条

序号	程序	程序要点	依据
4	集体决议	经集体经济组织成员的村民会议三分之二以上成员或者三分之二以上村民代表的同意，并形成《集体经营性建设用地入市决议》	《土地管理法》第63条《土地管理法实施条例》第40条
5	土地整理	土地所有权人自行或委托土地储备机构事实前期开发，以达到土地供应条件	例如《上海市松江区农村集体经营性建设用地入市管理办法》第11条
6	申请、审批	■申报审批时间要求：在入市前不少于十个工作日报审批主体； ■审批主体：市、县人民政府； ■审批结果：市、县人民政府认为该方案不符合规划条件或者产业准入和生态环境保护要求等的，应当在收到方案后五个工作日内提出修改意见，土地所有权人应当按照市、县人民政府的意见进行修改； ■市、县人民政府审核通过的，核发集体经营性建设用地入市核准书	《土地管理法实施条例》第40条
6	其他审批	部分试点地区还要求集体经营性建设用地入市需按顺序经以下审批程序： ■取得所在乡镇人民政府/街道办事处/管委会审核同意意见； ■取得相关部门审核确认意见： ①发改部门、经信部门：审核产业政策要求； ②规划局：审核建设规划要求，并出具规划条件； ③环保局：审核环保准入要求； ④国土资源局：审核土地利用总体规划要求和确认土地所有权； ■向市、县国土资源局提出入市申请，并递交申请资料； ■由市、县国土资源局报市、县政府审核	例如《义乌市农村集体经营性建设用地管理办法（试行）》第25～27条
7	确定交易对手，签署合同后备案	■根据入市方案选择的交易方式（招拍挂等）确定交易对手； ■签署交易合同： ①主体：土地所有权人与交易对手； ②合同内容：载明土地界址、面积、用途、规划条件、使用期限、交易价款支付、交地时间和开工竣工期限、产业准入和生态环境保护要求，约定提前收回的条件、补偿方式、土地使用权届满续期，和地上建筑物、构筑物等附着物处理方式，以及违约责任和解决争议的方法等； ③合同示范文本：由国务院自然资源主管部门制定； ④未依法将规划条件、产业准入和生态环境保护要求纳入合同的，合同无效； ■备案：合同报市、县人民政府自然资源主管部门备案	《土地管理法实施条例》第41条
8	办理登记	■出让方式/作价出资（入股）方式：受让人/被出资（入股）主体可取得《集体土地使用权证》或《不动产权证书》； ■出租方式：承租方可取得《土地他项权利证书》	例如《文昌市农村集体经营性建设用地入市试点暂行办法》第9条

[b | 入市交易价格]

根据新《土地管理法》及新《土地管理法实施条例》规定，入市价格由土地所有权人在入市方案中明确。根据部分试点地区规定，入市交易价格需满足的条件见表6-16。

集体经营性建设用地入市交易价格规定梳理　　　　　　　　　　　　表6-16

序号	集体经营性建设用地使用权入市价格需满足的条件	依据
1	集体建设用地使用权应与国有土地"同权、同价、同责"，土地价格应通过具有土地估价资质的估价机构进行市场评估，在此基础上结合经营性用地全要素管理要求，综合确定出让地块出让起始价或底价，并经集体经济组织成员或成员代表会议五分之四以上人员同意	上海松江相关规定
2	集体经营性建设用地使用权入市地价应当选择有资质的评估机构评估或参照建设用地基准地价标准来确定	江苏武进相关规定
3	农村集体经营性建设用地使用权入市地价须经有资质的评估机构评估，地价评估报告须按规定取得备案号。 1. 农村集体经营性建设用地入市实行城乡统一的基准地价体系，统一的基准地价体系未建立前，参照国有建设用地基准地价体系执行； 2. 集体经济组织可根据评估结果确定起始价，但最低不得低于评估价的80%； 3. 农村集体经营性建设用地入市需设置底价的，集体经济组织可邀请相关专家和成员代表等组成议价小组（不少于5人的单数），于交易活动开始前30分钟内由议价小组确定底价，并在交易活动结束前严格保密	浙江义乌相关规定
4	集体经营性建设用地使用权入市地价须经有资质的评估机构评估，地价评估报告须经国土资源管理部门备案。 1. 集体经营性建设用地入市实行与城镇国有建设用地统一的基准地价体系，统一的基准地价体系未建立前，参照国有建设用地基准地价体系执行； 2. 集体经济组织可根据评估价适当加价或减价确定起始价，但最低不得低于评估价的80%； 3. 集体经营性建设用地入市需设置底价的，集体经济组织可邀请相关专家和成员代表等组成议价小组（不少于5人），于交易活动开始前30分钟内由议价小组确定底价，并在交易活动结束前严格保密	浙江德清相关规定

[c | 入市交易方式]

集体经营性建设用地的入市交易方式包括招标、拍卖、挂牌或协议等方式，具体采用何种交易方式在入市方案中进行明确。《土地管理法》及《土地管理管理法实施条例》并未规定招标、拍卖、挂牌及协议的适用情形。试点地区有关入市交易方式适用情形要求见表6-17。

集体经营性建设用地入市交易方式一览表　　　　　　　　　　　　表6-17

入市交易方式		依据
招标、拍卖、挂牌	协议	
出让应采取招标、拍卖、挂牌或协议方式，未明确租赁及其他入市方式下的交易方式		上海松江相关规定
原则采用	尚未明确	江苏武进相关规定

入市交易方式		依据
招标、拍卖、挂牌	协议	
原则采用	在《义乌市农村集体经营性建设用地使用权出让规定(试行)》实施前，没有合法手续且已使用的建设用地（不包括用于商品住宅和农民个人建房的建设用地）符合土地利用总体规划和城乡规划等相关规划的，可按照土地管理和城乡规划相关法律法规及政策规定处理后，集体经济组织在报请所在镇（街道办事处）人民政府同意的基础上，采用协议出让方式	浙江义乌相关规定
原则采用	在《德清县农村集体经营性建设用地使用权出让规定(试行)》实施前，土地已有使用者且确实难以收回的，集体经济组织在报请所在乡镇人民政府（开发区管委会）同意的基础上，可采用协议出让方式	浙江德清相关规定

[d] 入市交易场所]

《土地管理法》及《土地管理法实施条例》并未限定集体经营性建设用地入市交易场所，但根据部分试点地区规定，一般要求统一在公共资源交易平台进行交易，以方便管理。

（5）入市最高期限

根据《土地管理法》第63条及《土地管理法实施条例》第43条规定：集体经营性建设用地的出租和集体建设用地使用权的出让及其最高年限、转让、互换、出资、赠与、抵押等，参照同类用途的国有建设用地执行，法律、行政法规另有规定的除外。据此，根据入市方式的不同，集体经营性建设用地的入市最高期限也稍有不同，见表6-18：

集体经营性建设用地入市最高期限　　　　　　　　　　表6-18

序号	入市方式	入市最高期限	续期规定	依据
1	出让	■工业用地：50年 ■商业、旅游、娱乐用地：40年 ■综合或其他用地：50年	依据合同约定或经申请、批准后重新签订合同	《城镇国有土地使用权出让和转让暂行条例》第12条
2	出租	■短期租赁（短期使用或用于修建临时建筑物）一般不超过5年； ■长期租赁（需要进行地上建筑物、构筑物建设后长期使用）最长租赁期限不得超过法律规定的同类用途土地出让最高年期（如系产业用地的，最长期限不得超过20年）	依据合同约定；无约定或约定不明时，经批准后可续签	《国土资源部关于印发〈规范国有土地租赁若干意见〉的通知》第4条 《自然资源部办公厅关于印发〈产业用地政策实施工作引（2019年版的通知）〉》第16条
3	入股	同出让方式		《自然资源部办公厅关于印发〈产业用地政策实施工作引（2019年版）〉的通知》第17条

3.集体经营性建设用地使用权的流转

（1）流转形式

根据《土地管理法》及《土地管理法实施条例》规定：通过出让等方式取得的集体经营性建设用地使用权可以转让、互换、出资、赠与或者抵押，但法律、行政法规另有规定或者土地所有权人、土地使用权人签订的书面合同另有约定的除外。

同时根据《国务院办公厅关于完善建设用地使用权转让、出租、抵押二级市场的指导意见》（国办发〔2019〕34号）第二（五）条规定："明确建设用地使用权转让形式。将各类导致建设用地使用权转移的行为都视为建设用地使用权转让，包括买卖、交换、赠与、出资以及司法处置、资产处置、法人或其他组织合并或分立等形式涉及的建设用地使用权转移。建设用地使用权转移的，地上建筑物、其他附着物所有权应一并转移。涉及房地产转让的，按照房地产转让相关法律法规规定，办理房地产转让相关手续。"以及第七（二十二）条规定："已依法入市的农村集体经营性建设用地使用权转让、出租、抵押，可参照本意见执行。"

据此，集体经营性建设用地二级市场流转形式包括但不限于转让、互换、出资、赠与、抵押、出租以及司法处置、资产处置、法人或其他组织合并或分立等过程涉及的集体经营性建设用地使用权转移形式。

（2）流转条件

根据《城镇国有土地使用权出让和转让暂行条例》第三～五章规定，及《城市房地产管理法》第38条和第39条规定，根据流转形式的不同，流转条件具体如下：

集体经营性建设用地流转条件一览表　　　　　表6-19

序号	流转形式	流转条件	依据参考
1	转让	■按入市合同约定的期限和条件进行投资开发和利用； ■按照出让合同约定进行投资开发，属于房屋建设工程的，完成开发投资总额的百分之二十五以上，属于成片开发土地的，形成工业用地或者其他建设用地条件； ■书面通知土地所有权人； ■无需报经原批准机关批准； ■符合原入市合同约定的其他条件； ■不存在禁止转让的情形： ①未被司法机关和行政机关依法裁定、决定查封或者以其他形式限制权利的； ②权属有争议的；未依法登记领取权属证书的； ③共有集体经营性建设用地使用权，未经其他共有人书面同意的； ④不存在法律、行政法规规定或原入市合同约定禁止转让的其他情形	□《土地管理法实施条例》第43条 □《城镇国有土地使用权出让和转让暂行条例》第三章、第四章以及第五章 □《城市房地产管理法》第38～39条 □《国务院办公厅关于完善建设用地使用权转让、出租、抵押二级市场的指导意见》二（六）、七（二十二）

序号	流转形式	流转条件	依据参考
2	抵押	■符合规划、用途管制，以出让、租赁、作价出资（入股）方式入市； ■尚未入市但具备入市条件： ①已依法进行不动产登记并持有权属证书； ②符合规划、环保等要求； ③具备开发利用的基本条件； ④所有权主体履行集体土地资产决策程序同意抵押； ⑤县政府同意抵押权实现时可以入市。 ■用于抵押的农村集体经营性建设用地使用权及其地上建筑物、其他附着物未设定影响处置变现和银行业金融机构优先受偿的其他权利； ■不存在不得抵押的情形： ①权属不清或存在争议的； ②司法机关依法查封的； ③被依法纳入拆迁征地范围的； ④擅自改变用途的； ⑤其他不得办理抵押的情形	《农村集体经营性建设用地使用权抵押贷款管理暂行办法》（有效期至 2019 年 12 月 31 日）

（3）流转期限

根据新《土地管理法实施条例》，集体经营性建设用地使用权流转期限为出让合同 / 作价出资（入股）协议 / 租赁合同规定的出让 / 租赁年限减去已使用年限后的剩余年限。

4. 土地增值收益调节金

所谓"土地增值收益调节金"是指按照建立同权同价、流转顺畅、收益共享的农村集体经营性建设用地入市制度的目标，在农村集体经营性建设用地入市及再转让环节，对土地增值收益收取的资金。

《土地管理法》和《土地管理法实施条例》未提及土地增值收益调节金。根据 2015 年财政部、国土资源部发布的《农村集体经营性建设用地土地增值收益调节金征收使用管理暂行办法》（以下简称"调节金征收暂行办法"）以及各试点地区有关土地增值收益调节金规定来看：

集体经营性建设用地土地增值收益调节金 表 6-20

要点	具体规定
征收环节	入市和流转环节
征收方	财政部门会同国土资源主管部门
缴纳主体	原则上由集体经营性建设用地的出让方、出租方、作价出资（入股）方缴纳。 （部分试点地区要求受让方 / 承租方亦需缴纳调节金） ——如江苏常州规定入市时受让 / 受租方应按成交地价总额的 3% 缴纳调节金，再转让时受让 / 受租方按规定缴纳税费即可； ——如浙江义乌规定入市时受让 / 受租方应按成交地价总额的 3% 缴纳调节金，再转让时应当按照使用权（包括地上的建筑物及其附着物）转让收入总额的 3% 缴纳调节金
缴纳基数及缴纳比例	入市集体经营性建设用地土地增值收益 =（入市 / 再转让收入 – 取得成本和土地开发支出）*20% 到 50%

5.集体经营性建设用地使用权的回收

根据《土地管理法》第 66 条规定并结合试点地区规定和实践操作，经原批准用地的人民政府批准，出让主体可以收回集体经营性建设用地使用权，具体情形包括：

a.为乡（镇）村公共设施和公益事业建设，需要使用土地的（应当对土地使用权人给予适当补偿）；

b.不按照批准的用途使用土地的；

c.因撤销、迁移等原因而停止使用土地的。

6.4.2 建设管控

《中华人民共和国土地管理法实施条例》第三十九条规定：土地所有权人拟出让、出租集体经营性建设用地的，市、县人民政府自然资源主管部门应当依据国土空间规划提出拟出让、出租的集体经营性建设用地的规划条件，明确土地界址、面积、用途和开发建设强度等。市、县人民政府自然资源主管部门应当会同有关部门提出产业准入和生态环境保护要求。

根据上述条件以及各省村庄规划编制导则内容要求，集体经营性建设用地开发建设应以国土空间规划（或村庄规划）为依据，提出建设用地的规划条件，包括界址、面积、用途、退距、容积率、建筑密度、建筑高度、绿地率等指标要求。

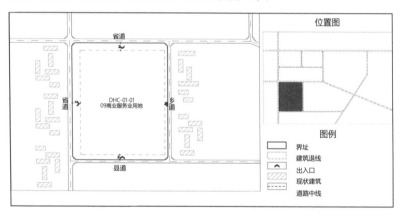

图 6-7 村庄集体经营性建设用地管控示意图

村庄集体经营性建设用地管控引导表   表 6-21

序号	管控指标	具体要求
1	位置	标明地块位置，以及与周边要素的关系
2	界址	明确地块四至、界限
3	面积	标明地块面积
4	用途	明确土地性质、用途
5	容积率	商业用地按照上限控制；工业、仓储用地按照下限控制

序号	管控指标	具体要求
6	建筑密度	按照上位国土空间规划管控要求以及相关规划管控要求确定
7	建筑高度	按照上位国土空间规划管控要求以及相关规划管控要求确定（如历史文化名城、镇、村、传统村落规划管控要求制定）
8	绿地率	乡村地区绿地率按照实际情况，建议按照上限确定
9	出入口	按照 70 米禁止开口端要求，局部地区可以根据实际情况确定
10	退线	绿线、蓝线、紫线、红线、黄线按照上位规划、相关规划、法律法规进行控制
11	退距	国道 20 米、省道 15 米、县道 10 米、乡道 5 米、村庄道路 2 ～ 3 米

■ 6.5 村庄产业规划技术路线构建

根据规划关系要点、产业发展思路、产业发展规划、集体经营建设用地等内容梳理，结合村庄发展实际，构建以产业发展诉求为基础、问题识别为前提、关系统筹为导向、思路策略为破题、项目策划为核心、建设管控为约束、运营盈利为重点的村庄产业规划技术路线框架，以期为村庄产业发展规划提供思路借鉴。

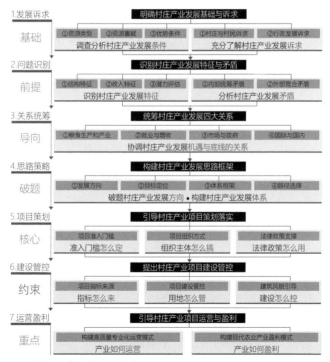

图 6-8 村庄产业规划技术路线框架图

■ 第 6 章参考文献

[1] 宋洪远，赵海 . 新型农业经营主体的概念特征和制度创新 [J]. 新金融评论，2014（3）：18.

[2] 丁成际 . 当代乡村文化生活现状及建设 [J]. 毛泽东邓小平理论研究，2014（8）：4.

[3] 赵旭东，孙笑非 . 中国乡村文化的再生产——基于一种文化转型观念的再思考 [J]. 南京农业大学学报：社会科学版，2017, 17（1）：9.

[4] 王敬尧，魏来 . 当代中国农地制度的存续与变迁 [J]. 中国社会科学，2016（2）：73-92，206.

[5] 李国英 . 乡村振兴战略视角下现代乡村产业体系构建路径 [J]. 当代经济管理，2019, 41（10）：7.

[6] 周明茗，王成 . 乡村生产空间系统要素构成及运行机制研究 [J]. 地理科学进展，2019, 38（11）：1655-1664.

[7] 王高远 . 集体经营性建设用地入市的区域差异研究 [D]. 杭州：浙江大学，2019.

[8]《乡村振兴 | 乡村振兴项目最全实施流程》

[9]《新〈土地管理法实施条例〉施行在即，详解集体经营性建设用地入市和流转要点》

第 7 章

基础设施和公共服务设施规划

CHAPTER SUMMARY

章节概要

基础设施建设和公共服务设施供给是乡村振兴的强力支撑，是产业兴旺的基本要素条件、美丽乡村建设的重要平台、乡风文明的阵地保障、治理有效的后盾支持、生活富裕的动力来源。长期以来，农业农村基础设施建设和公共服务对农村经济社会发展产生了巨大的直接效应和间接效应，是推动农业农村发展的动力引擎。国家及地方政府在各类乡村规划中也将农村基础设施建设和公共服务供给摆在了突出地位。基于此，本章内容结合实用性村庄规划编制背景主要把握农业农村基础设施和公共服务供给方向和相关技术标准，以及要重点解决的问题，引导基础设施建设和公共服务设施供给向更加全面、更加优质的路径演进。

- 村庄道路交通的层级体系与规划内容要点有哪些？
- 村庄规划给水、排水、电力、电信、能源、环卫等工程规划内容是什么？规划要点有哪些？
- 农村污水处理方式有哪几种？其特点和适用范围是什么？
- 农村无害化厕所有哪几种类型，其粪污处理的优缺点是什么？分别适用于什么地区？
- 村庄公共服务设施配置的内容有哪些？
- 各省市村庄规划导则对公共服务设施配置的内容和要求呈现了什么思维转向？
- 村庄公共服务设施配置规模如何确定？
- 公共服务设施规划布局要点有哪些？

一、道路交通规划

1. 农村道路系统构成	2. 标准与技术规范

3.道路交通规划主要内容

01 对外交通规划要点	02 村庄内部交通规划要点
03 田间道路系统	04 村庄道路系统
05 道路交通设施规划	06 田间道路系统

二、公用设施规划

1.给水规划

01用水量预测	02明确水源水质	03给水方式选择	04管网布置

2.排水规划

01排水体制与排水量	02 排水收集系统	03 污水处理	04运行、维护及管理

3.电力规划

01电力负荷预测	02电源选择及线路布置

4.通信规划

01通信规划内容	02通信线路布置

5.能源规划

01燃气规划	02其他能源规划

6.环卫规划

01村庄垃圾处理	02农村厕所革命
（1）垃圾量预测 （2）垃圾收集点规划	（1）公共卫生厕所 （2）户厕改造
（3）垃圾处理	（3）卫生要求

三、公共服务设施规划

01 村庄公共服务设施概念及内容	02村庄公共服务设施配置的思维转向
03公共服务设施配置体系及规模	04村庄公共服务设施布局要点

逻辑体系 LOGICAL SYSTEM

图 7-1 基础设施和公共服务设施规划逻辑体系图

7 基础设施和公共服务设施规划
INFRASTRUCTURE AND PUBLIC SERVICE FACILITIES PLANNING

■ 7.1 道路交通规划

乡村道路是农村对外联系和实现村民互联的
重要基础设施,对农村社会经济发展具有举足轻
重的作用[1]。近年来随着经济的发展以及国家对
乡村道路建设的推动,乡村道路建设不断加快,
基本上形成了乡村交通网络。但受限于乡村道路
交通工程建设的综合性、复杂性、长期性与艰巨
性,乡村道路的建设力度远低于农村发展的实际
需求,并且存在以下问题:

图 7-2 乡村道路

一是农村道路硬化不足给村民出行带来不
便,仍然有一部分村庄的主要道路未实现硬化,
影响村民通行,尤其是遇上阴雨天和农忙季节;
二是村庄道路普遍存在断头路问题,并且质量较
低,再加上管理维护的缺失,导致硬化路面破损
后不能及时修复,给村民的生产生活造成了严重影响;三是农村道路相应的配套设施建设不
足,普遍缺少照明路灯、绿化、垃圾箱、安全警示标识等设施,给村民的安全和环境卫生带
来极大威胁,同时随着农村小汽车的拥有量急剧攀升和乡村旅游的快速发展,农村停车场的
缺失问题也逐渐暴露[2],人、车、路的矛盾不断加剧,道路交通安全隐患及安全事故也呈上
升趋势。

交通的顺畅和谐是实现乡村发展的前提,因此,农村道路建设是实现乡村振兴的有力保
障,而农村道路交通的科学规划是其关键之处。本节结合乡村道路交通的特点,通过梳理总
结农村道路交通规划相关规范与技术标准,为"多规合一"实用性村庄规划道路交通规划提
供科学依据。

7.1.1 农村道路系统构成

村庄道路系统由对外道路系统、村内道路系统、田间道路系统和村庄绿道系统共同组成。
村庄道路按道路在道路网中的地位、交通功能及对沿线的服务功能,分成村干路、村支路、
巷路三个等级。根据村庄规模和集聚程度,选择相应的道路等级与宽度。村庄各级道路的技
术指标宜按表 7-1 规定。

乡村道路系统规划参考技术指标(《乡村道路工程技术规范》GB/T 51224—2017)　表 7-1

规模分级	人口规模(人)	道路等级			符号释义
		干路	支路	巷路	
特大型	> 1000	○	○	○	注:表中"○"为应设、"△"为可设,"—"为不设
大型	601~1000	△	○	○	
中型	201~600	△	○	○	
小型	≤ 200	—	△	○	

7.1.2 农村道路交通建设的标准与技术规范

农村道路交通建设是我国实现乡村振兴的重要基础保障之一，是实现农业强、农村美、农民富的重大抓手，为适应我国乡村道路建设和发展的需要，提高乡村道路质量和服务水平，规范乡村道路工程建设，村庄道路规划应符合现行国家和行业有关标准、规范的规定，衔接《国土空间调查、规划、用途管制用地用海分类指南（试行）》的乡村道路用地、田间道等用地分类，规范农村道路地类认定的相关标准，严肃土地用途管制制度（表7-2）。

部分农村道路交通建设的标准与技术规范 表7-2

标准与规范名称	文件类型	主要内容
《国土空间调查、规划、用途管制用地用海分类指南》	规范性文件	与"三调"工作分类衔接，结合国土空间调查、规划、用途管制规范农村道路地类认定的相关标准，严肃土地用途管制制度
《小交通量农村公路工程技术标准 JTG 2111—2019》	交通运输部行业标准	为指导和规范小交通量农村公路设计，提升设计质量，制定的规范，主要内容包括： 1. 规定了小交通量农村公路等级选用、设计车辆、交通量和设计速度等； 2. 规定了四级公路I类、四级公路II类路线圆曲线最小半径、最大纵坡和横断面尺寸等技术指标； 3. 规定了路基和涵洞设计洪水频率、路面设计使用年限，推荐了路面典型结构，强调了设置防护及排水设施的重要性； 4. 明确了桥涵设计荷载等级为公路II级； 5. 制定了单车道隧道技术指标； 6. 提出了平交口视距要求； 7. 有针对性地提出了小交通量农村公路安全设施设置要求
《乡村道路工程技术规范 GB/T 51224—2017》	中华人民共和国住房和城乡建设部、中华人民共和国国家质量监督检验检疫总局国家标准	我国村镇体系包括镇、乡和村庄。建制镇镇区道路可参照城镇道路的相关标准执行。村庄以及部分乡内部道路的设计和施工与城镇道路相差较远，不能完全按照城镇道路的标准执行，应按此规范执行。考虑到镇、乡、村体系的延续性及习惯性，规范将村庄以及部分规模、形态和发展接近于村庄的乡，统称为乡村。规范制定的目的是通过规定乡村道路工程技术指标，规范乡村道路建设，提高乡村道路的质量和服务水平
《村庄整治技术标准 GB/T50445—2019》	中华人民共和国住房和城乡建设部国家标准	为落实乡村振兴战略，规范村庄整治工作技术要求，改善农民的生产生活条件，提升农村的人居环境质量，引导农村现代化生活新方式，促进农村社会、经济与环境的全面协调发展，制定的标准。 标准适用于全国现有村庄的人居环境整治。村庄整治项目包括安全与防灾、道路桥梁及交通安全设施、给水设施、排水设施、垃圾收集与处理、卫生厕所改造、公共环境、村庄绿化、坑塘河道、村庄建筑、历史文化遗产保护与乡土特色传承、能源供应等
村庄规划编制指南（试行）	规范性文件各省市	1. 对村庄道路交通规划内容提出引导要求； 2. 部分省份制定较明确的村庄道路规划技术建议指标

7.1.3 村庄道路交通规划内容及要点

7.1.3.1 对外交通规划

对外交通是村庄发展的经济动脉，是村庄向外联系的主要通道，对外交通规划主要落实上位规划确定的交通设施，加强与过境公路、高速公路的衔接，以及农村居民点之间的连接，形成布局合理具有较高水平的农村道路网。

规划要点

线路布局：充分考虑当地地理条件、经济发展前景、人口分布、交通量增长趋势等因素，科学规划线路走向。重点考虑与人口聚集地、乡镇企业、旅游景点、农产品基地以及学校的衔接。

线路交叉：乡村道路与其他公路相交叉的位置、形式、间隔等的确定，应根据公路等级应有所控制。在乡村道路密集地区，当交叉点过密影响行车安全时，宜适当合并交叉点。高速公路与乡村道路交叉时，必须设置通道或天桥；一级公路与乡村道路相交叉，宜设置通道或天桥；二级公路与乡村道路相交叉应设置平面交叉，地形条件有利或公路交通量大时宜设置通道或天桥；二级及其以上公路位于城镇或人口稠密的村落或学校附近时，宜设置专供行人通行的人行地道或人行天桥。

对外交通与村庄内部道路以村庄规划区的边线分界，规划区以外的进出口道路可参照《农村公路建设指导意见》（2004年）和《农村公路建设暂行技术要求》等选用适当标准进行设计，按照公路等有关规范执行。

区域高速公路和一级公路的用地范围应与村庄建设用地范围之间预留发展所需的距离；规划中的二、三级公路不应穿越村庄内部，以货运为主的道路不宜穿越村庄中心地段。

7.1.3.2 村庄内部交通规划

村庄内部交通规划宜结合村庄现状，顺应村庄现有格局，尽量利用原有路基、空闲地，优化村庄道路布局，形成路网布局合理、主次分明的道路层级体系。明确道路宽度、断面形式及建设标准，确定道路控制点标高。合理设置公交站位置、会让港湾等交通设施，保障道路通畅。新建、改建村庄，村内道路应全部硬化。

1. 名词解释

（1）村庄干路：连接村庄范围外道路（对外交通道路）的村庄内部道路。

（2）村庄支路：连接村庄干路，主要为服务道路两侧居民出行、生活等的功能性村庄内部道路。

（3）村庄巷道：连接村庄支路，为村庄内部道路中的辅助性道路，主要以步行交通为主。

（4）田间道：农村范围内，用于田间交通运输，为农业生产、农村生活服务的未对地表耕作层造成破坏的非硬化道路。

2. 规划原则

村庄内部道路系统规划应遵循以下原则：

①统筹规划，因地制宜，经济实用，可持续发展；②节约用地，保护耕地，保护生态环境和文物古迹；③主要道路和次要道路应容易区分，各自充分发挥各自的作用，相

辅相成，组成全面合理的道路交通系统；④道路系统应尽可能简单、整齐、醒目，以便行人和行驶的车辆辨明方向，易于组织和管理道路交叉口的交通；⑤充分结合地形、地质和水文条件，合理规划道路走向，留有一定的空间和用地以便各类管线敷设规划及道路绿化。

3. 规划要点

（1）村庄干路应以机动车通行功能为主，并应兼有非机动车交通、人行功能。干路路面宽度不宜小于 4 米，有条件时可采用 6 米以上，路肩宽度可采用 0.25 ～ 0.75 米。干路车行道应为双车道，机动车道宽度应根据车型及设计行车速度确定，双车道宽度不应小于 6 米；单车道宽度不宜小于 3.5 米。单车道道路可根据实际情况设置错车道，设置错车道路段的路基宽度不宜小于 6.5 米。主要道路宜采用净高和净宽不小于 4 米的净空尺寸。根据我国各地的农村公路设计规范并考虑到村庄道路功能和交通特性，村庄主要道路的设计速度宜为 10 ～ 20 千米 / 小时，相应的圆曲线最小半径为 12 ～ 20 米。消防通道转弯半径应符合消防车的转弯要求，不宜小于 8 米。

乡村道路交通量相对较小且多为混合交通，村庄干路宜采用单幅路。人流量较小时可不设置专用人行道，排水也可通过边沟形式；干路两侧为建筑物时可考虑设置人行道，条件允许时宜采用地下管网排水；乡村部分出入口道路和两侧无建筑物的田间道路，可采用接近于公路的横断面形式。

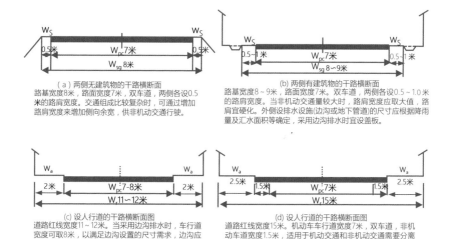

（a）两侧无建筑物的干路横断面
路基宽度8米，路面宽度7米，双车道，两侧各设0.5米的路肩宽度。交通组成比较复杂时，可通过增加路肩宽度来增加侧向余宽，供非机动交通行驶。

(b) 两侧有建筑物的干路横断面
路基宽度8～9米，路面宽度7米，双车道，两侧各设0.5～1.0米的路肩宽度。当非机动交通量较大时，路肩宽度应取大值，路肩宜硬化。外侧设排水设施（边沟或地下管道）的尺寸应根据降雨量及汇水面积等确定，采用边沟排水时宜设盖板。

(c) 设人行道的干路横断面图
道路红线宽度11～12米。当采用边沟排水时，车行道宽度可取8米，以满足边沟设置的尺寸需求，边沟应设盖板。当采用地下管道排水时，车行道宽度可取7米。路侧带的宽度为2米。

(d) 设人行道的干路横断面图
道路红线宽度15米。机动车车行道宽度7米，双车道，非机动车道宽度1.5米，适用于机动交通和非机动交通需要分离的道路。路侧带宽度2米，由1.5米的人行道和1米的设施带组成。宜采用地下管道排水。

图中：W_a——路侧带宽度；W_{pc}——机动车道或机非混合车道的路面宽度；W_r——红线宽度；
　　　W_s——路肩宽度；W_{sg}——路基宽度。

图 7-3 常见村庄干路横断面

（2）支路应以非机动车交通、人行功能为主，同时应起集散交通的作用。支路道路路面宽度不宜小于 2.5 米，路肩宽度可采用 0.25 ~ 0.5 米。路面宽度为单车道时，单车道宽度不宜小于 3.5 米，可根据实际情况设置错车道，错车道路面宽度不应小于 5.5 米，有效长度不应小于 10 米，间距结合地形、交通量大小、视距等条件确定，宜为每公里 3 到 4 个；支路断面形式可根据道路宽度、服务功能、交通特性、排水需求等因素因地制宜选择合适的横断面形式。

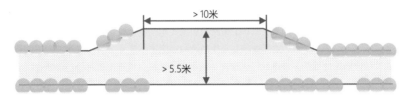

图 7-4 村庄支路错车道

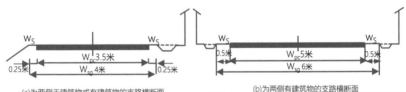

(a)为两侧无建筑物或有建筑物的支路横断面
路基宽度4米，单车道，路面宽度3.5米，两侧各设0.25米的路肩宽度。两侧有建筑物时设置管道或边沟(应设盖板)排水，边沟可单侧或双侧设置。

(b)为两侧有建筑物的支路横断面
路基宽度6米，路面宽度5米，主要考虑了满足单车道行驶并加一侧车辆临时停放的宽度：包括3米车行道宽度 +2米单侧停车带宽度。两侧各设 0.5 米路肩，可采用管道或边沟(应设盖板)排水，边沟可单侧或双侧设置。

图 7-5 经典村庄支路横断面

（3）巷路应以人行功能为主，应便于与支路连接，巷路的宽度应考虑防灾减灾的功能要求，如应考虑地震房屋倒塌时可以通过巷路逃生或消防救灾的需求。因此巷路路面宽度可取 2.5 米或 3 米，加上两侧路肩宽度可达到 3 米或 3.5 米。可采用单侧或双侧排水。巷路应符合现行国家标准《无障碍设计规范》GB 50763 的有关规定。

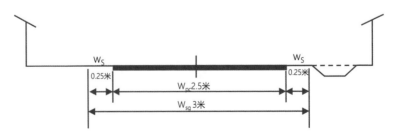

图 7-6 村庄巷路横断面

7.1.3.3 田间道路系统规划

田间道路系统应以现有田间肌理为基础，使居民点、生产经营中心、各轮作区和田块之间保持便捷的交通联系，路线宜直且短，确保农机具能到达每一块耕作田地。

（1）田间道路应保证居民点、生产中心到农田具有方便的交通联系、路线直、运输距离短，可以顺利到达每一个轮作田区或耕作田块；要尽量与田块、林带、渠道等结合。

（2）考虑农业企业的特点，要在企业内形成一个有机联系的道路体系，以适应农业现代化的要求。

（3）根据我国农业生产的特点，要尽可能节省土地，例如利用林带遮阴带做道路、渠堤兼做道路等。同时应节约基建投资，充分利用原有道路及其建筑物。

（4）田间道路选线应和农村主干道有机结合在一起，组成统一的农村道路网。可结合乡村旅游，布设村庄慢行通道。田间道路的平、纵、横三方面应满足道路路线设计的技术要求。

（5）田间道路应在坚实土质上，减少道路跨越沟渠，避免低洼沼泽地段，尽量减少桥涵等工程建筑物。田间道路的纵坡度一般在 8% 以下。

（6）田间道、生产路应保持原有的自然景观，融合田园特色，形成树木、野草、农作物等高度融合的田园风光道路景观。

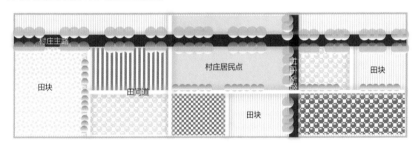

图 7-7 村庄田间道示意图

7.1.3.4 村庄绿道系统规划

村庄绿道规划宜沿村庄的自然河流、小溪、田野及山脊线设立，包括登山道、栈道、慢行休闲道等形式，旨在为人们提供亲近大自然、感受大自然的绿色休闲空间，实现人与自然的和谐共处。

村庄绿道应做好与公路、城市道路有机衔接，通过在绿道经过的公路、城市道路两侧设置自行车道和人行道的方式实现绿道与公路、城市道路的衔接；通过客运站、停车场周边的接驳点与静态交通衔接。

村庄绿道系统规划设计应集中体现①系统性原则，统筹考虑城乡发展，衔接相关规划，整合串联乡村及区域各种自然、人文资源。②人性化原则，满足居民及游客休闲健身，注重人性化设计，完善绿道服务设施。③生态性原则，应尊重村庄生态基底，顺应自然机理，最小干扰和影响原生环境。④协调性原则，应紧密结合各地实际条件和经济社会发展需要，与周边环境相融合。⑤特色性原则，应充分结合不同的现状资源与环境特征，突出地域风貌，展现多样化的景观特色。⑥经济性原则，应集约利用土地，鼓励应用环保低碳技术与材料，并结合乡土材料进行特色化设计。

7.1.3.5 交通设施规划

（1）规划应结合村域内主要对外联系道路、村庄入口、村庄公共空间，合理设置公交站场、公交站点、公共停车场等交通设施，明确其规模与布局。

（2）规划应充分考虑乡村地区未来的小汽车发展趋势，合理布局和预留停车用地。结合村民房屋改造，配建停车设施，充分利用村庄零散空地，结合村庄入口和主要道路，开辟集中停车场，减少机动车辆进入村庄内部对村民生活的干扰。

（3）有旅游功能的村庄，应根据旅游线路设置旅游车辆集中停放场地。大型运输车辆和大型农用车尽量在村庄边缘入口处停放。

（4）停车场应使用透水性铺装，通过栽种植物提高生态性，避免使用裸露土地或大面积的水泥浇筑地面。

| 路边停车 A | 路边停车 B | 集中停车示意 | 院落停车 |

图 7-8 村庄多元停车方式

7.1.3.6 道路交通安全规划

（1）村口应设置村牌、路标、交通限速标志牌或减速带，或采用特殊铺装等减速设施。

（2）在陡坡、急弯、临水沿江、傍山险路等危险路段，应在路侧设置限速、警示、警告标志和路侧护栏等安全设施；在漫水桥、过水路面等路段应设置警示标志。

（3）铁路与道路平面交叉的道口应设置警告和禁令标志，并应设置安全防护设施。对无人值守的铁路道口，应在距道口一定距离设置警告和禁令标志，警告标志到危险点的距离宜为 20~50 米。

（4）在主要交叉路口、农贸市场、学校附近应设置人行横道线，并应根据实际需要设

图 7-9 村庄道路交通标识示意及安全防护

置必要的指示标志、减速带或限速标志。

（5）在长下坡危险路段和交叉口前适当位置上通过合理设置减速丘、减速台、适当弯曲路型等方式，实现路段降速。在合适位置设置挡墙，挡墙主要用于村居安全防护、水体防护以及景观空间营造。路侧有临水临崖、高边坡、高挡墙等路段，应加设波形护栏或钢筋混凝土等护栏。急弯、陡坡及事故多发路段，加设警告、实现诱导标志和路面标线；视距不良的回头弯、急弯等危险路段，加设凸面反光镜。

■ 7.2 公用设施规划

村庄公用设施是村庄正常进行生产、生活等各项经济活动的基础与保障，决定村庄的发展条件和生活质量，很多村庄公用设施在供应系统上与城市、乡镇基础设施有着紧密联系与连接。这就需要在村庄基础设施规划编制时要落实上级规划和相关公用设施建设要求，做好用地布局和衔接，并根据村庄规模、人口、管辖范围、村庄自然条件，明确配置各类基础设施的原则、类型、标准、规模、时序，提出各类基础设施共建共享方案，确定重大基础设施布局和管控要求，加强相关用地的保障和落实。

城镇集建型村庄和整体搬迁型村庄的市政基础设施设置应以补充完善为重点，特色提升型村庄和整治完善型村庄的市政基础设施设置可在此基础上适度超前。对于外来人口集聚、旅游人口规模较大的村庄，要充分考虑这部分人口对相关设施的需求。在有条件的情况下，村庄市政基础设施的建设应与规划城镇市政基础设施联通共用，逐步实现城乡设施一体化。鼓励有条件的多个村庄共建共用市政基础设施。

7.2.1 给水工程规划

饮水安全事关人民群众的身体健康和生活质量，是重大民生问题，"十三五"期间我国饮水安全工程建设取得了重大进展，供水合格率、保障率和质量不断提高[3]。

然而由于我国地域广阔，农村自然地理、水资源条件复杂，经济社会发展不平衡，农村饮水安全问题具有明显的阶段性、反复性和动态性。农村供水设施总体水平与城市供水仍有较大差距，供水设施仍然薄弱，小型及分散供水工程量大面广，建设不规范，水质水量难于达标；水源保护薄弱，水质检测监测难于全覆盖，水质保障难度大；随着经济社会的发展，人为活动导致水体污染严重，重金属、细菌、有机物等污染物超标；且由于条件限制，缺乏必要的水处理设施，给农村地区生产生活带来了严重影响。规划重点从村庄给水工程规划需要解决的问题入手，从以下方面对农村给水工程进行规划建设。

村庄给水工程规划内容主要包括确定供水水源、供水方式，与县乡农村安全饮水规划衔接。预测用水量，合理确定管材、管径，明确输配水管道敷设方式、走向、埋深。确定水源保护措施及水质监测管理措施，保证水源水质符合现行生活饮用水卫生标准。

7.2.1.1 用水量预测

给水工程统一供给的用水量应根据所在区域的地理位置、水资源状况、现状用水量、用水条件及规划年限内的发展变化、经济发展和居民生活水平、当地用水定额标准确定。

工程供水情况等因素确定。确定设计用水人口数时，集聚提升类村庄和城郊融合类村庄，应考虑自然增长和机械增长；特色保护类村庄，应考虑旅游用水需求；搬迁撤并类村庄，限制新建或改扩建供水 程，通过维修养护维持供水水平。

1. 用水量预测：应根据最高日居民生活用水量、公共建筑用水量、饲养畜禽用水量、企业用水量、浇洒道路和绿地用水量、消防用水量、管网漏失水量和未预见用水量等的总和确定。

（1）居民生活用水量可按公式（1）计算，并应符合下列要求：

$$W=Pq/1000（1）$$

式中： W ——居民生活用水量，m^3/d；

P ——设计用水人口数，人；

q ——最高日居民生活用水定额，可按表7-3确定，$L/（人·d）$。

最高日居民生活用水定额（《村镇供水工程技术规范》SL 310—2019）　　　　表7-3

气候和地域分区	公共取水点，或水龙头入户、定时供水（L/（人.d））	水龙头入户，基本全日供水（L/（人.d））	
		有洗涤设施少量卫生设施	有洗涤设施，卫生设施较齐全
一区	20~40	40~60	60~100
二区	25~45	45~70	70~110
三区	30~50	50~80	80~120
四区	35~60	60~90	90~130
五区	40~70	70~100	100~140

注1：表中基本全日供水系指每天能连续供水14h以上的供水方式；卫生设施系指洗衣机、水冲厕所和沐浴装置等。
注2：一区包括：新疆、西藏、青海、甘肃、宁夏、内蒙古西部、陕西和山西两省黄土高原丘陵沟壑区、四川西部。
二区包括：黑龙江、吉林、辽宁、内蒙古中、东部，河北北部。
三区包括：北京、天津、山东、河南、河北北部以外地区、陕西关中平原地区、山西黄土高原丘陵沟壑区以外地区、安徽和江苏两省北部。
四区包括：重庆、贵州、云南南部以外地区、四川西部以外地区、广西西北部、湖北和湖南两省西部山区、陕西南部。
五区包括：上海、浙江、福建、江西、广东、海南、安徽和江苏两省北部以外地区、广西西北部以外地区、湖北和湖南两省西部山区以外地区、云南南部。
不包括香港、澳门和台湾地区。
注3：本表所列水量包括了居民散养畜禽用水量、散用汽车和拖拉机用水量等，不包括用水量大的家庭作坊生产用水量。

1）选取用水定额时，规划要对农村村民的水源条件、供水方式、用水条件、用水习惯、生活水平、发展潜力等情况进行调查分析，可结合以下原则：生活水平较高地区宜采用高值，有其他清洁、备用水源且取用方便的地区宜采用低值，发展潜力小的地区宜采用低值，制水成本高的地区宜采用低值。实际调查情况与表有出入时，可根据当地实际情况增减。

2）输水管道较长时，可适当考虑输水漏损水量。

（2）公共建筑用水量应根据公共建筑性质、规模及其用水定额确定，并应符合下列要求：

村庄公共建筑用水量，可只包括学校和幼儿园的用水，可根据师生数、寄宿以及表7-4中用水定额确定。

农村学校最高日生活用水定额（《村镇供水工程技术规范》SL 310—2019） 表7-4

走读师生和幼儿园（L/（人.d））	寄宿师生（L/（人.d））
10~25	30~40

注：取值时根据气温、水龙头布设方式及数量、冲厕方式等确定，南方可取较高值，北方可取较低值。

公共建筑用水量也可按现行国家标准《建筑给水排水设计规范》GB 50015 的有关规定执行，或按生活用水量的8%～25%计算。

（3）集体或专业户饲养畜禽用水量，应根据畜禽饲养方式、种类、数量、用水现状和近期发展计划等确定，并应符合下列要求：

1）圈养时，饲养畜禽最高日用水定额可按表7-5选取。

饲养畜禽最高日用水定额（《村镇供水工程技术规范》SL 310—2019） 表7-5

畜禽类别	用水定额 L/（头或只·d）	畜禽类别	用水定额 L/（头或只·d）
马、骡、驴	40~50	育肥猪	30~40
育成牛	50~60	羊	5~10
奶牛	70~120	鸡	0.5~1.0
母猪	60~90	鸭	1.0~2.0

2）畜禽放养时，应根据用水现状在定额用水量基础上适当折减。

3）有独立供水水源的饲养场不计此项。

（4）企业用水量应根据下列要求确定：

1）应根据企业类型、规模、生产工艺、生产条件及要求、用水现状、近期发展计划和当地的用水定额标准等确定。

2）工作人员生活用水量，应根据车间性质、温度、劳动条件、卫生要求等确定，无淋浴的可为20~30L/（人·班）；有淋浴的可为40~50L/（人·班）。

3）对耗水量大、水质要求低或远离居民区的企业，供水范围和用水量应根据水源充沛程度、供水成本、水资源管理要求以及企业意愿等确定。

4）没有乡镇企业或只有家庭手工业、小作坊的村镇不计此项。

（5）浇洒道路和绿地用水量，经济条件好且规模较大的村镇可根据浇洒道路和绿地的面积，按 1.0~2.0L/（m² · d）的用水负荷计算，其余可根据实际情况确定。

（6）管网漏损水量和未预见水量之和，宜按上述各类用水量之和的 10%~25% 取值，IV型、V型供水工程取低值，I～Ⅲ型供水工程取较高值。（村镇集中供水工程按供水规模（W/（m³/d））分类，I型—W≥10000，Ⅱ型—V型 10000<W≥5000，Ⅲ型—50000<W≥1000，IV型—1000<W≥100，V型—W<100）。

（7）消防用水量，应按现行国家标准《建筑设计防火规范》GB 50016 的有关规定执行。允许间断供水或完全具备消防用水蓄水条件的镇（乡）村，在计算供水能力时，可不单列消防用水量。

日变化系数、时变化系数应根据镇（乡）村的规模、聚居形式、生活习俗、经济发展水平和供水方式，并结合现状供水变化情况分析确定。

1）在缺乏实际用水资料情况下，综合用水的日变化系数和时变化系数宜按以下规定确定：日变化系数宜采用 1.3～1.6，规模较小的供水系统宜取较大值；

2）基本全日供水工程的时变化系数，可按表 7-6 确定。

3）定时供水工程的时变化系数，可取 3.0~4.0，日供水时间长、用水人口多的取较低值。

基本全日供水工程的时变化系数（《村镇供水工程技术规范》SL 310—2019） 表 7-6

供水规模 w W/（m³/d）	W≥5000	5000>W≥1000	1000>W≥100	W<100
时变化系数 K_h	1.6~2.0	1.8~2.2	2.0~2.5	2.5~3.0

注：企业日用水时间长且用水量比例较高时，时变化系数可取较低值；企业用水量比例很低或无企业用水量时，时变化系数可在 2.0~3.0 范围内取值，用水人口多、用水条件好或用水定额高的取较低值。

7.2.1.2 水源和水质

供水水源地的用地应根据村庄地理、区位、给水规模、水源特性、取水方式和调节设施等因素确定，并应提出水源地卫生防护要求和措施。

1. 水源选择

（一）地表水水源地选择应符合下列规定：

1）水源地应位于水体功能区划规定的取水河段或水质符合相应标准的河段；2）饮用水水源地应位于城镇、工业区或村镇上游。

（二）地下水取水构筑物的位置应符合下列规定：

1）应位于水质好，不易受污染的富水地层；2）应靠近主要用水地区；3）按地下水流向，应位于镇（乡）村的上游地区；4）应避开地质灾害区和矿产采空区；5）应方便施工、运行和维护。

（三）选择泉水和溶洞水作为水源时应符合下列规定：

应对已经作为供水水源的泉水和溶洞水调查，了解其水量、水质变化情况，重点是干旱年出水量情况；对尚未开发利用的，宜听取当地居民对其在不同干旱年份、不同季节的水量变化描述，并实测其水质和水量。

2. 水质要求

生活饮用水水质应符合现行国家标准《生活饮用水卫生标准》GB 5749 的有关规定。选择地下水为生活饮用水水源时应符合国家现行标准《地下水质量标准》GB/T 14848 和《生活饮用水水源水质标准》CJ 3020 的有关规定。选择地表水为生活饮用水水源时应符合国家现行标准《地表水环境质量标准》GB 3838 和《生活饮用水水源水质标准》CJ 3020 的有关规定。

3. 水源地保护

水源地保护是村庄饮水安全的首要问题，规划要充分和水利水务部门及生态环境部门积极对接，落实水源地保护范围及要求。

集中式饮用水水源应建立水源保护区。水源保护区划分和标志设置应符合《饮用水水源保护区划分技术规范》HJ 338—2018 和《饮用水水源保护区标志技术要求》HJ/T 433—2008 的要求。

一般河流水源地：一级保护区水域长度为取水口上游不小于 1000 米，下游不小于 100 米范围内的河道水域。二级保护区长度从一级保护区的上游边界向上游（包括汇入的上游支流）延伸不小于 2000 米，下游侧的外边界距一级保护区边界不小于 200 米。

湖泊、水库型饮用水水源地：小型水库（V < 0.1 亿立方米）和单一供水功能的湖泊、水库应将多年平均水位对应的高程线以下的全部水域划为一级保护区。小型湖泊（$S_{面积}$ < 100 平方千米）、中型水库（0.1 亿立方米 ≤ $V_{库容}$ < 1 亿立方米）一级保护区范围为取水口半径不小于 300 米范围内的区域，一级保护区边界外的水域面积设定为二级保护区。大中型湖泊（$S_{面积}$ ≥ 100 平方千米）、大型水库（$V_{库容}$ ≥ 1 亿立方米）保护区范围为取水口半径不小于 500 米范围内的区域，以一级保护区外径向距离不小于 2000 米区域为二级保护区水域面积，但不超过水域范围。

分散饮用水水源保护除了以河流和湖库为水源取水点需落实上述保护范围，还应符合下列规定：水窖水源保护范围为集水场地区域，地下水水源保护范围为取水口周边 30~50 米。

饮用水地表水源各级保护区及准保护区内均必须遵守下列规定：

（1）一级保护区内

禁止新建、扩建与供水设施和保护水源无关的建设项目；禁止向水域排放污水，已设置的排污口必须拆除；不得设置与供水需要无关的码头，禁止停靠船舶；禁止堆置和存放工业废渣、城市垃圾、粪便和其他废弃物；禁止设置油库；禁止从事种植、放养禽畜，严格控制网箱养殖活动；禁止可能污染水源的旅游活动和其他活动。

（2）二级保护区内

不准新建、扩建向水体排放污染物的建设项目。改建项目必须削减污染物排放量；原有排污口必须削减污水排放量，保证保护区内水质满足规定的水质标准；禁止设立装卸垃圾、粪便、油类和有毒物品的码头。

（3）准保护区内

直接或间接向水域排放废水，必须符合国家及地方规定的废水排放标准。当排放总量不能保证保护区内水质满足规定的标准时，必须削减排污负荷。

7.2.1.3 给水方式

村庄供水主要包括集中式供水和分散式供水两种形式，给水方式应根据规划要求及当地水源、地形、能源、经济条件、技术水平等因素进行方案综合比较后确定。城镇周边的村庄，应依据安全、经济、实用的原则，优先选择城镇配水管网延伸供水。无条件采用城镇配水管网延伸供水的村庄，应优先选择联村、联片或单村集中式给水方式。在水资源匮乏、用户较少、居住分散、地形复杂、电力不保证等条件下的村庄，可选择手动泵、引泉池或雨水收集等联户或单户分散式给水方式。

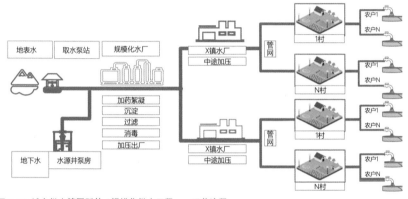

图 7-10 城市供水管网延伸/规模化供水工程——工艺流程

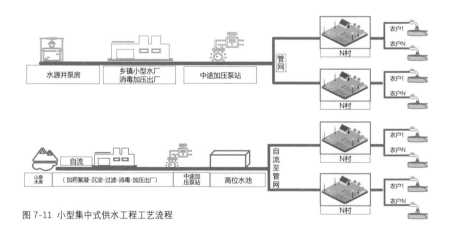

图 7-11 小型集中式供水工程工艺流程

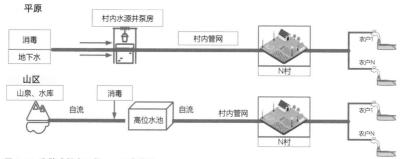

图 7-12 分散式供水工程——工艺流程

7.2.1.4 管线布置

1. 一般规定

村庄给水管网给水管材及其规格应满足设计内径、敷设方式、地形、地质、施工、材料供应、卫生、安全及耐久等条件，宜采用球磨铸铁管和 PE 等塑料材质的管道，村庄给水管网规划宜成系统，规模较小的村庄，可布置成枝状管网，但应考虑将来连成环状管网的可能，并应采取保证水质的措施；规模较大的镇村，宜布置成环状管网，当允许间断供水时，可采用枝状管网。

2. 管线布置一般原则

（1）选择较短的线路，满足管道地埋要求，沿现有道路或规划道路一侧布置。

（2）避开不良地质、污染和腐蚀性地段，无法避开时应采取防护措施。

（3）减少穿越铁路、高等级公路、河流等障碍物。

（4）减少房屋拆迁、占用农田、损毁植被等。

（5）施工、维护方便，节省造价，运行经济安全可靠。

水源到水厂的输水管道可按单管布置；Ⅰ型、Ⅱ型供水工程，宜按双管布置。双管布置时，应设连通管和检修阀，输水干管任何一段发生事故时仍能通过 70% 的设计流量。

集中供水工程的水厂到村镇配水干管布置：供水管网宜以树枝状为主，有条件时可环状、树枝状结合。平原区主干管应以较短的距离引向各村镇；山丘区，主干管的布置应与高位水池的布置相协调，利用地形重力流配水。

3. 管材选择及管径

供水管材选择应根据管径、设计内水压力、敷设方式、外部荷载、地形、地质、施工和材料供应等条件，通过结构计算和技术经济比较确定。

（1）露天明设管道宜选用金属管，采用钢管时应进行内外防腐处理，内防腐应符合 GB/T17219 的要求。严禁采用冷镀锌钢管。

（2）管网中所有管段的沿线出流量之和应等于最高日最高时用水量。

（3）管道设计内径应根据设计流量和设计流速确定，设置消火栓的管道内径不宜小于 100 毫米。

（4）用水人口少于 1000 人的村内管道管径可参照表 7–7 确定。

不同管径的控制供水户数（《村镇供水工程技术规范》SL 310—2019）　　表7-7

管径 / 毫米	110	75	50	32	20
控制供水户数 / 户	170~220	80~110	30~60	5~15	1~3

注：表以 PE 管为代表，管径指公称外径；控制供水户数根据住户间距和管道总长等确定。

4. 管线敷设

（1）输配水管网除岩石地基地区和山区且无防冻要求外应埋设于地下；在覆盖层很浅或基岩出露的地区可浅沟埋设，塑料管道露天敷设应采取防晒、防冻保护措施，金属管道可露天敷设并采取冬季防冻措施。

（2）管顶覆土应根据冰冻情况、外部荷载、管材强度、土壤地基、与其他管道交叉等因素确定。非冰冻地区，在松散岩层中，管顶覆土深度不宜小于 0.7 米，在基岩风化层上埋设时，管顶覆土深度不应小于 0.5 米；寒冷地区，管顶最小覆土深度应位于土壤冰冻线以下0.15 米；穿越道路、农田或沿道路铺设时，管顶覆土不宜小于 1.0 米。

（3）当供水管与污水管交叉时，供水管应布置在上面，且不应有接口重叠。当给水管道敷设在下面时，应采用钢管或钢套管，钢套管的两端伸出交叉管的长度不得小于 3m，采用防水材料封闭钢套管的两端。

（4）供水管道与建(构)筑物、铁路和其他管道的水平净距，应根据建(构)筑物基础结构、路面种类、管道埋深、管道设计压力、管径、管道上附属构筑物、卫生安全、施工和管理等条件确定。最小水平净距应符合 GB 50289 的相关规定。

（5）管道穿越河流时，可采用沿现有桥梁架设或采用管桥或敷设倒虹吸管从河底穿越等方式。穿越河底时，管道管内流速应大于不淤流速，在两岸应设阀门井，应有检修和防止冲刷破坏的措施。管道在河床下的深度应在其相应防洪标准的洪水冲刷深度以下，且不小于1 米。管道埋设在通航河道时，应符合航运部门的规定，并应在河岸设立标志，管道埋设深度应在航道底设计高程 2 米以下。

7.2.2 排水工程规划

改革开放以来，伴随着农民生活水平的不断提高，农村地区居民生活用水量日益增大，污水排放量不断增加。由于农村与城市居民经济条件和生活方式的差异，农村居民生活排水的量、质与城市居民存在较大的不同。农村生活排水包括洗涤、沐浴、厨房炊事、粪便及其冲洗等的排水，主要含有有机物、氮和磷以及细菌、病毒、寄生虫卵等，同时由于农村经济发展的不平衡，再加上各地生活习惯与习俗也有较大差别，所以各地农村生活排水的量和质也相差较大。目前，一方面我国乡镇农村的生活污水处理能力低，设施不配套或不完善，污水处理设施的建造与运行远远滞后于新增加的污染量，另一方面由于各地的经济状况、环保意识等原因，更多的农村生活污水没有经过处理直接排入地下和江河湖泊，对农村环境造成了污染，规划重点从村庄排水水工程规划需要解决的问题入手，从以下方面对农村排水工程进行规划建设。

村庄排水工程规划内容包括因地制宜选择排水体制、雨污排放和污水处理方式；科学预测污水量；确定污水排放标准；确定村域主要排水管线、沟渠的走向，管径以及横断面尺寸等工程建设要求，并提出污水处理设施的规模与布局要求。

7.2.2.1 排水体制与排水量

1. 排水体制

规划要结合村庄实际情况确定排水体制，有条件的村庄应采用雨污分流制，利用沟渠排雨水、管道排污水。现状采用雨污合流制的村庄，远期逐步改造为分流制。现状采用雨污合流排水方式的村庄，应采取截流、调蓄和处理相结合的措施，减少溢流污染。

城郊融合型村庄应考虑污水纳入城区、镇区污水收集处理的可行性。靠近城区、镇区，且满足城镇污水收集管网接入要求的村庄，污水宜优先纳入城区、镇区污水收集系统，不便接入集中处理设施的可分户处理。

2. 排水量

排水量包括污水量和雨水量，污水量包括生活污水量及生产废水量。各地农村居民的排水量均宜根据实地调查结果确定。在没有调查数据的地区，村庄居民人均生活污水排放量可按照现行行业标准《农村生活污水处理工程技术标准》GB/T 51347—2019、《村庄整治技术标准》GB/T 50445—2019、住房和城乡建设部《镇（乡）村排水工程技术标准（征求意见稿）》等技术标准估算。排水量可按下列规定计算：

（1）生活污水量应按生活用水量的 40% ~ 90% 进行计算。

（2）生产废水量及变化系数应按产品种类、生产工艺特点及用水量确定；无相关资料时，应按生产用水量的 70% ~ 90% 进行计算。

（3）雨水量可参照邻近城镇的设计标准进行计算。

农村居民日用水量参考值和排放系数（《农村生活污水处理工程技术标准》GB/T 51347—2019） 表 7-8

项目	有水冲厕所 有淋浴设施 用水量【L/(人·d)】	有水冲厕所 无淋浴设施 用水量【L/(人·d)】	无水冲厕所 有淋浴设施 用水量【L/(人·d)】	无水冲厕所 无淋浴设施 用水量【L/(人·d)】
东北	80~135	40~90	40~70	20~45
东南	120~200	80~130	60~90	40~70
华北	100~145	40~80	30~50	20~40
西北	75~140	50~90	30~60	20~35
西南	80~160	60~120	40~80	20~50
中南	100~180	60~120	50~80	40~60
排放系数取用水量的 40% ~ 80%				

7.2.2.2 排水收集系统

合理的村庄排水收集系统是村庄排水工程规划的重要环节，为提高村庄污水处理系统的效率，避免合流制溢流污染，村庄排水收集系统应采用分流制。

1. 村庄污水收集及管网布置

（1）污水收集

1）村庄生活污水收集系统应包括农户庭院内的户用污水收集系统和农户庭院外的村污水收集系统。户用污水收集系统主要收集农户厨房污水、卫生间洗涤洗浴污水和粪便污水，一般包括出户管、检查井、化粪池、沉渣格栅井等。

2）农村非生活污水应单独收集、处理和排放；如需接入农村生活污水处理系统时，应采取安全有效措施，符合污水接入要求。农村非生活污水是指专业养殖户污水、工业废水，其中专业养殖户污水是指农村集体或专业户饲养畜禽所产生的污水，不含农户散养畜禽污水。农户散养畜禽污水，应收集集中处理并达标排放。

3）对于农家乐等经营场所的污水，宜根据季节性水量水质的波动，单独收集、处理和排放。

4）户用污水收集系统粪便污水应与厨房污水和卫生间洗涤洗浴污水分开收集，并应优先考虑资源化利用，厨房污水和卫生间洗涤洗浴污水应排入户外污水管渠。收集粪尿的装置应设在室外，并应减少臭气、蚊蝇等对人居环境的影响。

5）有条件的地区应设置村庄污水收集系统，村庄污水收集系统宜采用重力排水方式，敷设重力管道有困难的地区，可采用压力收集系统或真空收集系统，也可采用组合方式。

（2）污水管网布置

1）村庄排水管渠系统应根据县城、乡镇总体规划和建设情况统一布置或整治。

2）污水管渠系统设计应以重力流为主；污水管道宜采用暗管型式；现状明渠应加设盖板，必要时进行防渗处理。

3）污水管道尺寸、坡度应根据设计污水流量计算确定；管道敷设应充分利用地形高差，且应符合最小设计流速要求，尽可能避免穿越河道、铁路、高速公路等。

4）污水管道宜优先选用成品管；管材可采用混凝土管、铸铁管、塑料管等多种地方成熟材料。

5）污水管道应敷设在冻土层以下，且浅埋时应有防冻措施。

6）污水管道交汇处、转弯处、管径或坡度改变处、跌水处以及直线段每隔100~120米，需设检查井；检查井宜采用预制检查井。检查井内宜设置沉泥槽。

7）污水管道与其他地下管线（构筑物）水平和垂直的最小净距，应按现行国家标准《建筑给水排水设计规范》GB 50015 中关于居住小区地下管线（构筑物）间最小净距的相关规定执行。

8）污水管管径不应小于200毫米，接户管管径不应小于100毫米。

2. 雨水收集及管网布置

（1）雨水收集

村庄中雨水以优先收集利用为主，雨水控制与利用以削减径流排水、防止内涝及雨水资源化利用为目的，并兼顾村庄防灾需求。雨水控制与利用宜采用入渗、收集回用、调蓄排放等形式及其组合。

雨水入渗可采用绿地、透水铺装地面、渗透管沟、坑塘、入渗井等方式。雨水调蓄设施应优先选用天然洼地、湿地、河道、池塘（坑塘）等，也可建人工调蓄设施或利用雨水管渠进行调蓄。

下凹式绿地宜低于硬化地面50~100毫米；当有排水要求时，绿地内宜设置溢流雨水口，其顶面标高应高于绿地20~50毫米；调蓄雨水可用作绿地、作物浇灌用水，也可经处理后用作非饮用用途的生活杂用水或生产用水。

（2）雨水管网布置

1）雨水管渠宜采用明渠或暗管型式，充分利用现状沟渠或与道路边沟结合；雨污合流管道宜采用暗管型式。

2）雨水管渠断面尺寸、坡度应根据设计雨水流量计算确定；管渠敷设应充分利用地形高差，且满足最小设计流速要求。

3）雨水管和合流管最小管径为300毫米，雨水口连接管最小管径为200毫米；雨水明渠底宽不宜小于250毫米，深度不宜小于300毫米。

4）雨水明渠侧墙和雨水口算面标高应比周边地面标高低3~5厘米。

5）雨水明渠砌筑宜就近取材，可选用混凝土或砖石、条石等地方材料。

7.2.2.3 污水处理

1. 村庄污水处理方式

结合村庄特点，合理选择污水处理方式，节约建设造价和运行成本。农村生活污水处理主要有分户污水处理、村庄集中污水处理、纳入城镇污水管网处理三种方式，距离城镇较近的村庄考虑将污水系统纳入城镇污水体系，离城镇较远、人口较多经济条件好的村庄，可考虑建设小型污水处理设施。居住较分散、规模小的村庄可通过建设户用污水处理设施。处理水排放应符合现行国家污水综合排放标准。

2. 村庄污水处理设施

（1）村集中处理：

有条件的村庄可设置村庄污水处理站，选址应

1）便于污水收集和处理后出水回用和安全排放。

2）应远离饮用水源地等敏感区域。

3）应位于当地村民聚居区的夏季主导风向的下风侧。

4）与村庄建筑物的卫生防护距离不宜小于100米，否则应具有卫生隔离措施。

5）宜位于地势较低的地方，但应有良好的排水条件和防洪排涝能力。

6）节约用地，应优先利用闲置的土地。

7）有方便的交通、运输和水电条件。

（2）分户处理

1）分户处理可采用预制化装置，一体化小型污水处理设施可每户单独设置，也可相邻几户集中设置。

2）化粪池宜设置在接户管下游且便于清掏的位置。为满足化粪池应设在室外，其外壁距建筑物外墙不宜小于 5 米，并不得影响建筑物基础；化粪池和饮用水井等取水构筑物的距离不得小于 30 米；化粪池池壁和池底应进行防渗漏处理。

3. 村庄污水处理工艺

村庄污水处理工艺应根据进水水质、出水用途、区位特点等，经技术经济比较后确定，相对集中污水处理模式，宜有针对性地选择"生物"工艺、"生态"工艺或"生物 + 生态"的组合工艺，"生物"工艺宜主要采用活性污泥、生物接触氧化、氧化沟、序批式生物反应器等，"生态"工艺宜采用人工湿地、土地处理、稳定塘等，村庄污水处理站处理工艺宜优先采用模块化技术，规模较小的可选用一体化处理设备。

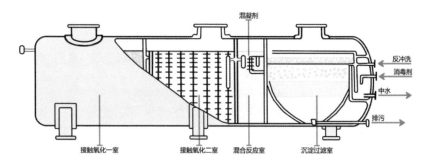

图 7-13 一体化污水处理器结构示意图（参考网络图片改绘）

分散处理模式宜选用"净化槽""户用生态模块""三格式化粪池 + 人工湿地"等工艺。冬季气温长期处于零摄氏度以下的寒冷地区，主要以生态处理技术为主，宜采用稳定塘、土地处理系统等设施滞留污水。主要污水处理工艺详见表 7-9。

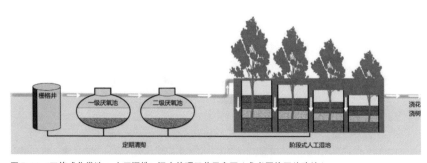

图 7-14 "三格式化粪池 + 人工湿地"污水处理工艺示意图（参考网络图片改绘）

工艺	推荐技术	适用范围
生物＋生态处理工艺	户用生态利用模块	适用于 1~2 户零散污水处理或村庄经济、技术基础相对薄弱、水环境容量较大的村庄，主要工艺流程是隔油池＋功能加强型化粪池＋模块化人工湿地
	脉冲生物滤池技术	适用于水质、水量变化较大、污水排放分散的村庄，河网、平原或地形较为平坦的村庄和对景观要求较高的村庄
	生物滴滤池技术	适用于地形较为平坦、土地资源较为紧张、无条件配备专业管护人员的村庄，处理规模不小于 5 立方米／日
生物处理工艺	净化槽	适用于 1 ~ 30 户分散型村庄
	A/O 生物接触氧化技术	适用于 500 立方米／日污水排放量以内的村庄
	生物接触氧化技术	适用于相对较集中的村庄，处理规模宜为 10~250 立方米／日
生态处理工艺	有机填料型人工湿地	适用于居住相对集中、水环境容量大、对出水水质，要求不高、村庄经济基础相对较弱的村庄
	组合型人工湿地	适用于 20 户以上（水量 10 立方米／日以上）的村庄
	土壤渗流技术	适用于平原、丘陵地区的居住相对集中的村庄，处理规模宜为 10~500 立方米／日

7.2.2.4 运行、维护及管理

为保证村庄排水设施的运行质量，应注重日常运行、维护及管理。

（1）农村生活污水处理设施的运行、维护及管理宜采用城乡统筹，统一运行、统一维护和统一管理。

（2）应建立健全运行、维护及管理资料的记录和保存制度。

（3）应定期检查和维护排水管道、管道接口和转弯处。

（4）应定期检查和维护清理厨房下水和浴室排水清扫口。

（5）应定期检查和清理检查井。

（6）应定期对污水处理构筑物及相关设备进行保养、检查和清扫。

（7）应定期根据水质水量特征调整运行参数。

（8）宜定期对运行和维护人员进行培训。

7.2.3 电力设施规划

村庄电力设施规划的主要内容有落实上级高、中压电网规划，线路走向与村庄布局相衔接，根据村域现状用电水平，合理选择村庄电源，预测用电负荷，确定变电站配电所的位置

容量及数量，对供电线路和重要供电设施进行合理布局。

7.2.3.1 电力负荷预测

预测工作宜先进行用电量预测，再进行负荷需求预测。一般先进行目标年的电量需求预测，再根据年综合最大负荷利用小时数求得最大负荷需求的预测值。根据负荷和电源条件，确定供电电源方式。

电力负荷预测，常用的计算方法大致分为两类，一类是从预测电量入手，再换算为用电负荷，如综合用电水平法、单耗法、增长率法和电力弹性系数法；另一类是直接预测用电负荷的负荷密度法，分为按单位用地面积负荷密度和单位建筑面积负荷密度两类。

7.2.3.2 电源选择及线路布置

电源是电力网的核心，村镇供电电源的选择是村镇电力工程规划设计中的重要组成部分。村镇的电源一般分为发电站和变电所两种基本类型。

1. 变电所的选址

（1）接近村镇用电负荷中心，以减少电能损耗和配电线路的投资。

（2）便于各级电压线路的引入或引出，进出线走廊要与变电所的位置同时决定。

（3）变电所的用地不占或少占农田，选择地理地质条件适宜，不易发生塌陷泥石流水害落石雷害等灾害的地点。

（4）交通运输便利，便于装运主变压器等笨重设备，但与道路应有一定的间隔。

（5）邻近工厂设施等应不影响变电所的正常运行，应避开易受污染灰渣爆破等侵害的场所。

（6）要满足自然通风的要求，并避免西晒。

（7）考虑变电所在一定时期内发展的可能。

（8）变电所规划用地面积控制指标要依据规范选定。

2. 线路布置

村庄供电线路的布置供电线路的布置应根据当地的自然条件、社会经济条件和具体需求进行。落实上级高、中压电网规划的线路走向，线路的敷设主要有地埋和架空两种方式。地理敷设电缆适用于人流集中和对景观要求较高的地段（如旅游景区等）；而架空电力线路的布置则更为普遍，以路径短直、平顺为基本原则，根据地形地貌和网络规划，应尽量沿着村庄道路、河渠，绿化带等进行架设。35千伏及以上高压架空电力线路不能穿过村镇中心、文物保护区、危险品仓库等，并需规划设置高压安全走廊。

7.2.4 通信设施规划

村庄通信设施主要包括有线电话、有线电视、宽带网络线路等弱电系统。通信设施规划内容主要为确定重要通信设施的位置、广播电视和网络通信覆盖目标以及通信线路方式。根据村庄分类，确定通信设施规划目标，规划发展类村庄尽可能实现光纤到户率100%，4G网络，Wi-Fi覆盖率达100%，拆迁撤并类村庄以保持现状为主。

通信线路布置宜沿道路敷设，线路走向宜设在电力线道路走向的另一侧，应避开易受洪水淹没、河岸塌陷、滑坡的地区，应便于架设、巡察和检修。对于经济发达有条件、特色保护及景观有特色要求的村庄，在重要地段鼓励采取地埋方式。电信、有线电视、移动、联通等通信管道，应综合建设，形成综合管道以减少重复建设。

规划宜围绕村庄综合服务中心，加快通信基础设施建设，大幅提升乡村网络设施水平，提高乡村通信的覆盖水平和服务质量，加快农村宽带通信网、移动互联网、数字电视网和下一代互联网发展，并结合需求增设村邮政服务网点，逐步开展电子商务、农村淘宝、网络代购等服务。推进数字乡村建设。

图 7-15 某村电力电信工程规划图

7.2.5 燃气规划

随着生产力的发展和农村居民生活水平的提高，燃气供应在村镇公用事业发展非常重要，燃气化是实现村镇现代化不可缺少的一个方面。

1. 村庄燃气工程规划原则

（1）必须在村镇总体规划指导下，结合上一级城镇或是结合区域能源平衡的特点进行。

（2）贯彻远近期结合，以近期为主，并考虑长远发展的可能性。

（3）村镇燃气规划要符合统筹兼顾、全面安排、因地制宜、保护环境，走可持续发展的道路。

2. 村镇燃气工程规划的主要内容

（1）根据区域和当地能源资源情况，选择和确定村镇燃气的气源。

（2）估算各类用户的用气量及总用气量。

（3）合理确定燃气供应设施的规模和主要供气对象。

（4）选择经济合理的村镇燃气管网系统。

（5）科学布置供气设施。

（6）制定燃气设施和管道的保护措施。

其中燃气工程规划应根据不同地区的燃料资源和能源结构的情况确定燃气种类。

3. 燃气管网设置

（1）有接入城镇管道条件的村庄，可选择城镇管道燃气供气；无接入城镇管道条件的村庄，可采用瓶组供气或罐装气。

（2）燃气主干管网应沿村庄道路敷设，减少穿跨越河流、铁路及其他不宜穿越的地区；

（3）应减少对农村用地的分割和限制，同时方便管道的巡视、抢修和管理；

（4）除穿越工程外，应均埋地敷设，管道管径满足规范要求，宅前道路布置燃气接户管，并根据用户分布预留过路管。

4. 其他能源规划

农村地区能源绿色转型发展，是满足人民美好生活需求的内在要求，是构建现代能源体系的重要组成部分，对巩固拓展脱贫攻坚成果、促进乡村振兴、实现碳达峰、碳中和目标和农业农村现代化具有重要意义。有资源条件的区域，应遵循因地制宜、多能互补、综合利用、安全可靠、讲求效益的原则，通过合理的方式利用可再生能源。经济条件较好的村庄，宜开发可再生能源利用技术及建设示范工程，并逐步实现市场化。

（1）生物质能宜采用清洁化、资源化利用方式；秸秆和薪柴宜加工为固体成型燃料使用，家庭养殖户可建设户式小型沼气系统。

（2）布局集中紧凑且周围具有大中型养殖场的村庄，宜建设大中型生物质气系统，且沼液及沼渣应规范排放或综合利用。

（3）太阳年辐射总量大于5000兆焦耳/平方米、年日照时数大于2200小时的地区，宜采用分布式太阳能光热、光电利用技术；

（4）年平均风速大于3米/秒的地区，且具备适合风力发电机安装的场地，可使用风能发5经济条件较好的村庄，可开发村级能源互联网利用技术，实现源、网、荷、储智慧协调运行。

7.2.6 环卫设施规划

环卫设施规划主要内容涉及村庄垃圾处理与农村"厕所革命"。

7.2.6.1 村庄垃圾处理

结合村庄规模、聚集形态和发展实际，合理预测垃圾产生量，确定村域范围内垃圾收集点、垃圾转运站的数量和布局，合理设置垃圾箱、清运工具，提出村庄保洁方案，健全"户分类、村收集、镇转运、县处理"城乡一体化处理体系，推进农村垃圾有效治理常态化、全覆盖。在一定经济运距范围可将垃圾转运至县市级终端处理设施的村庄，推荐按照各地垃圾分类要求，采取"户分类、村收集、镇中转、县处理"模式，因地制宜推进分类减量；与县市级终端处理设施距离远、运输不便的偏远村庄，推荐采用生活垃圾最大化就地分类减量的模式，有条件的宜根据实际情况就地无害化处理，尽可能减少外运。

推进农业生产废弃物资源化利用，减少农田残膜，防止农业生产垃圾污染；推进秸秆综合利用规模化、产业化发展；分类配套建设畜禽粪污贮存、处理、利用设施，加快构建种养结合、农牧循环发展机制。

1. 生活垃圾量预测

根据《环境卫生设施设置标准》（CJJ 27—2012），垃圾日排出量及垃圾容器设置数量计算方法：

垃圾容器收集范围内的垃圾日排出重量应按下式计算

$$Q = A_1 A_2 RC$$

式中：Q——垃圾日排出重量（吨/天）；

A₁——垃圾日排出重量不均匀系数 $A_1 = 1.1 \sim 1.5$；

A₂——居住人口变动系数 $A_2 = 1.02 \sim 1.05$；

R——收集范围内规划人口数量（人）；

C——预测的人均垃圾日排出重量 [t/（人·d）]。

2. 垃圾收集点规划

垃圾收集点指按规定设置的收集垃圾的地点。垃圾收集点主要包括两种形式，一种是设有建构筑物的垃圾容器间的形式，另一种为不设建构筑物仅放置垃圾容器的形式。垃圾容器包括废物箱、垃圾桶、垃圾箱等。

（1）垃圾收集点设置

1）村庄中垃圾收集点的位置应固定，其标志应清晰、规范、便于识别。

2）村庄垃圾收集点的服务半径不宜超过 200 米。

3）垃圾容器间设置应规范，宜设有给排水和通风设施。混合收集垃圾容器间占地面积不宜小于 5 平方米，分类收集垃圾容器间占地面积不宜小于 10 平方米。

（2）垃圾容器设置

1）垃圾容器主要包括废物箱、垃圾桶、垃圾箱等，其设置主要为解决流动人员的废弃物，设在路旁便于丢弃，同样由于设在路旁，其造型美观、风格与周围环境协调尤为重要，废物箱外观设计尽量体现村民实际需求，便于使用、维护。宜充分利用当地文化元素，尺度适宜，与周边环境相协调。

2）垃圾箱的设置间距考虑主要出于方便行人随时丢弃垃圾，间距较小，影响景观程度较低，村庄中垃圾箱位置确立可根据村庄实际情况，除村庄旅游景点、步行街、交通站、广场等人流集散场所应设垃圾箱外，结合村庄人员流动特点，主要道路也应设置垃圾箱，且垃圾箱的设置间距应按道路功能来确定，并根据村庄实际情况与需要灵活布置。

3. 垃圾收运及处理

村庄中垃圾处理要结合垃圾分类处置，鼓励和推广农村生活垃圾分类收集、资源化利用，完善农村垃圾收运处理体系，实现农村生活垃圾的减量化、资源化和无害化。

（1）村庄垃圾分类

1）废品类，包括可出售的纸类、金属、塑料、玻璃等。

图 7-16 村庄垃圾箱

2）渣土、砖瓦等惰性垃圾，主要包括煤灰、砖、瓦、石、土、陶瓷等。

3）可腐烂垃圾主要包括剩饭剩菜，蛋壳果皮，菜帮菜叶以及落叶、草、粪便等。

4）家庭有害垃圾主要包括废电池、废日光灯管、废水银温度计、过期药品等。

5）前四类生活垃圾单独收集后的剩余垃圾作为其他垃圾，主要包括各类包装废弃物、废塑料以及其他日用品消费后产生的垃圾。

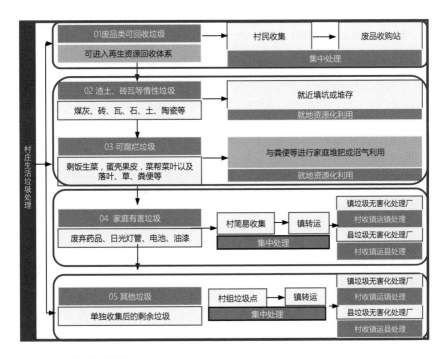

图 7-17 村庄垃圾处理流程图

（2）垃圾转运

村庄其他垃圾收运频次应考虑居住人口数量、运送距离等因素，一般推荐 1～2 次／每周，可根据实际需要增加或减少收集频次。

生活垃圾在清运过程中，应避免垃圾在清运路线沿途撒漏；不同属性垃圾清运频率应合理安排。易变质、有异味的可腐烂垃圾应及时清运；不易腐烂的垃圾如树枝、落叶、花草等可定期清理；可回收垃圾应根据当地实际情况进行清运回收；有害垃圾产量少，应遵守环境保护主管部门的规定。集中清运的垃圾主要针对"其他垃圾"。

（3）垃圾填埋

由于受经济发展水平以及运输成本的制约，一些经济欠发达村镇生活垃圾在一定时期内还难以做到集中达标处理，可选择简易填埋处理。建设卫生填埋场应符合现行国家标准《生活垃圾填埋场污染控制标准》GB 16889 和相关标准的规定；建设垃圾焚烧厂应符合现行国家标准《生活垃圾焚烧污染控制标准》GB 18485 和相关标准的规定。

简易填埋处理场选址应尽可能选择废弃坑地，并结合造地进行复垦；宜选择在村庄主导风向下风向，不应选择在村庄水源保护区范围内。简易填埋处理，可将垃圾堆高或填坑，垃圾堆高或填坑深度控制在 10 米以内。简易填埋处理一般选用自然防渗方式，应尽可能选择在土层厚、地下水位较深、远离居住和人口聚集区、地质较稳定的地方。

7.2.6.2 农村厕所革命

农村厕所不仅是农村日常生活的必备设施，也是衡量农村建设水平和文明的重要标志，原国家旅游局发布的《厕所革命推进报告》中提到，农村地区 80% 的传染病是由厕所粪便污染和饮水不卫生引起的。"厕所革命"是推进农村环境卫生建设，保障农村居民身体健康，实施乡村振兴战略的重要一环。近年来，党中央、国务院高度重视"厕所革命"，习近平总书记多次作出重要指示，并就深化"厕所革命"、推动乡村环境卫生建设作出重大部署。

村庄规划是推进农村"厕所革命"的重要环节，规划应根据村庄特点和实际需要，积极推进"厕所革命"，结合村庄公共厕所改造及户厕改造，合理确定改造模式，实现无害化和清洁化需求。

1. 公共卫生厕所

（1）一般要求

村庄中公共厕所设置应以人为本，遵循适用、卫生、文明、方便、安全、节水、环保的原则；应因地制宜，宜水则水、宜旱则旱，在水资源充足、人口密度高的地区宜建设水冲厕所并采取节水和防冻措施。在不具备建设水冲厕所的缺水地区，有条件的可建设免水冲卫生厕所，免水冲卫生厕所应符合 GB/T 18092 的要求，或建设采用生物降解等技术的微水冲厕所；应结合村镇规划，突出乡村地域特色，符合农村风土人情；农村公厕数量可根据需要按服务人口或服务半径设置。按服务人口设置，有户厕区域宜为 500~1000 人 / 座，无户厕区域宜为 50~100 人 / 座；按服务半径设置宜为 500~1000 米 / 座。

（2）规划选址

1）应建在村庄入口、广场、集贸市场等人口较集中区域。

2）应选择地势较高、不易积存雨水、无地质危险地段，方便使用者到达，便于维护管理、出粪、清渣的位置。

3）宜建设在所服务区域的常年主导风向的下风向处。

4）与其他构筑物应保持安全距离，与饮食行业及其销售网点、托幼机构的间距应大于10 米，与集中式给水点和地下取水构筑物的距离应大于 30 米。

5）学校应建设学校厕所，有旅游接待需求的村庄宜建设旅游厕所。旅游厕所宜建在游客中心、购物点、农家乐、停车场、换乘中心。

（3）厕所形式

村庄公共厕所宜按照三格化粪池式、完整上下水道水冲式建造水冲厕所。化粪（贮粪）池应设置在方便抽粪车抽吸的地方，池壁距建筑物外墙不宜小于 5 米，化粪（贮粪）池深度不应超出抽粪车的抽吸能力，一般不宜超过 4 米。化粪（贮粪）池四壁和池底应做防水处理，达到不渗不漏要求。池盖应坚固，检查井和吸粪口不应设在低洼处。

（4）标志牌

1）农村公厕附近应设导向标志牌，导向标志牌内容应包括公共厕所的标志、方向和距离。

2）农村公厕进出口应设性别标志，标志应显著、易于识别。

3）农村公厕内宜设坐（蹲）位标志、无障碍厕位标志、厕位有无人标志等。

4）应在明显位置设置文明如厕提醒牌。

（5）卫生标准

农村公厕的给水、排水管道和化粪池设计应符合 GB 50015 的要求。

水冲农村公厕可采用自来水或再生水作为公厕用水水源，冲厕用水应符合 GB/T 18920 中冲厕杂用水水质要求，洗手用水应符合 GB 5749 的要求。

农村水冲厕所的排放需符合以下要求：附近有市政污水管道的，粪便污水应经化粪池处理达到 GB 7959 要求后，排入市政污水管道；附近有村级污水处理设施的，粪便污水应经化粪池处理达到 GB 7959 要求后，排入村级污水处理设施；不具备排入市政污水管道和村级污水处理设施条件的，粪便污水经化粪（贮粪）池后，可采用抽粪车定期抽吸转运，也可配置小型污水处理设施就地处理，处理后出水应达到 GB/T 37071 规定的排放水质要求。

2. 户厕改造

（1）选择合适的户厕形式

户厕选择应按照因地制宜、分类实施的要求，坚持宜水则水、宜旱则旱、经济适用、群众接受的原则。合理选择改厕模式，国家卫计委和全国爱国卫生运动委员会办公室向广大农村地区推广 6 种无害化厕所类型，包括：

☐ 双瓮漏斗式

☐ 三格化粪池厕所

☐ 三联通沼气池厕所

☐ 完整下水道水冲式厕所

☐ 粪尿分集式厕所

☐ 双坑交替式厕所

农村户厕改造主要类型及优缺点　　　　表 7-10

户厕类型	特征原理	优点	缺点	使用范围
（a）双瓮漏斗式	原理：重力沉降＋厌氧发酵，采用双瓮化粪池作为粪污处理设施的农村户厕，由相互连通的两个瓮形粪池组成，中间由过粪管连通，利用粪便在池内厌氧发酵，实现粪污无害化	双瓮可用陶土、水泥或塑料制成，可以直接在传统旱厕的粪坑中埋入双瓮，简化了建造流程，在欠发达的农村地区较受欢迎	体积相对较小，易导致粪便停留时间过短，处理效果变差，同时增加了清理次数。该厕所多在中国北方地区推广，但若安装双瓮时缺少必要的保温措施，导致冬季双瓮内粪便结冰，粪管堵塞，最终导致厕所无法使用	主要适用于土层厚，雨量中等的温带地区。在我国主要是淮河流域、黄河中、下游及华北平原。在干旱少雨的西北地区使用也较多

户厕类型	特征原理	优点	缺点	使用范围
(b) 三格化粪池	原理：重力沉降＋厌氧发酵，三格式户厕一般由厕屋、卫生洁具、三格化粪池等部分组成，是利用三格化粪池对厕所粪污进行无害化处理的农村户用厕所	少水冲，无需用电，产生的粪污可作农家肥之用，无害化效果好，结构、施工和日常维护、管理简单，需要定期清掏	需要格外注意渗漏问题，并要及时清掏，防止污染	全国大部分地区都可以使用，高寒地区化粪池应深埋或增加防冻保温措施
(c) 三联通沼气池	原理：厌氧发酵 三联通指厕所、畜禽舍和沼气池相连通，人和畜禽的粪便分别经卫生厕所便器和畜禽舍收集后进入发酵间厌氧发酵，产生的沼气由活动盖上的沼气管输出，对粪污进行无害化处理	它实现了营养物质回收利用和能源再生，同时还解决了传统畜禽饲养模式导致的环境污染和卫生问题	此类厕所建造难度较大，对进料、沼气池、温度均有较高要求，维护管理也较麻烦，还存在维护管理不周导致产期不足就弃用的情况	主要适用于土层厚，雨量中等的温带地区。在我国主要是淮河流域，黄河中、下游及华北平原。在干旱少雨的西北地区使用也较多
(d) 完整下水道水冲式厕所	完整上下水道厕所将水冲式厕所的污水经单格化粪池或直接排放到污水管网，并输送至污水集中处理系统进行集中处理	厕所卫生方便，舒适度高，但改造的前提是有完整的上下水道系统且污水集中处理系统能够正常运行	如果没有完整的配套设施，污水直接排放至周边环境或发生管道渗漏、污水厂不能正常运行等情况发生，势必造成更加严重的环境污染，将旱厕问题转变为水厕问题	适合于城镇化程度较高、居民集中、环境敏感区周边的城郊或农村地区，有完整的上下水道系统且污水集中处理系统能够正常运行
(e) 粪尿分集式厕所	原理：脱水干燥 粪尿分集式厕所是采用粪尿分集式便器将粪尿分别收集的一类厕所。粪便在重力作用下落入贮粪池中，后添加适量干灰（草木灰、炉灰、庭院土等），干燥脱水使粪便达到无害化，集满后外运集中处理。尿液收集在贮尿池中一段时间后可用作尿肥	非水冲的粪尿分集能够减少粪便的处理量，还能利用尿液中丰富的氮磷钾等营养物质。该厕所的建造成本低，且不需要水冲，无需考虑结冰的问题，因此它适用于干旱、寒冷地区	缺点在于其使用和维护较复杂。排便后还要加灰干燥，如不能及时覆盖或不完全，会导致蚊蝇滋生，影响粪便无害化效果	适用于干旱缺水地区；寒冷地区也可应用。主要应用于吉林、山东、山西、陕西、甘肃等地
(f) 双坑交替式厕所	原理：兼性好氧发酵 双坑交替式户厕设有两个坑，面积相同，后墙有一方孔用来取粪，平时封闭。使用该式厕所排便后用秸秆粉、稻壳或细碎物料覆盖，吸收粪尿水分并和空气隔开。待其中一个坑填满后将其封闭，启用另外一个坑。第一坑厕所掏空粪便再行使用，如此双坑交替循环使用。结构简单，经济实用，但卫生条件一般，可用于干旱缺水地区	该厕所结构简单，易于在传统旱厕基础上改造，造价低廉	缺点在于其使用和维护较复杂。排便后还要加灰干燥，如不能及时覆盖或不完全，会导致蚊蝇滋生，影响粪便无害化效果	适用于干旱寒冷地区及土层较厚的西北地区。在内蒙古、陕西、新疆等省份有部分地区使用

（2）户厕结构示意图

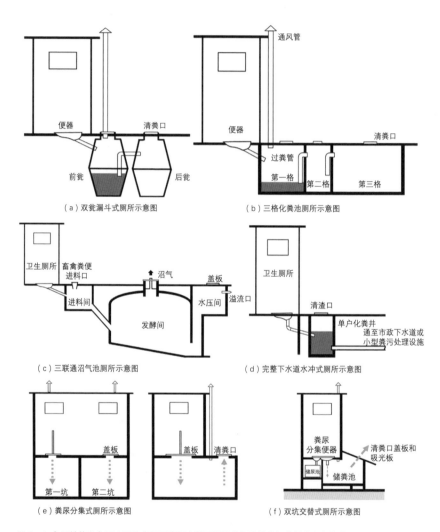

图 7-18 户厕结构示意图（图片来源于我国农村厕所革命相关技术标准规范和实施进展）

（3）卫生厕所设计与建造卫生要求

1）三格化粪池厕所正式启用前应在第一格池内注水 100 ~ 200 升，水位应高出过粪管下端口，用水量以每人每天 3 ~ 4 升为宜。每年宜进行 1 ~ 2 次厕所维护，使用中如果发现第三池出现粪皮时应及时清掏。化粪池盖板应盖严，防止发生意外。清掏或取粪水时，不得在池边点灯、吸烟，防止沼气遇火爆炸。清掏出的粪渣、粪皮及沼气池沉渣中含有大量未死亡的寄生虫卵等致病微生物，需经堆肥等无害化处理。

2）应合理配置并充分利用畜粪、垫圈草、铡碎和粉碎并经适当堆沤的作物秸秆、蔬菜叶茎、水生植物、青杂草等作为三联通沼气池式厕所的原料。沼气式厕所若要达到发酵均匀、提高沼气产气效率的目的需增加搅拌，粪便中未死亡的寄生虫卵会伴随沼液一起排出，影响无害化效果。故提出在血吸虫病流行地区及其他肠道传染病高发地区村庄的沼气池式户厕，不采用可随时取沼液与沼液随意溢流排放的设计。

3）粪尿分集式生态卫生厕所使用前应在厕坑内加 5 ~ 10 厘米灰土，便后以灰土覆盖，灰土量应大于粪便量 3 倍。粪便必须用覆盖料覆盖，充足加灰能使粪便保持干燥，促进粪便无害化。

4）选择水冲式厕所宜有充足的水源和上下水管线，这样才能确保正常的使用；要选择有水封的便器，这样可以除臭和防止蝇蛆孳生；寒冷地区的水冲式厕所上下水管线在室外要考虑防冻措施，防止冬季无法正常使用。

5）对于双瓮漏斗式厕所，新厕建成使用前应向前瓮加水，水面要超过前瓮过粪管开口处。

■ 7.3 公共服务设施

7.3.1 村庄公共服务设施概念及内容

乡村公共服务设施是指为村民提供公共服务产品的各种公共性、服务性设施，根据内容和形式分为基础公共服务、经济公共服务、社会公共服务、公共安全服务，按照具体的项目特点可分为教育、医疗卫生、文化娱乐、交通、体育、社会福利与保障、行政管理与社区服务、邮政电信和商业金融服务等。

7.3.2 村庄公共服务设施配置的思维转向

结合部分省份实用性村庄规划编制导则关于公共服务设施配置要求，其在内容上主要呈现出以下不同思维的转向。

（1）更加注重和社会发展变化相衔接，对过去没有引起足够重视的养老社会福利、文化教育等民生类设施，以及垃圾收集、处理、公共卫生等环卫设施进行补齐完善。结合农村电商、物流配送等行业发展有针对性地增加乡村物流服务设施配置。

（2）和市场变化相衔接，更加注重社会力量的参与。以产品化思维因地制宜打造符合乡村基本情况的设施和服务，兼顾当地村民和游客的不同需求，既改善村民的生活条件，又提升游客的休闲体验，实现乡村设施与旅游设施的统筹发展（图 7-18）。

（3）更加注重乡村生活圈理念，从科学的空间布局角度出发，实现乡村基础设施和公共服务设施的全域覆盖。2021 年上海《上海乡村社区生活圈规划导则》发布实施，以"突出品质与关怀、兼顾公平与差异、加强更新与利用、倡导复合与集约"为原则，健全全民覆盖、普惠共享、城乡一体的乡村基本公共服务体系；满足乡村基层治理、全年龄段人群基本生产生活需求和精神文化需求，按照慢行可达的空间范围，构建"行政村层级（乡村—便民中心）——自然村层级（乡村邻里中心）"两级，满足老人、儿童、中青年全年龄段的服务设施。以行政村统筹乡村聚落格局，合理配置公共服务和生产服务设施，满足村民文化交流、科普培训、卫生服务、养老福利等需求。以自然村为辅助单元配置日常保障性公共服务设施和公共活动空间（图 7-19）。

图 7-19 俄合拉村村民综合服务及游客中心（甘肃观城规划设计研究有限公司）

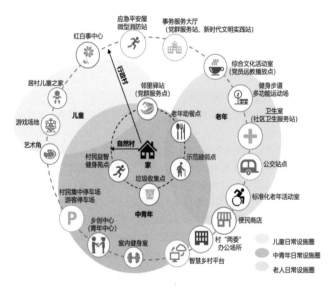

图 7-20 上海市行政村和自然村层级设施布局示意
（图片来源：上海乡村社区生活圈规划导则）

7.3.3 公共服务设施配置要点

1. 配置理念及原则

公共服务设施的配置应按照推进城乡基本公共服务均等化的要求，遵循节约用地的原则，结合乡村生活圈理念，以满足村民日常需求为核心，在慢行可达的范围内涵盖生产、生活、生态、治理各要素的基本空间单元，自然村层级的生活圈应满足老人、儿童等弱势群体最基本的保障性需求。行政村层级的生活圈在行政管理基础上，结合村庄特定需求进行差异性配置。在传统设施配置的底线管控基础上，规划应梳理村庄现状缺少及配置不达标的公共服务设施项目，根据配置标准进行补充完善，并结合村庄变化发展，有针对性地增加养老、卫生、物流、旅游服务等设施，强调乡村在宜居、宜业、宜游方面的品质提升。

2. 配置规模

常住人口是配置各项配套设施的主要依据，参考现行国家标准《镇规划标准》GB 50188，将村庄按人口规模分为四级（表7-11），公共服务设施占村庄建设用地比例及分类用地面积指标主要参考了《乡村公共服务设施规划标准》，为村庄规划公共服务设施配置规模提供参考。

村庄人口规模分级　　　　　　　　　表7-11

规模分级	人口规模（人）
特大型	> 3000
大型	1001~3000
中型	601~1000
小型	≤ 600

村庄公共服务设施配置规模参考（根据《乡村公共服务设施规划标准》整理）　表7-12

村规划人口规模分级	特大型	大型	中型	小型
公共服务设施用地占建设用地比例（%）	8~12	6~10	6~8	5~6
公共服务设施类别	分类用地面积指标（平方米/人）			
管理类设施用地	0.6~0.8	0.4~0.8	0.4~0.6	0.2~0.4
教育类设施用地	0.8~1.1	0.6~1.0	0.5~0.8	0.4~0.6
文体科技类设施用地	0.5~1.0	0.45~0.8	0.4~0.6	0.3~0.5
医疗保健类设施用地	0.18~0.20	0.15~0.18	0.12~0.15	0.10~0.12
社会福利类设施用地	0.15~0.20	0.10~0.20	0.10~0.15	0.05~0.10
商业类设施用地	1.8~2.2	1.6~2.0	1.5~1.8	1.2~1.5

3.设施盘活利用

村庄要尽可能盘活利用闲置农房提供公共活动空间,降低公共建筑建设成本,拓展村民公共活动场所的提供渠道。

鼓励村庄公共活动场所综合利用,室外公共场所可兼作集市集会、文体活动、农作物晾晒与停车等用途;室内公共活动场所,除必须独立设置的,可兼顾托幼、托老、集会、村史展示、文化娱乐等功能。

图 7-21 村庄多功能广场(兼田园集市)

4.公共建筑设计引导

村庄公共建筑的营建是提升村庄公共服务设施的重要措施,村庄公共建筑作为村民公共生活的重要容器,它也是现代乡村转型发展的重要成果展示。随着人们经济水平的提升,乡村生活方式也随之发生变化,过去兴建的公共建筑已经无法满足村民在文化、教育、医疗、娱乐等方面的需求。乡村公共建筑的功能类型也逐步发生变化。

村庄公共建筑设计要结合时代发展,进行现代传承与生长,通过建筑重塑乡村的精神家园以及场所记忆。以建筑承载村庄日常交流与对话,呈现乡村更丰富的生活与可能。打破当代大多数村民活动中心因长期封闭而失去活力的使用状态,通过复合、具有弹性、灵活可变、开放的空间设计,来承载村庄生活的多样性、丰富性和细微性。实现公共建筑多元化功能,增添乡村公共建筑的空间活力,同时在一定程度上推动乡村经济的发展。

村庄规划在引导公共建筑营建时应尽可能利用现有建筑,如村集体办公楼、闲置用房、可利用的废弃民居等。改造中的功能设置建议将多项融合,进行结构和功能的更新,赋予新的功能和用途,延续村庄文化,同时也要控制好规模,营建尺度宜人的公共场所。

5.村庄分类与公共服务设施配置

城郊融合类村庄可根据自身区位条件与需要,因地制宜与城镇公共服务设施共享配置,

图 7-22 李巷村村口公共空间再生
（东南大学建筑设计研究院有限公司）

图 7-23 "永安之心"村民议事中心
（同济大学建筑设计研究院）

从合理性和避免重复建设出发，适当调整设施配置项目和标准。

集聚提升类村庄应根据现状公共服务设施分布、村民住宅布局等情况，在满足建设要求的基础上，采用新建、扩建等多种方式灵活布局，可重点考虑配置一些与集聚发展相关的公共服务设施。

特色保护村应根据村庄特色需求，可重点考虑配置一些与文化旅游相关的公共服务设施。

拆迁撤并类村庄在满足村民日常基本生活服务需求情况下，原则上不再新建公共服务设施。

村庄分类与村庄公共服务设施 表 7-13

村庄类型	设施类型	建议项目
城郊融合类村庄	因地制宜与城镇公共服务设施共享配置	
集聚提升类村庄	公共管理、公共教育文体科技、医疗卫生社会福利、商业服务	根据实际需求，梳理村庄现状缺少及配置不达标的公共服务设施项目，根据配置标准进行补充完善，公共教育配置宜结合教育专项规划
特色保护类村庄	历史文化保护设施	安全监控设施类、历史文化宣传、展示类设施
	旅游服务设施	落实村庄核心保护区和建设控制地带保护管理要求的基础上，可根据村庄情况，考虑游客服务中心、旅游厕所、旅游餐饮、住宿、游乐、文化表演类设施
拆迁撤并类村庄	原则上不再新建公共服务设施	

7.3.4 公共设施规划布局

1. 村庄公共服务设施的规划应通盘考虑行政村域范围的服务职能，综合考虑村域人口规模和服务半径。为集约用地、方便实用，各类公共服务设施应根据村总体布局，尽可能集中于公共中心，只有在不适合与其他设施合建或服务半径太远时，采用分散布局的方式。

2. 村庄公共服务设施规划应考虑未来发展的可能，预留发展空间；要根据当地经济社会发展水平按实际需求配置，不可贪大、求洋；要满足所在区域的人群，并兼顾所能带动的周边区域的人群需求；要与相邻村积极共享设施，尤其是大型公共服务设施。

3. 村公共服务设施建筑是人群集中活动的场所，其选址、布局应满足防灾、救灾的要求，有利于人员疏散。

4. 鼓励设施功能按需动态调整，确定各类设施兼容性配置要求，鼓励空间复合利用。

■第 7 章参考文献

[1] 唐娟莉.基于农户收入异质性视角的农村道路供给效果评估——来自晋、陕、蒙、川、甘、黔农户的调查 [J]. 上海财经大学学报，2013.
[2] 熊孟秋.农村公共道路建设供给不足需重视 [J]. 中国发展观察，2012（12）：46-48.
[3] 王维东，刘树波，涂国庆.县级农村饮水安全信息监管平台设计与实现 [J]. 长江科学院院报，2019，36（04）：123-128.
[4] 住房和城乡建设部.乡村道路工程技术规范：GB/T 51224—2017[S]. 北京：中国建筑工业出版社，2017.
[5] 交通运输部.小交通量农村公路工程技术标准：JTG 2111—2019[S]. 北京：人民交通出版社.
[6] 住房和城乡建设部.村庄整治技术标准：GB/T 50445—2019[S]. 北京：中国建筑工业出版社，2017.
[7] 田间道路规划—土地利用规划学 [EB].guayunfan.com.
[8] 马灿明，毛云峰，张健，魏启航，吴德礼.我国农村厕所革命相关技术标准规范和实施进展 [J]. 安徽农业科学，2020，48（20）：215-221.
[9] 中国灌溉排水发展中心.村镇供水工程技术规范：SL 310—2019[S]. 北京：中国水利出版社，2019.
[10] 农村供水自动化、信息化、智能化系统 | 农村饮水安全自动化监控及信息管理系统 | 城乡供水一体化方案——平升电子 [EB].data86.com.
[11] 住房和城乡建设部.农村生活污水处理工程技术标准：GB/T 51347—2019[S]. 北京：中国建筑工业出版社，2017.
[12] 住房和城乡建设部.镇（乡）村排水工程技术标准（征求意见稿）.
[13] 中国城市规划学会.特色田园乡村建设指南 T/UPSC 004—2021[S].2021.
[14] 国家经济贸易委员会.农村电力网规划设计导则：DLT 5118—2010[S]. 北京：中国电力出版社.
[15] 住房和城乡建设部.环境卫生设施设置标准：CJJ27—2012[S]. 北京：中国建筑工业出版社，2017.
[16] 住房和城乡建设部.镇规划标准：GB 50188[S]. 北京：中国建筑工业出版社，2017.
[17] 上海市规划和自然资源局.上海乡村社区生活圈规划导则 [Z].2021.
[18] 乡村公共服务设施规划标准 [S]. 北京：中国计划出版社，2013.
[19] 程茂吉，汪毅.村庄规划 [M]. 南京：东南大学出版社，2021.

第 8 章

历史文化保护与
乡风文明

CHAPTER SUMMARY

章节概要

历史文化保护与乡风文明是"多规合一"实用性村庄规划的主要内容，特别是特色保护类的实用性村庄规划更应深入细致地编制这一部分内容。

在具体村庄规划中，首先应梳理这一村庄的历史文化发展脉络及其整体构成。以历史文化的认识为出发点，梳理历史文化资源。在此基础上，进一步认识已认定的或尚未认定的历史文化遗产，包括不可移动文物、可移动文物、历史文化名村、红色文化遗产、农业文化遗产、工业遗产、传统村落、历史建筑等，明确划定其保护范围及建设控制地带，并提出管控要求。同时，提出村庄内外的各类历史环境要素的构成及其分类保护整治要求、民俗文化的构成及其保护传承方式等。另外，乡风文明是乡村振兴的核心和灵魂，乡村治理有效是实现乡村振兴的基础，需要在实用性村庄规划中具体落实。

· 村庄规划中历史文化保护与乡风文明建设的法律法规及政策文件是什么？

· 历史文化遗产、历史环境、民俗文化的构成及其保护利用传承方式是什么？

· 乡村振兴战略中乡风文明建设的主要内容和实现路径是什么？

· 乡村振兴战略中乡村治理的主要内容是什么？

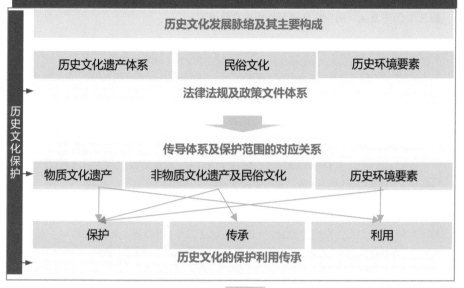

逻辑体系LOGICAL SYSTEM

图 8-1 历史文化保护与乡风文明逻辑体系图

■ 8.1 历史文化、历史文化资源和历史文化遗产

历史文化的定义有广义和狭义之分，其中广义的历史文化是指一定时期社会精神成果和物质成果的总和，而狭义的历史文化是指一定时期社会的意识形态。

历史文化资源是随着资源概念的拓展而出现的，是文化资源的主体组成部分。历史文化资源是指人类过去发生的事物所产生的影响成为满足人们精神需求的精神要素以及附着在物质上的精神要素。历史文化资源具有客观性、公共性、神秘性、时代性、浓厚的知识性以及强烈的教育性等特性。

历史文化遗产是指具有一定历史意义、与人类生活息息相关、存在历史价值的文物。

不同历史时期，不同地域环境塑造了不同的历史文化，相对应地成为不同的精神要素，而这些精神要素构成不同的历史文化资源。

历史文化资源可以进一步发展成为历史文化遗产、民俗文化要素、历史环境要素等。其中，对于**历史文化遗产**，根据《保护世界文化和自然遗产公约》，有形文化遗产包括历史文物、历史建筑、人类文化遗址；根据联合国教科文组织《保护非物质文化遗产公约》，无形文化遗产是指被各群体、团体、有时被个人视为其文化遗产的各种实践、表演、表现形式、知识和技能及其有关的工具、实物、工艺品和文化场所。可见历史文化遗产大多是被认定或认可的，是历史文化资源的一部分。对于**民俗文化要素**，又称为传统文化要素，是指民间民众的风俗生活文化要素的统称。对于**历史环境要素**，是反映历史风貌的古井、围墙、石阶、铺地、驳岸、古树名木等。

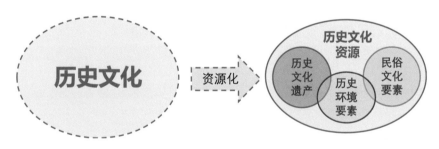

图 8-2 历史文化、历史文化资源及历史文化遗产的关系

■ 8.2 历史文化遗产的保护传承

8.2.1 历史文化遗产的体系构成

按照《国务院关于加强文化遗产保护的通知》（国发〔2005〕42号），文化遗产包括物质文化遗产和非物质文化遗产。其中，物质文化遗产包括不可移动文物、可移动文物以及历史文化名城（街区、村镇）。非物质文化遗产是指各种以非物质形态存在的与群众生活密切相关、世代相承的传统文化表现形式，以及与其相关的实物和场所。

张捷、霍晓卫（2019 年）在《新时代下如何构建文化遗产空间体系》中，认为物质文化遗产应包括不可移动文物、可移动文物、历史文化名城名镇名村、红色文化遗产、呈面状的文化与农业生产相结合的农业文化遗产、文化与工业生产相结合的工业遗产、传统村落、历史建筑等。

在村庄行政村范围的内外，分布着多种类型的历史文化遗产。具体包括世界文化遗产、文物保护单位、历史文化名村、红色文化遗产、农业文化遗产、工业遗产、传统村落、历史建筑、非物质文化遗产等。

不同的历史文化遗产拥有法定的保护范围。在村庄规划中，应结合这些范围，做好文化遗产保护工作。

图 8-3 村庄与历史文化遗产

历史文化遗产的定义及法定保护范围　　　　　　表 8-1

分类	定义	文化遗产的法定范围	备注
历史文化名村	保存文物特别丰富且具有重大历史价值或纪念意义的，能较完整地反映一些历史时期传统风貌和地方民族特色的村庄	范围应包括核心保护区和建设控制地带	
世界文化遗产	对全世界人类的发展有重要意义，或者是具有跨时间意义的建筑	—	
不可移动文物（文物保护单位）	确定其被保护的对象称为"文物保护单位"，是指古文化遗址、古墓葬、古建筑、石窟寺、石刻、壁画、近代现代重要史迹和代表性建筑等。	保护范围和建设控制地带。全国重点文物保护范围可根据文物价值和分布状况进一步划分为重点保护区和一般保护区。建设控制地带可根据控制力度和内容分类	
红色文化遗产	是指从中国共产党成立至 1949 年这一历史阶段内，包括中央革命根据地、红军长征、抗日战争、解放战争时期的重要革命纪念地、纪念馆、纪念物及其所承载的革命精神	保护范围和建设控制地带	参照山西省等相关条例
农业文化遗产	人类与其所处环境长期协同发展中创造并传承至今的独特农业生产系统	核心保护区域范围、界限和建设控制地带	
工业遗产	是指在中国工业长期发展进程中形成的，具有较高的历史价值、科技价值、社会价值和艺术价值，经工业和信息化部认定的工业遗存	保护范围	
传统村落	是指形成较早，拥有较为丰富的物质和非物质文化遗产，具备一定历史、文化、科学、艺术、社会、经济价值，具有地域文化特色或者传统风貌的村落	核心保护区和建设控制地带	
历史建筑	是指经城市、县人民政府确定公布的具有一定保护价值，能够反映历史风貌和地方特色，未公布为文物保护单位，也未登记为不可移动文物的建筑物、构筑物	保护范围	
非物质文化遗产	是指各族人民世代相传并视为其文化遗产组成部分的各种传统文化表现形式，以及与传统文化表现形式相关的实物和场所	区域协同管控空间	

8.2.2 历史文化遗产的法律法规及政策文件

1. 不同类型历史文化遗产的法律法规文件传导关系

不同类型的历史文化遗产对应着不同的专项规划，如历史文化名村保护规划、传统村落保护发展规划等。在这些专项规划的编制中，主要依据以下法律法规及相关文件。

在编制"多规合一"实用性村庄规划过程中，应充分结合不同类型历史文化遗产保护规划，实现村庄规划和专项规划相融合。

不同类型历史文化遗产保护的法律法规及相关文件　　　　表 8-2

分类	发布时间及文件名称	备注
历史文化名村类	1.2008 年《历史文化名城名镇名村保护条例》 2.2012 年《历史文化名城名镇名村保护规划编制要求（试行）》 3.2014 年《历史文化名城名镇名村街区保护规划编制审批办法》 4.2000 年《城市古树名木保护管理办法》	
世界文化遗产类	《保护世界文化和自然遗产公约》等	
不可移动文物（文物保护单位）类	1.2015 年《中华人民共和国文物保护法》 2.2003 年《中华人民共和国文物保护法实施条例》 3.2004 年《全国重点文物保护单位保护规划编制要求》 4.2003 年《文物保护工程管理办法》 5.2000 年《中国文物古迹保护准则》 6.《甘肃省实施〈中华人民共和国文物保护法〉办法》	
红色文化遗产类	参照《山西省红色文化遗址保护利用条例》等	参照山西省、长治市等地相关条例
农业文化遗产类	2014 年农业部办公厅关于印发《中国重要农业文化遗产管理办法（试行）》	
工业遗产类	2018 年工业和信息化部关于印发《国家工业遗产管理暂行办法》	
传统村落类	2013 年《传统村落保护发展规划编制基本要求》（住房和城乡建设部，试行） 2014 年《住房城乡建设部 文化部 国家文物局 财政部关于切实加强中国传统村落保护的指导意见》（建村〔2014〕61 号）	
历史建筑	历史建筑确定标准（参考）	
非物质文化遗产类	2011 年《中华人民共和国非物质文化遗产法》 中宣部、中央文明办、教育部、民政部、文化部《关于运用传统节日弘扬民族文化的优秀传统的意见》 商务部、文化部《关于加强老字号非物质文化遗产保护工作的通知》 文化部、教育部、全国青少年校外教育工作联席会议办公室《关于在未成年人校外活动场所开展非物质文化遗产传承教育活动的通知》 关于印发《国家非物质文化遗产保护专项资金管理办法》的通知 《国家级非物质文化遗产保护与管理暂行办法》（第 39 号） 《国家级非物质文化遗产项目代表性传承人认定与管理暂行办法》（第 45 号） 文化部《关于加强文化生态保护区建设的指导意见》 文化部《关于加强非物质文化遗产代表性项目保护管理工作的通知》 文化部《关于加强非物质文化遗产生产性保护的指导意见》 文化部办公厅关于印发《中国非物质文化遗产标识管理办法》的通知 文化部办公厅关于加强国家非物质文化遗产保护中央补助地方专项资金使用与管理的通知 文化部办公厅关于加强非物质文化遗产项目代表性传承人补助经费管理的通知 文化部办公厅关于加强文化生态保护区总体规划编制工作的通知 《国家级文化生态保护区管理办法》中华人民共和国文化和旅游部令（2018）	

2. 历史文化遗产的政策文件传导关系

近些年来，国务院及相关部门出台了多项历史文化遗产保护政策文件。

历史文化遗产保护政策文件汇总表 表 8-3

发布时间及文件名称	文件编号	内容要求	关键词
2022 年 3 月，财政部办公厅 住房和城乡建设部办公厅关于组织申报 2022 年传统村落集中连片保护利用示范的通知	—	2022 年传统村落保护利用示范工作方案要点： 1. 创新传统建筑活化利用方式 2. 建立共建共治共享的传统村落保护利用工作机制 3. 探索传统村落集中连片保护利用模式 4. 探索县域统筹推进传统村落保护发展模式	传统村落保护利用传承体系、集中连片保护利用示范
2021 年 10 月，国务院办公厅关于印发"十四五"文物保护和科技创新规划的通知	国办发〔2021〕43 号	1. 强化文物资源管理和文物安全工作 2. 全面加强文物科技创新 3. 提升考古工作能力和科技考古水平 4. 强化文物古迹保护 5. 加强革命文物保护管理运用 6. 激发博物馆创新活力 7. 优化社会文物管理服务 8. 大力推进让文物活起来 9. 加强文物国际交流合作 10. 壮大文物人才队伍 11. 加强规划实施保障	国家文物资源大数据库、大遗址保护、世界遗产保护、红色资源、社会文物管理服务、文物人才培养体系
2021 年 9 月，中共中央办公厅、国务院办公厅印发《关于在城乡建设中加强历史文化保护传承的意见》	—	1. 构建城乡历史文化保护传承体系 2. 加强保护利用传承 3. 建立健全工作机制 4. 完善保障措施	城乡历史文化保护传承体系、活化利用经验
2021 年 3 月，自然资源部 国家文物局关于在国土空间规划编制和实施中加强历史文化遗产保护管理的指导意见	—	1. 将历史文化遗产空间信息纳入国土空间基础信息平台 2. 对历史文化遗产及其整体环境实施严格保护和管控 3. 加强历史文化保护类规划的编制和审批管理 4. 严格历史文化保护相关区域的用途管制和规划许可 5. 健全"先考古，后出让"的政策机制 6. 促进历史文化遗产活化利用 7. 加强监督管理	历史文化遗产保护、用途管制、规划许可、活化利用
2019 年 6 月，国家林草局就推动我国自然文化遗产保护提出五点意见	—	1. 全面加强遗产资源保护 2. 努力提升申报管理水平 3. 妥善处理保护与利用的关系 4. 积极推进国际合作交流 5. 大力加强自然遗产保护宣传	遗产资源保护、保护与发展、国际合作
2019 年 12 月，国家文物局印发《国家文物保护利用示范区创建管理办法（试行）》和《关于开展国家文物保护利用示范区创建工作的通知》	文物政发〔2019〕27 号	1. 国家文物保护利用示范区分为综合性和专题性两类 2. 申请创建国家文物保护利用示范区条件	国家文物保护利用示范区

续表

发布时间及文件名称	文件编号	内容要求	关键词
2018年10月，中共中央办公厅 国务院办公厅印发《关于加强文物保护利用改革的若干意见》	—	1. 构建中华文明标识体系 2. 创新文物价值传播推广体系 3. 完善革命文物保护传承体系 4. 开展国家文物督察试点 5. 建立文物安全长效机制 6. 建立文物资源资产管理机制 7. 建立健全不可移动文物保护机制 8. 大力推进文物合理利用 9. 健全社会参与机制 10. 激发博物馆创新活力 11. 促进文物市场活跃有序发展 12. 深化"一带一路"文物交流合作 13. 加强科技支撑 14. 创新人才机制 15. 加强文物保护管理队伍建设 16. 完善文物保护投入机制	中华文明标识体系、文物保护利用传承、社会参与、技术创新

8.2.3 历史文化遗产与村庄的对应关系

当村庄遇到某一类型的历史文化遗产时，该村庄与历史文化遗产的核心保护区或保护范围、建设控制地带等空间的对应关系，影响着其对应的空间格局、功能分区、景观风貌和项目选择。特别是村庄建设区位于保护范围或建设控制地带内的，应按照相关保护规划内容作好充分衔接，并将保护规划的内容落实到实用性村庄规划中。尚未编制保护规划的，有条件的可同步编制。在此基础上，对保护、利用和传承的内容进一步进行细化。

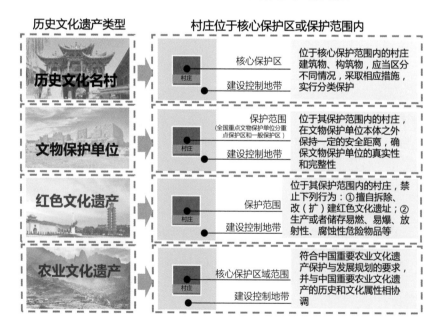

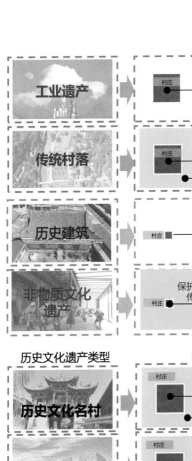
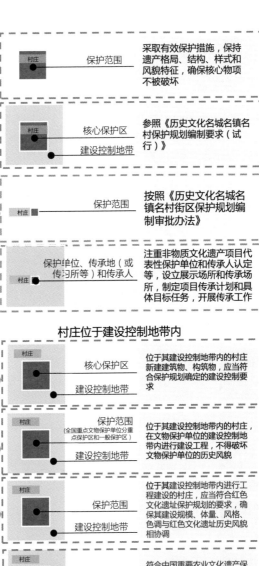

工业遗产 → 村庄　保护范围 → 采取有效保护措施，保持遗产格局、结构、样式和风貌特征，确保核心物项不被破坏

传统村落 → 村庄　核心保护区　建设控制地带 → 参照《历史文化名城名镇名村保护规划编制要求（试行）》

历史建筑 → 村庄　保护范围 → 按照《历史文化名城名镇名村街区保护规划编制审批办法》

非物质文化遗产 → 村庄　保护单位、传承地（或传习所等）和传承人 → 注重非物质文化遗产项目代表性保护单位和传承人认定等，设立展示场所和传承场所，制定项目传承计划和具体目标任务，开展传承工作

历史文化遗产类型　　　　村庄位于建设控制地带内

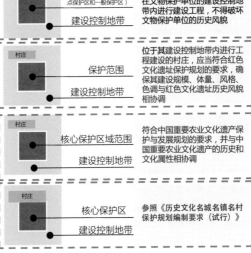

历史文化名村 → 村庄　核心保护区　建设控制地带 → 位于其建设控制地带内的村庄新建建筑物、构筑物，应当符合保护规划确定的建设控制要求

文物保护单位 → 村庄　保护范围（全国重点文物保护单位分重点保护区和一般保护区）　建设控制地带 → 位于其建设控制地带内的村庄，在文物保护单位的建设控制地带内进行建设工程，不得破坏文物保护单位的历史风貌

红色文化遗产 → 村庄　保护范围　建设控制地带 → 位于其建设控制地带内进行工程建设的村庄，应当符合红色文化遗址保护规划的要求，确保其建设规模、体量、风格、色调与红色文化遗址历史风貌相协调

农业文化遗产 → 村庄　核心保护区域范围　建设控制地带 → 符合中国重要农业文化遗产保护与发展规划的要求，并与中国重要农业文化遗产的历史和文化属性相协调

传统村落 → 村庄　核心保护区　建设控制地带 → 参照《历史文化名城名镇名村保护规划编制要求（试行）》

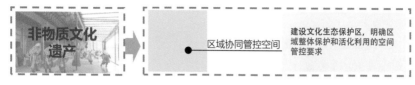

8.2.4 历史文化名村保护导引

根据《历史文化名城名镇名村保护条例》《历史文化名城名镇名村保护规划编制要求（试行）》等，历史文化名村保护规划的应与实用性村庄规划相一致，其核心保护范围和建设控制地带范围的规划深度应能够指导保护传承与建设。

（1）实用性村庄规划中涉及的主要内容

历史文化名村包括国家级历史文化名村和省级历史文化名村。在实用性村庄规划中，主要落实以下内容：①明确历史文化价值、特色和现状存在问题；②明确与历史文化名村密切相关的地形地貌、河湖水系、农田、乡土景观、自然生态等景观环境的保护措施；③落实保护范围，包括核心保护范围和建设控制地带界线，制定相应的保护控制措施；④提出保护范围内建筑物、构筑物和历史环境要素的分类保护整治要求；⑤提出延续传统文化、保护非物质文化遗产的规划措施；⑥分期实施方案。

在实用性村庄规划编制中应对核心保护范围和建设控制地带提出保护要求与控制措施，具体要求如下：

核心保护范围	1）提出街巷保护要求与控制措施。 2）对保护范围内的建筑物、构筑物进行分类保护，分别采取以下措施： ①文物保护单位：按照批准的文物保护规划的要求落实保护措施； ②历史建筑：按照《历史文化名城名镇名村保护条例》要求保护，改善设施； ③传统风貌建筑：不改变外观风貌的前提下，维护、修缮、整治，改善设施； ④其他建筑：根据对历史风貌的影响程度，分别提出保留、整治、改造要求。 3）对基础设施和公共服务设施的新建、扩建活动，提出规划控制措施。
建设控制地带	对其内的新建、扩建、改建和加建等活动，在建筑高度、体量、色彩等方面提出规划控制措施。

特别地，对于涉及历史文化名村的村庄区域应作为重点村庄建设区，加强保护策略和规划措施，包括：①协调历史文化名村保护范围、建设控制地带与其他村庄建设区、新增建设空间的发展关系；②保护范围内要控制机动车交通，交通性干道不应穿越保护范围，交通环境的改善不宜改变原有街巷的宽度和尺度；③保护范围内市政设施，应考虑街巷的传统风貌，要采用新技术、新方法，保障安全和基本使用功能；④对常规消防车辆无法通行的街巷提出特殊消防措施，对以木质材料为主的建筑应制定合理的防火安全措施；⑤保

护规划和实用性村庄规划应当合理提高历史文化名村的防洪能力，采取工程措施和非工程措施相结合的防洪工程改善措施；⑥保护规划和实用性村庄规划应对布置在保护范围内的生产、储存爆炸性、易燃性、放射性、毒害性、腐蚀性物品的工厂、仓库等，提出迁移方案；⑦保护规划和实用性村庄规划应对保护范围内污水、废气、噪声、固体废弃物等环境污染提出具体治理措施。

（2）街亭村为例：实用性村庄规划中的历史文化名村内容衔接

街亭村历史文化深厚，具有炎黄文化、先秦文化、杜甫文化、明清文化、寺庙宗教和民俗文化。通过历史文化资源价值评价，可见街亭村历史空间布局独特，村落地处两河交汇之地，明清建筑风貌保存较为完整。村落历史遗迹丰富，拥有崇福寺、山陕会馆、杜甫书房台子遗址等。村落风景资源有所开发，依托临近麦积山风景区、仙人崖、净土寺等，发展潜力突出。历史文化资源保护迫在眉睫，村落部分历史建筑破旧、部分已成危房，安全防火隐患较为严重。

结合街亭历史文化名村保护规划，其核心保护范围东至崇福寺，西至山陕会馆，南北以十字街为界，总面积约为 9.98 公顷。建设控制地带为核心区以外，南北二河交汇的三角洲地带，总面积 18.97 公顷。具体控制要求结合该保护规划梳理形成。除了文物保护单位，传统风貌建筑保护更新模式包括保存、保护、修缮、更新。

从用地功能结构上看，规划区划在于形成沿河滨水历史景观带，十字街轴线，静态展示、动态展示和视觉景观中心，核心历史风貌、主题服务区、绿化景观区、风貌拓展区等分区。

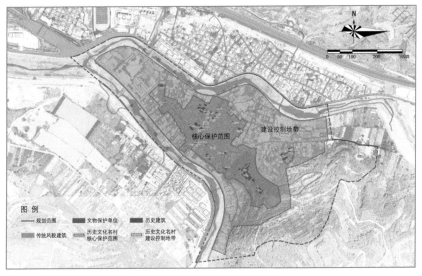

图 8-4 麦积区麦积镇街亭村历史文化名村保护规划古村落保护区划图
　　（图片来源：天水市城乡规划设计研究院有限公司）

277

8.2.5 非物质文化遗产保护传承导引

根据《中华人民共和国非物质文化遗产法》，非物质文化遗产是指各族人民世代相传并视为其文化遗产组成部分的各种传统文化表现形式，以及与传统文化表现形式相关的实物和场所。国务院发布《关于加强文化遗产保护的通知》，我国将建立国家和省、市、县非物质文化遗产名录体系。

非物质文化遗产包括：1）传统口头文学以及作为其载体的语言；2）传统美术、书法、音乐、舞蹈、戏剧、曲艺和杂技；3）传统技艺、医药和历法；4）传统礼仪、节庆等民俗；5）传统体育和游艺；6）其他非物质文化遗产。

（1）实用性村庄规划中的保护方式和重点任务

保护非物质文化遗产，应当注重其真实性、整体性和传承性，有利于增强中华民族的文化认同，有利于维护国家统一和民族团结，有利于促进社会和谐和可持续发展。使用非物质文化遗产，应当尊重其形式和内涵。

非物质文化遗产的保护方式有以下几种：

立法保护	出台非物质文化保护政策法规文件，使非物质文化遗产保护工作进入法制化、规范化轨道，依法查处破坏非物质文化遗产保护和文化生态环境的行为。
抢救性保护	对濒危的非物质文化遗产代表性项目，运用现代科技手段对其本身及其相关实物作品与场所及时进行记录、整理与保存，并通过展示馆、博物馆等进行展示。
整体性保护	要求注重文化遗产与周围环境的依存关系，强调将其所生存的特定环境一起加以完整保护。文化生态保护实验区是我国非遗保护进程中探索实践的一种重要保护理念和方式。
生产性保护	以保持非物质文化遗产的真实性、整体性和传承性为前提，借助生产、流通、销售等手段将非物质文化遗产转化为生产力和文化产品，从而产生经济效益。
数字化保护	将非物质文化遗产项目及代表性传承人相关信息，进行文字、照片、录音、录像、数字化多媒体记录，不仅可以完整地再现生态原型，还可以真实、客观地记录动态影像。

实用性村庄规划编制的重点任务应包括：①**明确非物质文化遗产代表性项目名录**。对非物质文化遗产实行区域性整体保护，应当尊重当地居民的意愿，并保护属于非物质文化遗产组成部分的实物和场所，避免遭受破坏；②**保护代表性传承人及传承团体**。以传承人为非物质文化遗产保护工作的核心主体，通过健全传承人认定和保护机制，为传承人创造良好的传

承条件，明确传承人的责任与义务，制定并落实传承计划，以保证非物质文化遗产的有序传承；③**建设非物质文化遗产传习中心**。建设由传习所、综合性传习中心以及展示馆组成的非物质文化遗产基础设施体系。鼓励个人、企事业单位等社会力量建设多种形式的非物质文化遗产专题展示馆和传习所；④**抢救性保护非物质文化遗产濒危项目**。对年老体弱的传承人进行救助并及时进行口述记录等资料整理；分析引发项目濒危的影响因素，进行针对性保护；对濒危项目及其原料产地等实施动态跟踪保护管理。

（2）黑力宁巴村为例：实用性村庄规划中非物质文化遗产保护传承的衔接

甘南"南木特"藏戏列入国家级非物质文化遗产名录。在黑力宁巴实用性村庄规划中，将该村庄定位为：安多南木特藏戏民俗文化村。

在此非物质文化遗产保护与传承中，提出以下可操作性的举措：①保护藏戏剧班，设立计划开展传承。同时，通过比赛选拔人才，培养新一代传承人。通过媒体或自媒体手段宣传，激发当地人学习藏戏；②建设甘南"南木特"藏戏传习所等保护传承基地。在黑力宁巴村建设藏戏文化艺术馆、藏戏文化广场，将固定节庆演艺活动搬到展览文化艺术馆，并走进村民生活空间；③发掘传统剧目、剧本、戏普，录成视频。鼓励并支持新闻出版、广播电视、互联网等媒体对非物质文化遗产相关内容进行报道与宣传。增加"南木特"藏戏、说唱、牛角琴等民间艺术的相关节目播出，扩大非物质文化遗产的社会影响力。

图 8-5 黑力宁巴村中非物质文化遗产保护传承实践

■ 8.3 历史环境要素的保护与利用

张松（2021年）在《历史城市保护学导论》中强调"文化遗产和历史环境保护的一种整体性方法"。可以认为，历史环境要素与历史文化遗产是一个整体。对于历史文化名村，历史环境包括历史文化名村在内的具有历史文化特征、值得保护的区域。

（1）历史环境的构成和要求

按照《历史文化名城名镇名村保护规划编制要求（试行）》，历史环境要素包括反映历史风貌的古塔、古井、牌坊、戏台、围墙、石阶、铺地、驳岸、古树名木等。当然，其他历史文化遗产类型以及非文化遗产的文化空间，同样存在对应的历史环境要素。

在实用性村庄规划编制中，首先要明确历史环境要素的构成和要求。阮仪三（2000年）认为历史环境是由自然、人文、人工环境组成的。不仅包括可见的物质形态，即自然或人工的环境品质、空间尺度以及建筑形态等具体物质性环境构成因素，而且包括这些物质形态有关的自然背景、人工背景、与历史环境在时空上直接联系或在社会经济文化上相联系的背景，即涉及人与其所处的社会环境，包括社会经济环境、人文环境、历史文化环境等一系列影响因素之间的相互作用。

在此基础上，可以将历史环境按照构成类型、社会认同程度、形成时间、区域特征等进一步分类。

历史环境的分类及其构成 表8-4

分类依据	再分类	历史环境构成
构成类型	一	自然环境、人文环境和人工环境
社会认同程度	一	重要历史价值的历史环境和一般历史环境
形成时间	一	古代历史环境、近代历史环境和现代历史环境
区域特性	自然	山水环境、地貌环境、植被环境等
	人文	社会经济环境、人文环境、历史文化环境等
	人工	居住区类历史环境、产业类历史环境、仓储运输类历史环境、城市滨水区域等

历史环境具有保护的价值和利用的需要。从历史的角度来看，必要性保护是使历史文化遗产或历史文化空间更加具有历史信息的完整性和系统性。从社会的角度来看，适应性再利用是使历史环境空间适应现代人的生活方式以达到对历史环境空间保护的目的。

在实用性村庄规划编制中，应当对历史环境要素提出分类保护整治要求。

（2）历史环境要素的分类保护整治要求

不同地域的村庄，其历史环境构成并不相同。其差异性决定于这一地域的自然、人文和人工环境特征。这里，采取典型案例的方式，对历史环境要素提出分类保护整治导引。

案例：敦煌市杜家墩村

杜家墩地处党河之畔，背倚鸣沙山，毗邻白马塔村，紧邻敦煌丝路遗产城，是敦煌出主城区向西的门户地带。其历史环境在宏观上体现为鸣沙掠影、党河风情、田园聚落、林果飘香，在微观上呈现为灌溉水渠、绿洲农田、绿洲古井等。

图 8-6 敦煌市杜家墩村历史环境要素的分类保护整治

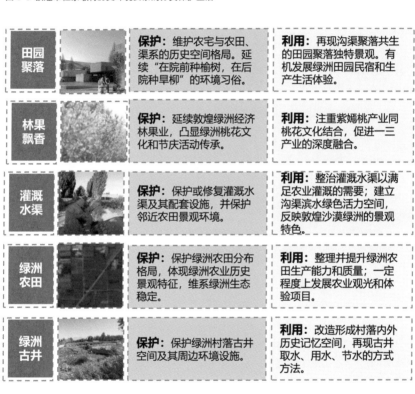

■ 8.4 民俗文化的保护传承

民俗是指某一个国家、地区或民族中广大民众所创造、享用和传承的具有文化特质的关于生产和生活等各种现象的总和。民俗具有群体、地区性、民族性、自发性等特点。

民俗文化又称为传统文化，是指民间民众的风俗生活文化的统称，泛指一个国家、民族、地区聚居的民众所创造、共享、传承的风俗生活习惯。为进一步深化历史文化保护，丰富的历史文化构成，继承和弘扬民族与地方优秀的文化积淀，民俗文化保护与传承必不可少。

（1）民俗文化的构成

根据《中国民俗文化》（第2版），我国民俗文化包括服饰民俗、饮食民俗、居住民俗、交通民俗、人生交际礼仪民俗、岁时节日民俗、生产商贸民俗、社会组织民俗、民间信仰民俗、娱乐民俗、语言民俗、民间文艺等多方面，体现中国人的生活方式、文化模式和行为规范。

中国民俗文化的构成　　　　　　　　　　　　　　表8-5

民俗文化要素类型	民俗文化构成
服饰民俗	汉族服饰民俗、少数民族服饰民俗等
饮食民俗	日常饮食习惯、节日饮食习俗、地方菜系、风味小吃民间宴请习俗、饮茶习俗与饮酒习俗等
居住民俗	民居建造习俗、民居搬迁习俗等
交通习俗	出行习俗等
人生交际礼仪民俗	人生礼仪习俗、交际礼仪习俗
岁时节日民俗	春节、元宵、清明、端午、中秋、重阳、少数民族节日等
生产商贸民俗	农业生产民俗、狩猎业生产民俗、渔业生产民俗、商贸民俗等
社会组织民俗	地缘组织民俗、业缘组织民俗等
民间信仰民俗	民间诸神等
娱乐民俗	民间游戏、民间竞技、民间杂艺等
语言民俗	谚语、俗语、谜语、歇后语、吉祥语、禁忌语等
民间文艺	民间文学、民间艺术等

（2）民俗文化的保护与传承

通过民俗文化元素的提炼，结合文化旅游市场需要和开发需要，开发民俗体验产品或活动。同时，继承与发扬优秀传统文化，加强宣传与展示利用，将其中的突出内容逐级申报非物质文化遗产。在实用性村庄规划中，民俗文化的保护与传承可规划形成观光型模式、体验型模式、综合型模式。

观光型模式	通过听觉、视觉、触觉、嗅觉等认识不同类型的民俗文化，由此，一定程度上了解和领会其中所蕴含的文化内涵、价值和表现形式。
体验型模式	通过参与不同类型的民俗文化，如农事活动，某种手工艺品制作，或参加各种民俗风情活动等，深刻了解和领会其文化价值和意义。
综合型模式	这种模式集民俗文化观光与体验于一体，能够迎合不同层次居民和游客的需求。

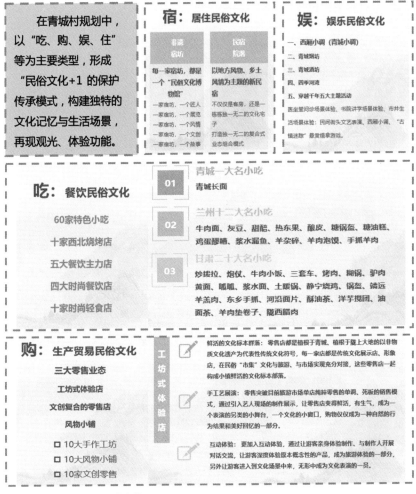

图 8-7 青城村民俗文化的保护与传承

■ 8.5 乡风文明建设

结合 2019 年《红旗文稿》"乡村振兴战略背景下的乡风文明建设",乡风就是乡土风俗,主要指人们在乡村物质生活和精神生活过程中形成的风尚和习俗或是价值观念、生活方式、风土人情等。文明是相对于野蛮而言的,是人类进入高级阶段的一种进步的样态。乡风文明不等同于乡村文明,乡风只是乡村社会内涵式发展的一个重要方面。

乡风文明渗透到乡村振兴的各个方面,蕴含丰富的文化内涵,是乡村振兴的核心和灵魂。

8 历史文化保护与乡风文明

HISTORICAL AND CULTURAL PROTECTION AND RURAL CIVILIZATION

重视乡风文明建设至关重要：一是有助于强化社会主义核心价值观，以优秀文化引领乡村文化的建设，从根本上解决农民群众的思想问题；二是有助于有效治理乡村问题，为美丽乡村建设提供优良的人文环境；三是关系到农民群众的获得感、幸福感、安全感，是乡风文明程度最直接的体现。

（1）乡风文明建设的主要内容和举措

乡风文明的核心要义或本质就是农村精神文明的建设，内容涉及文化、法制、风俗、社会治安等多个方面，不仅包括乡村整体的道德风尚和良好风气，而且包括村民个体的良好思想状态、精神风貌、文化素养等。基于以上认识，乡风文明被认为是乡村良好社会风气、生活习俗、思维观念和行为方式等的总和。

乡风文明建设是一项系统工程。按照《中共中央 国务院关于实施乡村振兴战略的意见》（2018年1月2日），实用性村庄规划的重点内容应包括**"守魂、寻根、亲民、革新"**，分别对应着加强农村思想道德建设、传承发展提升农村优秀传统文化、加强农村公共文化建设、开展移风易俗行动。

守魂 加强农村思想道德建设	以社会主义核心价值观为引领，坚持教育引导、实践养成、制度保障三管齐下，采取符合农村特点的有效方式，深化中国特色社会主义和中国梦宣传教育，大力弘扬民族精神和时代精神。加强爱国主义、集体主义、社会主义教育，深化民族团结进步教育，加强农村思想文化阵地建设。深入实施公民道德建设工程，挖掘农村传统道德教育资源，推进社会公德、职业道德、家庭美德、个人品德建设。推进诚信建设，强化农民的社会责任意识、规则意识、集体意识、主人翁意识。
寻根 传承发展提升农村优秀传统文化	立足乡村文明，吸取城市文明及外来文化优秀成果，在保护传承的基础上，创造性转化、创新性发展，不断赋予时代内涵、丰富表现形式。切实保护好优秀农耕文化遗产，推动优秀农耕文化遗产合理适度利用。深入挖掘农耕文化蕴含的优秀思想观念、人文精神、道德规范，充分发挥其在凝聚人心、教化群众、淳化民风中的重要作用。划定乡村建设的历史文化保护线，保护好文物古迹、传统村落、民族村寨、传统建筑、农业遗迹、灌溉工程遗产。支持农村地区优秀戏曲曲艺、少数民族文化、民间文化等传承发展。
亲民 加强农村公共文化建设	按照有标准、有网络、有内容、有人才的要求，健全乡村公共文化服务体系。发挥县级公共文化机构辐射作用，推进基层综合性文化服务中心建设，实现乡村两级公共文化服务全覆盖，提升服务效能。深入推进文化惠民，公共文化资源要重点向乡村倾斜，提供更多更好的农村公共文化产品和服务。支持"三农"题材文艺创作生产，鼓励文艺工作者不断推出反映农民生产生活尤其是乡村振兴实践的优秀文艺作品，充分展示新时代农村农民的精神面貌。培育挖掘乡土文化本土人才，开展文化结对帮扶，引导社会各界人士投身乡村文化建设。活跃繁荣农村文化市场，丰富农村文化业态，加强农村文化市场监管。
革新 开展移风易俗行动	广泛开展文明村镇、星级文明户、文明家庭等群众性精神文明创建活动。遏制大操大办、厚葬薄养、人情攀比等陈规陋习。加强无神论宣传教育，丰富农民群众精神文化生活，抵制封建迷信活动。深化农村殡葬改革。加强农村科普工作，提高农民科学文化素养。

乡风文明建设的主要举措包括：①结合村庄现实需求，组织开展乡风文明活动。主题如社会主义核心价值观、科学知识、文明风尚、法律法规等。②结合村庄文化需求，组织开展文化进基层活动。主题如诗词朗诵、绘画书法、器乐表演、戏曲舞蹈等，形式如文化演出、文艺培训、文艺展演、送文化下乡、送电影下乡、送图书下乡等。③结合村庄发展需要，提出村规民约等制度约束。主题可突出法律法规、土地管理、环境保护、文明崇尚、传承家风、规范言行等，形成通俗易懂、群众认可、易于执行的村规民约。

（2）乡风文明建设的实例介绍

生态道德自治机制建设

围绕培育和践行社会主义核心价值观，在村内舍内深入开展尊重自然、保护自然、顺应自然、人与自然和谐相处的生态文明教育，提高农民的生态道德建设。推进精神文明建设自治机构，开展以爱护环境、遵纪守法、勤劳致富、诚实守信、和谐友爱为主要内容的星级文明户评选创建活动。提升农村社会文明制度。

图 8-8 生态道德自治机制建设

弘扬传统文化和体现乡村记忆

弘扬地方优秀传统文化，延续乡村生态文明建设，发掘和保护乡村特色传统。同时，注重富有特色的传统民居、生活器具、地方服饰、地方美食、节庆习俗、传统工艺、民间艺术等，营造文化乡村记忆馆、乡村大舞台、手工艺传习所。

图 8-9 传统文化乡风文明建设

注重孝道、尊老爱幼传统美德

突出弘扬孝道美德、培育孝老敬老，关心青少年成长，营造良好的乡村社会风尚。

图 8-10 传统美德

探索新途径加强实用技能培训

为提高农民整体素质，通过集中授课和现场培训的方式，从普通话培训、家务整理、个人卫生、农民微商互联网实用技能、标准化养殖畜牧技术等方面进行培训。

图 8-11 村民培训

推进乡村移风易俗文明进步

大力倡导婚事新办、丧事简办，约定办事规模和标准，由老百姓自己的"土规定"向"好规矩"发展。

图 8-12 村庄文明宣传

■ 8.6 完善乡村治理

乡村治理有效是实现乡村振兴的基础。必须把夯实基层基础作为固本之策，建立健全党委领导、政府负责、社会协同、公众参与、法治保障的现代乡村社会治理体制，坚持自治、法治、德治相结合，确保乡村社会充满活力、和谐有序。

在实用性村庄规划中的重点内容应包括**"爱党、自治、法治、德治、平安"**，即加强农村基层党组织建设、深化村民自治实践、建设法治乡村、提升乡村德治水平、建设平安乡村。

爱党 加强农村基层党组织建设	扎实推进抓党建促乡村振兴，突出政治功能，提升组织力，抓乡促村，把农村基层党组织建成坚强战斗堡垒。强化农村基层党组织领导核心地位，创新组织设置和活动方式，持续整顿软弱涣散村党组织，稳妥有序开展不合格党员处置工作，着力引导农村党员发挥先锋模范作用等。
自治 深化村民自治实践	坚持自治为基，加强农村群众性自治组织建设，健全和创新村党组织领导的充满活力的村民自治机制。推动村党组织书记通过选举担任村委会主任。发挥自治章程、村规民约的积极作用。全面建立健全村务监督委员会，推行村级事务阳光工程。依托村民会议、村民代表会议、村民议事会、村民理事会、村民监事会等，形成民事民议、民事民办、民事民管的多层次基层协商格局。积极发挥新乡贤作用等。
法治 建设法治乡村	坚持法治为本，树立依法治理理念，强化法律在维护农民权益、规范市场运行、农业支持保护、生态环境治理、化解农村社会矛盾等方面的权威地位。增强基层干部法治观念、法治为民意识，将政府涉农各项工作纳入法治化轨道等。
德治 提升乡村德治水平	深入挖掘乡村熟人社会蕴含的道德规范，结合时代要求进行创新，强化道德教化作用，引导农民向上向善、孝老爱亲、重义守信、勤俭持家。建立道德激励约束机制，引导农民自我管理、自我教育、自我服务、自我提高，实现家庭和睦、邻里和谐、干群融洽。广泛开展好媳妇、好儿女、好公婆等评选表彰活动，开展寻找最美乡村教师、医生、村官、家庭等活动等。
平安 建设平安乡村	健全落实社会治安综合治理领导责任制，大力推进农村社会治安防控体系建设，推动社会治安防控力量下沉。深入开展扫黑除恶专项斗争，严厉打击农村黑恶势力、宗族恶势力，严厉打击黄赌毒盗拐骗等违法犯罪。依法加大对农村非法宗教活动和境外渗透活动打击力度，依法制止利用宗教干预农村公共事务，继续整治农村乱建庙宇、滥塑宗教造像。完善县乡村三级综治中心功能和运行机制等。

扎实推进服务型基层党组织建设

基层服务型党组织建设，核心在服务，重点在建设，根本在群众满意。而服务离不开阵地，阵地必须承担繁荣乡村文化的重任。管好用好基层阵地要健全体系，强化考核，让阵地作用发挥凝聚监管合力。

图 8-13 基层党建工作

法治是基础，德治是灵魂，自治是核心

一方面，要坚持自治、法制、德治相结合，确保乡村社会充满活力，和谐有序。其中，自治是核心，是调动村民参与乡村事务的主要手段。法制为自治提供规范和保障，是一种自上而下的以法律为基础的规范治理手段。德治是以伦理道德为准则，建立在乡村熟人社会上的软治理。另一方面，"三治"融合新体系需要监督机制的有效配合。全面建立健全村务监督委员会，村民会议、村民代表会议、村民议事会、村民理事会、村民监事会等，推行村级事务阳光工程。

图 8-14 "三治"逻辑图

建立完善的乡村治理队伍体系

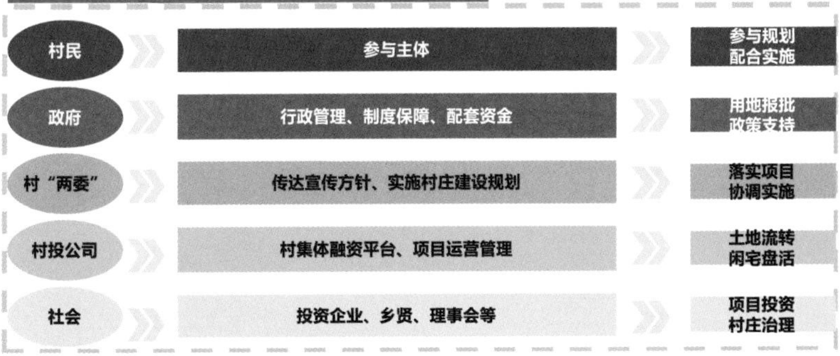

图 8-15 村庄治理体系框架

创建乡村治理"信息化"平台

□ 公共区域视频监控　　　□ 村庄应急广播　　　□ 村务公开信息平台

图 8-16 村庄信息化平台建设

287

❏ **村庄微信管理平台（腾讯为村＋村务云）**

图 8-17 村庄微信平台建设

■第 8 章参考文献

[1] 张捷，霍晓卫．新时代下如何构建文化遗产空间体系 [C] 中国国土空间规划，2019.
[2] 麦积区麦积镇街亭村历史文化名村保护规划 [R] 天水市城乡规划设计研究院有限公司 .2021.
[3] 萧放 . 关于非物质文化遗产传承人的认定与保护方式的思考 [J] 文化遗产 .2008，（1）：127-132.
[4] 陈华文 . 论非物质文化遗产生产性保护的几个问题 [J] 广西民族大学学报（哲学社会科学版）.2010，32（05）：87-91.
[5] 刘德龙 . 坚守与变通——关于非物质文化遗产生产性保护中的几个关系 [J] 民俗研究 .2013，（01）：5-9.
[6] 常凌翀 . 新媒体语境下西藏非物质文化遗产的数字化保护与传承探究 [J] 西南民族大学学报（人文社科版）.2010，31（11）：39-42.
[7] 文化和旅游部关于印发《"十四五"非物质文化遗产保护规划》的通知（文旅非遗发〔2021〕61 号）.
[8] 甘南 . 夏河 . 黑力宁巴藏戏文化旅游村规划方案 [R] 甘肃观城规划设计研究有限公司 .2020.
[9] 张松 . 历史城市保护学导论：文化遗产和历史环境保护的一种整体性方法（第四版）[M]. 上海：同济大学出版社，2021.
[10] 张松 . 城市保护规划——从历史环境到历史性城市景观 [M]. 北京：科学出版社，2020.
[11] 张松 . 当代中国历史保护读本 [M]. 北京：中国建筑工业出版社，2016：173.
[12] 阮仪三 . 历史环境保护的理论与实践 [M]. 上海：上海科学技术出版社，2000：8.
[13] 敦煌市七里镇杜家墩村"多规合一"实用性村庄规划（2021—2035 年）.[R]. 甘肃观城规划设计研究有限公司 .2021.
[14] 柯玲 . 中国民俗文化（第二版）[M]. 北京：北京大学出版社，2011.

第 9 章

全域土地综合整治

CHAPTER SUMMARY

章节概要

全域土地综合整治是落实村庄用地布局规划的重要手段，也是塑造提升村庄景观风貌的重要手段。全域土地综合整治规划在村庄国土空间格局和村庄功能布局的引领下，面向多维问题，综合村庄开发保护、建设修复等多项规划需求，按照通盘考虑、综合整治的系统性思维进行规划，从而实现村庄"三生"空间格局的优化。本章重点介绍"多规合一"实用性村庄规划中全域土地综合整治的规划关系要点、土地综合整治规划、生态修复规划以及土地工程规划等内容，同时本章也结合国土空间规划技术方法的应用，对全域土地综合整治过程中的主要技术应用方法作出详细的介绍和应用流程，为村庄规划编制过程提供应用指南。本章节试图回答规划师在编制过程中遇到的以下疑问：

· 村庄规划阶段如何承接上位国土空间规划中的土地综合整治内容？

· 全域土地综合整治中的"全域""全要素"如何在规划中落实？交错关系是什么？

· 实现土地综合整治如何筹措资金？如何整理耕地、建设用地等相关用地指标？

· 如何将国土综合整治与村庄风貌整治进行衔接？

· 村庄规划中的土地综合整治内容有哪些？如何落实？

· 生态修复中的"全要素"如何整治？如何落实？

· 全域土地综合整治内容如何落实到具体的村庄用地图斑中？

· 如何绘制全域土地综合整治一张图？如何制定全域土地综合整治项目库？

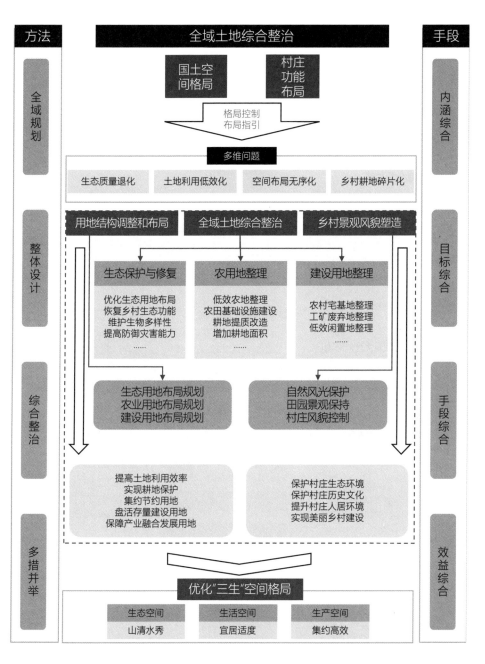

全域土地综合整治

| 方法 | | 手段 |

国土空间格局　**村庄功能布局**

格局控制 布局指引

多维问题

生态质量退化　土地利用低效化　空间布局无序化　乡村耕地碎片化

用地结构调整和布局　全域土地综合整治　乡村景观风貌塑造

生态保护与修复
优化生态用地布局
恢复乡村生态功能
维护生物多样性
提高防御灾害能力
……

农用地整理
低效农地整理
农田基础设施建设
耕地提质改造
增加耕地面积
……

建设用地整理
农村宅基地整理
工矿废弃地整理
低效闲置地整理
……

生态用地布局规划
农业用地布局规划
建设用地布局规划

自然风光保护
田园景观保持
村庄风貌控制

提高土地利用效率
实现耕地保护
集约节约用地
盘活存量建设用地
保障产业融合发展用地

保护村庄生态环境
保护村庄历史文化
提升村庄人居环境
实现美丽乡村建设

优化"三生"空间格局

生态空间 山清水秀　生活空间 宜居适度　生产空间 集约高效

方法：全域规划　整体设计　综合整治　多措并举

手段：内涵综合　目标综合　手段综合　效益综合

逻辑体系 LOGICAL SYSTEM

图 9-1 全域土地综合整治逻辑体系图

291

9 全域土地综合整治

COMPREHENSIVE IMPROVEMENT OF LAND ACROSS THE REGION

■ 9.1 规划关系要点

全域土地综合整治是国土空间规划体系中不可或缺的一环，以建设用地整理、农用地整理和生态修复为核心内容，通过盘活乡村土地资源、优化国土空间布局、改善农业生产条件、提升村庄人居环境和维护自然生态平衡引导村庄有序发展。本节从规划传导、要素交错、实施资金、土地性质以及空间风貌五个方面出发，将全域土地综合整治的规划要点进行全面解析，为国土综合整治和生态修复实施措施的制定提供科学依据。

9.1.1 规划传导关系

全域土地综合整治是各级国土空间规划的重要内容，各级国土空间规划的职责、功能不同，全域土地整治规划在其中发挥的作用也不同。就纵向的传导来看，县级国土空间规划更加注重目标和原则的制定，为全域土地综合整治区域的划定提供方向性指引；乡镇国土空间规划则是县级国土空间规划与村庄规划的衔接纽带，为村庄规划中全域土地整治任务的落实提供边界、用途和资金筹措的相关要求；村庄规划则更加注重用地、措施的落实，注重落地性。

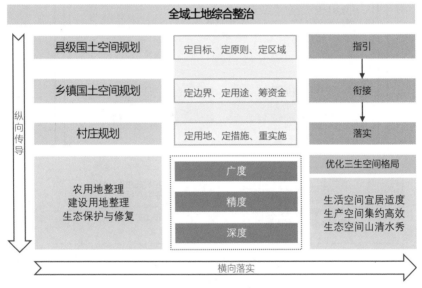

图 9-2 规划关系传导示意图

9.1.2 要素交错关系

全域土地综合整治以农用地整理、建设用地整理、生态保护与修复为核心内容，通过对村域范围内的全要素进行综合整治，达到优化三生空间格局的作用，其中农用地整理、建设用地整理、生态保护与修复从要素层面来看存在交错关系（图9-3），因此在进行全域土地综合整治时，要综合考虑被整治区域的要素构成，原则上可按照生态优先、农业支撑、建设为主的整治顺序，制定相应的整治策略和整治方式，在部分特殊区域可根据当时实际情况制定相应的整治策略和整治方式。

同一整治类型的区域存在一定的要素交错，如农用地整理时，田块的修整和沟渠、田间道的整治可同时进行，以节约成本，提高整治效率；生态保护与修复时，水土流失综合治理需要综合考虑防护林、草地、沙地以及河流的保护与修复，在制定相应的管控规则时，可对区域影响程度较大的要素重点整治，其他要素辅助支撑，如在进行黄土高原水土流失综合整治时，可对河流、荒漠化地区的要素进行重点整治，防护林建设、植被种植等可作为辅助措施支撑黄土高原水土流失的综合整治。

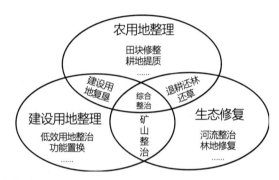

图 9-3 要素交错关系示意图

9.1.3 实施资金关系

全域土地综合整治是一项涉及面广、内容复杂的系统性工程，需要大量的资金投入，常见的资金来源有三个方向，以国家或地方投资为主，鼓励村集体、村民及相关企业积极参与，形成国家、集体和农户三方为主体的投资模式。

地方上开展全域土地综合整治工作时，在对农村用地现状进行调查的基础上，应分析年度国土综合土地整治和生态修复的规模、数量、分布等信息，作出整治工作年度计划安排；建立长期的多元化高效融资体系，拓宽全域土地综合整治的融资渠道，增加不同的融资方式，加大整治资金的投入；在保证土地整理专项资金必须足额落实到具体项目的基础上，政府可以通过土地收购储备、土地置换等制度，筹集整理资金。部分地区可根据建设用地指标、农用地指标及生态指标的使用情况，通过指标的出售筹措资金，同时对于已经"碳达峰"的地区可通过向发达地区出售碳汇指标，形成碳汇交易。经济较发达地区可以通过建立激励机制，引进企业开发商等社会资金作为整理资金的补充。此外应建立相应的资金管理监督机制，确保整治资金在第一时间到位并被科学合理地使用。

9.1.4 土地性质关系

村庄全域土地综合整治重在落实，村域范围内的用地可在进行国土综合整治和生态修复后，根据需要调整用地的性质，作为村庄规划国土空间用地结构调整的一部分纳入村庄规划实施项目库中。对于土地性质调整的关系，需要遵循以下规则：

（1）非建设用地调建设用地时，应对建设必要性进行论证。原则上禁止耕地、湿地等具有重要生产功能和生态功能的用地调整为建设用地，确需调整的应实行"占补平衡"原则。

（2）农用地调整农业设施建设用地时，要对农业设施建设用地进行严格的管控，禁止随意转为建设用地。

（3）生态用地进行调整时，应对土地的适宜性进行充分考虑。如在进行退化草场治理时，对于沙化土地的治理要充分考虑其恢复的可能性，确实无法恢复的应保持现状，尽量避免其进一步扩张。重要河流防护林治理时，考虑河岸对防护林土壤的侵蚀程度，因地制宜地进行土地性质的调整。

9.1.5 空间风貌关系

全域土地综合整治是塑造村庄风貌，优化村庄三生空间格局的重要手段。在进行全域土

图 9-4 建设用地整理空间风貌示意图

地综合整治时，要立足乡土社会、彰显地域特色，以重塑乡村魅力、推动多元参与为抓手，实现生态空间山清水秀、生产空间集约高效、生活空间宜居适度，推动乡村振兴。

建设用地整理时，要充分梳理村庄原有肌理及村庄格局风貌，村庄建设空间内的农房排布、建筑外观、院落场地等在满足基本生活功能的前提下，进行尺度、功能及风貌的综合整治；其余公共建筑和基础设施的整治要需结合村庄街巷空间、公共空间的风貌综合整治。

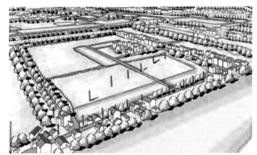

图 9-5 农用地整理空间风貌示意图（特色田园乡村建设指南）

农用地整理时，对农用地的用途进行严格管控，农田田块、田坎、沟渠的整治要结合农业景观格局进行治理，在兼具提升农业生产效率的同时尽可能提升农业景观风貌，使农业生产既能满足机械化生产的要求，又能适应农业现代化发展的需求。

生态保护与修复时，要注重对自然基地的保护，妥善保护乡村自然生态，保留乡村风貌，不随意砍树、填占水域（包括池塘），保持村庄与山水林田湖草有机融合、和谐共生的关系。对于具有重要生态功能的区域（如湿地、森林）等要建立严格的生态保护与修复制度，其风貌的整治要采取保护与修复并举的形式进行。

图 9-6 生态保护与修复空间风貌示意图（特色田园乡村建设指南）

■ 9.2 土地整治模式

村庄土地整治是指按照上位国土空间规划所确定的用途，对村域范围内的土地，采用行政、经济、法律和工程等方式进行综合整治和调整改造。其主要有三种模式，分别是土地开发、土地整理、土地复垦。

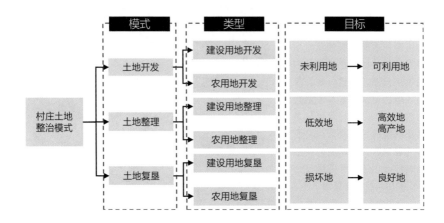

图 9-7 土地整治模式示意图

9.2.1 土地开发

土地开发指采用一定的工程手段和措施，使未利用的土地投入经营与利用的活动。村庄土地开发主要有两种类型：一是建设用地的开发，指对村庄内的空闲地及其他未利用地在符合上位国土空间规划布局的基础上进行适度的开发。二是农用地开发，指符合上位国土空间规划双评价成果的基础上，对农业生产适宜性较高的区域进行开发，主要包括对农林牧渔等各项农用地的开发，大型的农用开发还需要包括水利、道路设施和保护水土的生物工程设施的配置。

土地开发前需要对开发的土地进行综合经济效分析及土地资源适宜性分析，在符合上位国土空间规划布局和满足村庄社会经济发展的前提下才可进行开发。同时在进行土地开发时，应编制相应的土地开发规划，其内容主要包括以下几个方面：

（1）待开发土地土地资源调查评价

（2）土地开发可行性论证

（3）编制土地开发规划方案

（4）土地开发规划方案的实施措施与计划

9.2.2 土地整理

在土地利用学中，狭义的土地整理专指农村土地整理，包括建设用地整理和农用地整理。其主要目标是实现村庄各类用地的高效集约利用，优化村域国土空间格局。农用地整理主要包括农用地调整、农用地改造、地块调整、沟渠水利等基础设施的配置以及农业设施建设用地的规划布局；建设用地整理主要包括村庄内部存量建设用地的规划布局（建设用地功能置换）、零散宅基地的迁并、独立工矿用地调整、交通和水利区域基础设施整理。

土地整理应对村域基本情况做详细调查，对建设用地的整理应在符合上位国土空间规划对本村的功能、职能定位的基础上，考虑村庄长远发展并充分征求村干部意见及村民意愿。对于农用地整理要充分结合耕地、永久基本农田等相关政策的用途管制，严守耕地红线，提质耕地、增加耕地利用率和产出率。在进行土地整理时，应编制相应的土地整理规划，其主要内容包括：

（1）选定土地整理范围

（2）整理区实地调研

（3）土地整理潜力分析

（4）确定土地整理目标和方向

（5）划定土地整理区域

（6）土地利用结构调整与布局

（7）确定土地整理的重点项目

（8）土地整理的投资预算和效益分析

（9）制定规划实施计划并整理规划成果

9.2.3 土地复垦

土地复垦指对生产建设活动和自然灾害损毁的土地，采取整治措施，使其达到可供利用状态的活动。村庄土地复垦主要有两种类型：一是建设用地复垦，指现有建设用地在功能、布局和用途上已经不适应村庄发展需求，对其进行复垦，使其恢复农业生产或牧业活动的区域，主要有零散宅基地复垦、建设用地复垦等内容；二是农用地复垦，指对生产建设活动和自然灾害破坏的土地进行整治，使其恢复土壤活力，达到可利用的状态，主要有耕地复垦、裸土地复垦等内容。在进行土地整理时，应编制相应的土地整理规划，其主要内容包括：

（1）复垦区土地现状调查

（2）复垦土地预测

（3）待复垦土地适宜性评价

（4）确定复垦方案

（5）土地复垦工程设计

（6）确定土地复垦主要技术经济指标

（7）整理土地复垦规划成果

土地开发、土地整理、土地复垦作为土地整治的主要模式，作用是指导全域土地综合整治方案的实施，其中建设用地和农用地的整理是解决村庄用地矛盾的主要手段，在国土空间背景下的"多规合一"实用性村庄规划中，要树立生态优先的基本观念，通过对土地的开发、整理及复垦等多种手段，实现村庄各项用地集约高效利用，同时在实行全域土地综合整治方案时，要综合考虑人力、物力、财力、村民需求和可操作性，选择合适的土地整治模式，为全域土地综合整治项目的落地提供技术支持。

■ 9.3 建设用地整理

村庄建设用地整理是优化村庄国土空间格局和改善村庄整体风貌的主要途径，主要内容是对农村居民点宅基地数量、布局以及农村居民点其他建设用地规模、结构和布局进行综合调整，运用工程技术及调整土地产权，促进土地利用合理化、科学化，以改善农民生产、生活条件和农村生态环境。村庄建设用地整理主要包含几个方面：

9.3.1 新增建设用地

新增建设用地即在村庄原有建设用地基础上，根据村庄宅基地布局、基础设施、公共服务设施布局以及产业发展布局，新增部分建设用地。进行新增建设用地布局时应优先利用村庄内部的空闲地，在建设用地不足时，优先使用村庄居民点内部的未利用地（如其他草地、裸土地等），严禁在永久基本农田和生态保护红线内进行与农业生产和生态保护无关的建设活动，原则上新增建设用地禁止占用耕地等具有重要农业用途的土地，确需占用耕地的，应报上级相关部门进行备案，由上位国土空间规划统筹实现"耕地占补平衡"。

新增宅基地时尽量沿村庄原有宅基地进行布局，需要进行集中布局的村庄，需要综合考虑土地开发适宜性与公共服务设施、基础设施配置以及资金投资效益。新增宅基地按照宅基地管理规定对宅基地面积进行管控。

新增公共服务设施和村庄基础设施时，应综合考虑村庄人口规模、区位条件、服务半径等基础条件，保障村庄用地集约高效利用。

新增产业等其他集体经营性建设用地时，应对产业类型进行研判，村庄集中居民点内部禁止布置对居住和公共环境具有严重干扰、污染和安全隐患的三类工业用地，其他工业、商业、仓储设施的布局应充分考虑对村庄的影响。确有需要的可在用地布局和建设前进行环境影响评价。

9.3.2 存量建设用地

存量建设用地的整理是建设用地整理的主要内容，对于村庄内部部分不符合村庄发展需要的建设用地（如小学、广场）等，可在村庄规划允许的范围内进行村庄建设用地的功能置换，使其能够充分发挥存量建设用地的功能。

存量宅基地的整治，应根据村庄宅基地确权和宅基地管理规定，对宅基地的面积、户型、风貌及宅前屋后空闲地进行统一整治。面积过大的宅基地原则上需腾退多余宅基面积，确实无法腾退的，在规划期内宅基进行改建、翻修时对宅基地面积作出管控。宅基地面积过小的宅基地原则上需要补足不足的宅基面积，近期确实无法落实的，可在规划期内进行宅基地改建、翻修时进行面积补足。

存量公共服务设施、基础设施、公用设施等设施用地，应在村庄规划时，对风貌、类型及面积进行统一的整治。在结合村庄实际需求，合理预测村庄人口规模的基础上，对各类服务设施和公用设施的服务半径进行测算，提升存量公共服务设施、基础设施及公用设施的利用率。

存量集体经营性建设用地的整治，应充分考虑村庄产业发展的需要，对商业、工矿及仓储等集体经营性建设用地的建筑高度、建筑密度、用地范围等控制性指标作出相应的规定，对风貌、色彩等作出引导。

9.3.3 腾退建设用地

腾退建设用地的整治主要为废弃、零散宅基地、废弃或多余公共服务设施用地、废弃或多余基础设施用地、废弃工矿用地等建设用地的复垦、复绿。腾退的建设用地指标优先用于村庄宅基地的布局，其次考虑村庄产业发展的前提下进行集体经营性建设用地的布局。

废弃宅基地的腾退为村庄部分居民点或村域范围内常年无人居住，房屋破损严重，基础设施、公共服务设施无法进行配置的宅基地，在规划期内应进行腾退，腾退后的用地根据其周围农用地或生态用地的布局进行复垦、复绿；零散宅基地的腾退主要为村庄内距离集中居民点过远，基础设施和公共服务设施无法配置或配置较为困难的部分宅基地，在充分遵循村民意见的前提下进行腾退，并在村庄集中居民点周围或村域范围内重新规划集中安置区域。腾退的用地根据周围农用地或生态用地的布局进行复垦、复绿。

废弃或多余基础设施和公共服务设施用地为常年闲置，且不符合村庄现有建设用地功能布局，在规划期内无其他用途的设施用地，在规划期内进行有序退出。腾退的用地根据村庄国土空间布局进行复垦、复绿。

废弃工矿用地的治理主要是矿山整治及其附属建设用地的腾退，应结合生态保护与修复首先对矿山进行生态修复，对部分具有污染工矿地应进行环境影响评价，在其基础上对腾退后的用地进行适宜性复垦、复绿。

9.3.4 建设用地整理项目库

建设用地整理项目库的制定主要结合村庄内的建设用地整理情况，项目库可参考表 9-1 进行制定，各地可根据各地实际情况对建设用地整理的类型、内容、实施主体、期限等进行适当的调整。

建设用地整理项目库 　　　　　　　　　　　　　　表 9-1

项目序号	项目名称	土地整治类型	整治内容	规模（公顷）	实施主体	期限	投资估算
01	建设用地功能置换	建设用地整理	不符合现有用地功能的建设用地置换为符合村庄发展需求的用地类型				
02	村庄公共空间综合整治	建设用地整理	村庄内部条件较差的公共空间进行提质、改造				
03	低效居民点建设用地调整	建设用地整理	低效居民点用地腾退，环境整治				
04	建设用地复垦	建设用地整理	废弃、多余公共服务设施和基础设施的腾退，原用地复垦、复绿				
05	宅基地复垦	建设用地整理	废弃、面积过大、一户多宅宅基地腾退，原用地复垦、复绿				
06	零散宅基地搬迁	建设用地整理	废弃、零散宅基地腾退，原用地复垦、复绿				
07	废弃工矿复垦	建设用地整理	废弃工矿用地腾退，土地平整、原用地复垦、复绿				

备注：整治内容、实施主体、期限、投资估算根据各地实际需求进行填写

■ 9.4 农用地整理

农用地是进行农业生产的主要空间，农用地的整治是维系农业生产的和农民生活的基石。在村庄规划阶段，农用地整理包括低效农地整治、农田基础设施建设、耕地提质改造、沟渠疏通整治、改善农田生态等内容，基于此从以下几个方面对农用地整理的措施和内容进行介绍。

9.4.1 耕地整治与修复

耕地整治与修复是农用地整理的核心内容，分为一般耕地的整治与基本农田的整治，其中一般耕地的整治内容主要有耕地土壤改良、耕作田块修筑、耕地用途整治等内容。基本农田的整治主要以基本农田用途整治、基本农田耕地提质、基本农田配套设施的整治等内容为主。

在村庄规划建设时原则上禁止占用耕地从事非农生产和非农建设，因国家重大项目或其他确需占用耕地的，应在县级或市级层面实现"耕地占补平衡"。对在村庄建设过程中已经受到破坏的耕地，应采取相关的工程措施或土壤土质改良措施，修复受损耕地。同时对耕地的用途做出严格的规定，一般耕地主要用于粮、棉、油、糖、菜和饲草料的生产，永久基本农田重点用于粮食生产，高标准农田全部用于粮食生产。零星建设用地、工矿用地经过建设用地整理复垦后，对土质土壤作进一步的改良，以便实现规模化经营和现代化农业生产的需求，对已完全丧失生产功能的耕地或复垦后无法用作农业生产的土地，可用作耕地附属配套设施及其他设施农用地的建设。

为实现村庄现代化农业生产的需要，需要对农田进行输配电工程的整治与建设，可结合农村电网改造，完善农田输配电设施，满足河道提水、农田排涝、喷微灌等设施电力需求，实现供电可靠、安全，并适应农业现代化、农田信息化管理的要求。

9.4.2 其他农用地的整治

其他农用地的整治主要包括设施农用地、沟渠、坑塘水面等用地的整治。其中设施农用地的整治应结合农业、牧业、林业等农业生产规模进行空间布局和用地整治优化。对条件较差、设施配套不完善的设施农用地应在完善相应设施的前提下，对设施农用地的风貌、内外部环境进行综合整治，同时对于设施农用地的用途进行严格的控制，严禁以设施农用地为名规避管理，擅自转为建设用地。

沟渠的整治主要以疏通渠道、修复破损沟渠为主，对于干渠的整治应结合上位国土空间规划中对于区域基础设施的布局，涉及村庄的干渠应以灌溉功能的整治为主，疏通干渠、对未硬化或破损干渠进行整治，同时结合村域范围内泵站位置，对干渠的布局和走向提出相应的建议。对于其他等级较低的沟渠，在疏通沟渠、修复破损的基础上，对沟渠的走向、地势影响、灌排功能等提出具体的整治措施和整治目标，完善村域范围内的沟渠体系。同时沟渠整治应结合灌溉排水工程进行规划设计，按照灌溉与排水并重、骨干工程与田间工程并进的要求，丘陵区应重点依托区域内大中型灌区、大中型泵站等骨干水利工程，完善田间输配水设施的配套改造与建设，充分利用地表水，合理配置山坪塘、小型拦河坝（闸）、囤水田、泵站等田间水源设施；宜采取排灌分离方式，切实做好排涝与排涝设施建设；坡地区以排洪为重点宜采取灌排结合方式，做到沟池相连、排蓄相济，形成较为完整的排水沟网；各类渠系建筑物应配置完善，做到引水有门、分水有闸、过路有桥（涵）、管理方便、运行良好。

坑塘水面的整治主要以用途整治为主，并结合相应的整治修复，充分发挥农业灌溉、水产养殖和生态景观等功能。对部分环境质量较差的坑塘水面进行清淤、疏浚并进行生态修复，严禁往坑塘里倾倒垃圾、建筑渣土。对于质量较好的坑塘水面可结合景观设计对驳岸进行景观化处理，为村民提供基本休闲服务。对于大型的坑塘水面鼓励提升水质，提倡农用地的复合利用，改造为生态养殖坑塘。

9.4.3 农业景观格局

农业景观格局的构建是农用地整理的目标和重要方向，包括耕作田块修筑、田间道规划、高标准农田建设等，从田、水、路、林、村全域角度对村庄的农业景观进行构建。

对零散耕地和拟复垦的地块进行土地整治，根据土地利用总体规划确定的耕地和基本农田布局，充分考虑水资源承载能力和生态容量等因素，优化农田结构布局，实现田块适度、田面平整、规模连片、灌排有序的农田，满足农业规模化生产和机械化作业要求。

对于田间道路的整治应按照中小型农机作业要求，切实解决田间道路标准低、通行条件差、路网布局不合理和通达度不高的问题。耕作田块、排灌沟渠、农田防护林带等工程应紧密结合，优化机耕路、生产路布局，合理确定路网密度、路面宽度、路面材质和荷载等建设标准。充分利用镇乡、村等农村骨干交通系统，使机耕路与乡村公路、村庄连接，生产路与机耕路、耕作田块或农村院坝相连，配套必要的农机下田（地）坡道、桥涵等设施，方便农业机械、农用物资和农产品运输通行。

高标准农田的整治应以耕地土壤土质质量提升为核心，对其中基础设施的配置、耕作表层的厚度、灌溉方式及灌溉率、田间道的宽度和通达性以及耕作作物的施肥方式、病虫害防治措施等提出详细的措施，尤其是对高标准农田的用途进行严格的管控，严禁高标准农田上种植与粮食生产无关的农作物。

9.4.4 农用地整理项目库

农用地整理项目库的制定主要结合村庄内的农用地整理情况，项目库可参考表9-2进行制定，各地可根据各地实际情况对农用地整理的类型、内容、实施主体、期限等进行适当的调整。

农用地整理项目库 表9-2

项目序号	项目名称	土地整治类型	整治内容	规模（公顷）	实施主体	期限	投资估算
01	土壤土质改良	农用地整理	采用工程措施对耕地质量较差的耕地进行土壤土质的改良				
02	零散耕地集中	农用地整理	零散分布的耕地适度集中，满足机械化作业和现代化农业生产的要求				
03	田块修整	农用地整理	对田块大小、方向等做出整治引导，提升农田景观风貌				
04	田间道路治理	农用地整理	对田间道的宽度、通达性、土壤质地等提出整治方向，引导农田景观的提升				
备注：整治内容、实施主体、期限、投资估算根据各地实际需求进行填写							

■ 9.5 生态保护与修复

生态保护与修复是构建村庄生态安全屏障、维护村庄生态安全格局、体现村庄生态价值的重要途径。村庄规划层面的生态保护与修复，强调从村域角度出发，构建全域、全要素保护与修复措施，重点以山、水、林、湖、草、沙、冰等要素的保护与修复为主，突出生态优先的基本思路，为村庄生态环境保护与修复提供科学路径。

9.5.1 山

山体的生态保护与修复以矿山生态修复为主。对历史遗留矿山的生态修复，以实施地质环境治理、重塑地形地貌、重建生态植被为主，同时加大对矿区崩塌、滑坡、泥石流及采空塌陷、岩溶塌陷等地质安全隐患的治理，加强对裸露矿山的边坡综合整治，逐步恢复矿山生态。对于废弃矿山，按照其规模和受损程度制定不同的生态修复策略，针对规模较小、山体损坏程度较低的废弃矿山，可采用以自然恢复为主、人为干预为辅的生态修复策略，依靠生态系统自我调节能力逐步恢复；针对规模较大、山体损坏较大的废弃矿山，可采用工程措施进行生态修复，山体裸露面采用厚基材等技术手段进行复垦复绿，场地进行平整后复垦复绿。对于受损特别严重，无法通过工程或人为干预进行生态修复的废弃矿山，可考虑废弃矿山的转型利用，通过填埋等形式重塑山体风貌。此外，部分地区在矿山生态修复过程中要特别注重水土流失综合治理及地下水系统的保护，提高矿区水土保持和水源涵养功能，注重恢复野生动植物生境条件和生态廊道，在涉及河湖岸线区域建设生态隔离带保障水资源安全。

9.5.2 水

水域生态保护与修复主要指湿地、河流、水源地的保护与生态修复。其中对于湿地的保护与生态修复以保护为主，对具有重要生态功能的湿地实行最严格的保护策略，保护源头湿地，改善野生动物栖息环境，恢复和重建植被，连通水系，控制水位，湿地生态补水，连通岛屿化、破碎化湿地，改善水生环境。对于湿地面积逐年减少的地区应加强水资源管理，开展地下水超采治理和节水灌溉，建立多水源补水机制，逐步恢复湿地面积，同时加强与周围水系的连通治理，通过退耕还湿、水系疏浚、水生植被保护与修复等举措，增强湿地功能。对于河流、水源地的保护与生态修复要落实上位国土空间规划中对于河流、水源地的相关保护与生态修复措施。本行政村域范围内的河流要加强河岸线的保护与治理，严禁随意对河流进行改道，严禁在河流或水源地周围堆放垃圾等具有污染的固体废弃物。河口、海湾、海岸线等具有重要生态价值及重要社会经济效益水域的生态保护与修复应在上位国土空间规划中制定生态修复专项规划，村庄规划中对其进行空间落位和执行即可。

9.5.3 林

林地的生态保护与修复应结合山体、水域的生态修复，对部分水土流失区域进行综合整治。防护林、生态林（公益林）、保育林、森林公园、自然保护地的保护与生态修复遵循相关的专项规划。对于重要河流体系的防护林保护，应构建以水土保持林、水源涵养林、护岸林等为主体的防护林体系。林地是多数野生动植物及珍稀濒危野生动植物的主要栖息地，要全面加强原生性生态系统和珍稀濒危野生动植物拯救性保护，保护天然林资源，综合开展退化林修复、封山育林、人工造林、森林抚育。对于森林的保护与修复坚持以"森林是陆地生态系统的主体和重要资源，是人类生存发展的重要保障"为根本遵循，加强森林、草原、河湖、湿地等生态系统的综合保护，停止天然林商业性采伐，加强天然林和公益林管护，开展自然保护地植被恢复和生境保护，连通生态廊道，强化重点区域及自然保护地的保护与管理，推进退耕还林、水土流失治理，提升区域生态系统功能稳定性。

9.5.4 湖

湖泊的生态保护与修复以湖泊水质提升、用途管制及规模控制为主。根据不同的地理区位条件及生态功能制定不同的生态保护与修复策略。加强河道治理，优化水资源配置，提高江河湖泊连通性，恢复水生生物通道及候鸟迁徙通道，部分区域可根据实际情况开展退垸还湖（河）、退耕还湖（湿）和植被恢复，加强生态湖滨带和水源涵养林等生态隔离带的建设与保护。对湖泊的用途进行严格的管控，定期对湖泊的水质进行检测监控，对水质下降地区核查原因，并制定相应的水质提升方案。严禁围湖造田、造地，对湖面规模、大小进行管控，在保护湖泊生态功能的基础上提升整体生态质量。

9.5.5 草

牧草地的生态保护与修复重点是保护草原生态系统，修复退化草场或有退化趋势的牧草地。加强草原综合治理，以草定畜，控制草原载畜量，全面推行草畜平衡、草原禁牧休牧轮牧政策，推动重点区域荒漠化和沙化土地等退化草原治理，遏制草原沙化趋势，提升草原生态功能。加强草原鼠害等有害生物治理。推进草场治理，部分地区根据实际情况可实施退牧还草、修复退化草场。同时根据不同草原类型制定不同的生态保护与修复策略，加强对草原生态系统的保护力度，逐步恢复天然林草植被；完善草原生态补偿措施、落实生态奖补政策，采取禁牧封育、休牧轮牧、中农草改良、毒害草治理等措施，治理退化草场。

9.5.6 沙

开展沙化土地综合整治，实施宽浅沙化河段生态治理。加强水土流失治理，恢复退化草场、退化湿地生态功能。部分地区可划定封禁保护区，重点加强荒漠生态系统的保护，对荒漠化地区的沙地、天然荒漠草原灌丛植被进行生态保护与修复，科学营造防风固沙林、水土保持林，修复退化防护林。在风口和流沙活动频繁地带可根据需求设置机械沙障固定流沙，加强土地的综合治理。

9.5.7 冰

冰川的生态保护与修复主要以冰川的保护为主。冰川作为重要的生态资源，其变化影响着整个生态系统的稳定。我国的冰川主要分布在青藏高原及祁连山地区。冰川在部分地区是重要的水源涵养带的源头，冰川的生态保护与修复重点要改变流域内的小气候，培育水土资源和涵养水源，促进冰川生态保护与修复的良性循环。

9.5.8 生态保护与修复整理项目库

生态保护与修复项目库可参考表9-3进行制定，各地可根据各地实际情况对生态修复的类型、内容、实施主体、期限等进行适当的调整。

生态保护与修复项目库 　　　　　　　表9-3

项目序号	项目名称	土地整治类型	整治内容	规模（公顷）	实施主体	期限	投资估算
01	废弃矿山生态修复	生态保护与修复	对矿区崩塌、滑坡、泥石流等地质安全隐患综合治理，对裸露矿山的边坡综合整治				
02	湿地修复	生态保护与修复	水系连通、控制水位、湿地生态补水、连通岛屿化与破碎化湿地				
03	河岸线保护与修复	生态保护与修复	河岸线综合整治，修复破损河岸线、加强沿河生态景观构建				
04	防护林保护与修复	生态保护与修复	构建以水土保持林、水源涵养林、护岸林等为主体的防护林体系				
05	森林生态保育	生态保护与修复	针对不同的森林品种，制定林地保护、水源涵养、品质提升策略				
06	湖泊生态保护与修复	生态保护与修复	用途管制、规模控制、提升水质及滨湖景观建设				
07	草场整治	生态保护与修复	以草定蓄，控制草原载畜量，培育高品质牧草				
08	荒漠化治理	生态保护与修复	人工牧草、灌木种植，土质改良				
09	沙地保护与修复	生态保护与修复	防风固沙林建设，天然荒漠草原灌丛植被有序种植				
10	裸土地修复	生态保护与修复	采用工程手段治理荒漠化土地，对裸土地进行生态修复，恢复土壤质地				
11	冰川保护与修复	生态保护与修复	培育水土资源和涵养水源，改变流域内的小气候				

备注：整治内容、实施主体、期限、投资估算根据各地实际需求进行填写

生态保护与修复是构建村庄生态安全屏障、维护村庄生态安全格局、体现村庄生态价值的重要途径。村庄规划层面的生态保护与修复，强调从村域角度出发，构建全域、全要素保护与修复措施，重点以山、水、林、湖、草、沙、冰等要素的保护与修复为主，突出生态优先的基本思路，为村庄生态环境保护与修复提供科学路径。

实验八 全域土地综合整治

本实验主要介绍在村域全域土地综合整治时，图斑处理、全域土地综合整治项目库的制作以及全域土地综合整治规划图的制图，由于整治项目类型较为复杂，来源较为繁多，本实验以调研项目为主，对生态修复及国土综合整治图斑的划定、面积的统计、整治措施及整治内容的完善进行举例，其余项目在规划资料收集阶段尽量以矢量数据为主，非矢量数据可在资料收集完成后进行矢量化处理完成图斑的划定。

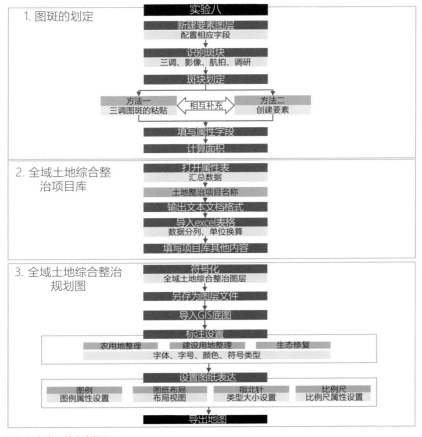

图 9-8 实验八 技术流程图

305

1. 整治图斑的划定

全域土地综合整治图斑的划定方式可结合实际需求进行，本实验以"三调"图斑的复制和新建图斑要素两种方式为例，对土地整治图斑进行空间上的落位。

方法一： 对"三调或规划地类"图层现有图斑进行复制，得到生态修复与国土综合整治图斑。具体步骤如下：

◆**步骤一：** 新建 Arcmap 工程文件，加载"三调或规划地类图斑"。

◆**步骤二：** 新建生态修复与国土综合整治要素图层。

➤【目录】窗口中新建全域土地综合整治数据库，如：【D:\ 村庄规划手册 \GIS 实验 \chp08\xxx 村全域土地综合整治 .gdb 】。

➤右键【xxx 村全域土地综合整治 .gdb 】–【新建】–【要素类】。

➤【名称】输入【xxx 村生态修复与国土综合整治图斑】，【类型】选择【面要素】，点击【下一页】；选择与该村"三调"数据相同的坐标系点击【下一页】；【XY 容差】默认值，点击【下一页】；【配置关键字】选择【默认】，点击【下一页】；【字段名】分别输入【坐落单位名称及代码、土地整治类型、项目名称、图斑面积】字段，数据类型如图所示，点击【完成】（与实验六新建要素图层步骤相同）。

图 9-9 新建面要素图层

图 9-10 配置土地整治相应字段

◆**步骤三：** 在【内容列表】窗口加载新建的【 xxx 村生态修复与国土综合整治图斑 】，右键【编辑要素】–【开始编辑】（注意：只有在编辑状态下才可以将其他图层上的面要素复制粘贴到该图层）。

◆**步骤四：** 粘贴复制要素图斑。

➤点击编辑工具条的合适小箭头，点选需要整治的图斑（注意只能选择同一图层上的图斑，若打开多个图层，建议将其余图层前面的勾选框去掉，隐藏该图层，防止出错），右键【复制】–右键【粘贴】，此时出现需要粘贴到的图层的小窗口，选择【xxx村生态修复与国土综合整治图斑】即可将图斑粘贴到要素图层中。

➤重复以上步骤将全部需要生态修复的图斑复制粘贴到【xxx村生态修复与国土综合整治图斑】上。

图 9-11 复制框图层选择

◆步骤五：根据项目名称、性质填写相应字段（如在土地整治类型一栏中可填写生态修复、建设用地整理及农用地整理）。

◆步骤六：利用字段计算器计算面积（依然利用公式计算椭球面积，见实验五面积字段计算）。

方法二：利用编辑工具条的创建要素，重新创建要素图斑：

◆步骤一：在【内容列表】右键【xxx村生态修复与国土综合整治图斑】–【编辑要素】–【开始编辑】。

◆步骤二：创建要素。

➤点击编辑工具条【创建要素】选项，弹出创建要素选择对话框。

➤点击【xxx村生态修复与国土综合整治图斑】，可在【构造工具】中选择工具创建要素。

➤（以面工具为例）根据影像、三调数据、调查数据及航拍，判别需要整治的区域，划定相应的范围。

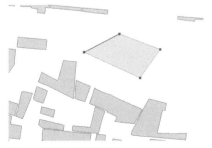

图 9-12 划定土地整治区域

图 9-13 创建要素工具选择

◆**步骤三**：根据项目名称、性质填写相应字段（如在土地整治类型一栏中可填写生态修复、建设用地整理及农用地整理）。

◆**步骤四**：利用字段计算器计算面积。

xxx村生态修复与国土综合整治图斑1

OBJECTID_1 *	Shape *	ZLDWDM	ZLDWMC	项目名称	TBMJ	项目类型	Shape_Length	Shape_Area
1	面	XXXXXXXXXXXX	XXX村	果园恢复耕地	1871.053203	农用地整理	184.509624	1871.929728
2	面	XXXXXXXXXXXX	XXX村	土坯房改造	720.560356	建设用地整理	129.915035	720.894615
3	面	XXXXXXXXXXXX	XXX村	果园恢复耕地	1947.048313	农用地整理	198.060289	1947.965405
4	面	XXXXXXXXXXXX	XXX村	果园恢复耕地	2444.357302	农用地整理	236.409029	2445.436131
5	面	XXXXXXXXXXXX	XXX村	果园恢复耕地	5377.675254	农用地整理	294.479564	5380.157617
6	面	XXXXXXXXXXXX	XXX村	果园恢复耕地	3189.257935	农用地整理	265.564313	3190.724067
7	面	XXXXXXXXXXXX	XXX村	果园恢复耕地	1861.252435	农用地整理	184.434677	1862.107314
8	面	XXXXXXXXXXXX	XXX村	果园恢复耕地	4565.666272	农用地整理	374.42388	4567.775876
9	面	XXXXXXXXXXXX	XXX村	果园恢复耕地	6712.501194	农用地整理	365.031154	6715.595806
10	面	XXXXXXXXXXXX	XXX村	果园恢复耕地	6340.473531	农用地整理	365.053048	6343.392513
11	面	XXXXXXXXXXXX	XXX村	果园恢复耕地	6339.41893	农用地整理	325.985644	6342.351951

图 9-14 全域土地综合整治要素图层属性表最终成果示意图

2. 全域土地综合整治项目库

◆**步骤一**：面积统计。

➢ 以项目名称为基础字段进行汇总，右键【项目名称】-【汇总】弹出汇总对话框。

➢ 其中勾选【图斑面积】-【总和】，选择输出格式及位置（格式选择文本文档）。

➢ 点击【确定】。

◆**步骤二**：在 excel 表格中将汇总表格进行处理（参考实验七国土空间用地结构调整表的制作）。

◆**步骤三**：添加项目序号、整治内容、规模、实施主体、实施期限、备注等关键字段并对内容进行填写，形成土地整治项目库。

全域土地综合整治项目库（示例表） 表 9-4

项目序号	项目名称	土地整治类型	整治内容	规模（公顷）	实施主体	期限	投资估算
01	建设用地功能置换	建设用地整理	不符合现有用地功能的建设用地置换为符合村庄发展需求的用地类型	XXX	XX	XX	XXX
02	村庄公共空间综合整治	建设用地整理	村庄内部条件较差的公共空间进行提质、改造	XXX	XX	XX	XXX
03	零散耕地集中	农用地整理	零散分布的耕地适度集中，满足机械化作业和现代化农业生产的要求	XXX	XX	XX	XXX
04	田块修整	农用地整理	对田块大小、方向等作出整治引导，提升农田景观风貌	XXX	XX	XX	XXX
05	废弃矿山生态修复	生态保护与修复	对矿区崩塌、滑坡、泥石流等地质安全隐患综合治理，对裸露矿山的边坡综合整治	XXX	XX	XX	XXX
06	河岸线保护与修复	生态保护与修复	河岸线综合整治，修复破损河岸线、加强沿河生态景观构建	XXX	XX	XX	XXX
备注：整治内容、实施主体、期限、投资估算根据各地实际需求进行填写							

3. 全域土地综合整治规划图

◆**步骤一**：对土地整治项目按照整治类型进行编号。

➢打开土地整治要素图层的属性表，左上角打开【表选项】-【添加字段】（注意要在未编辑状态才可以添加字段）。

➢添加项目编号字段，类型【文本】。

➢右键编辑该图层，对项目进行编号，如（建设用地整理为：JS01-JSXX，农用地整理：ND01-NDXX，生态修复：ST01-STXX）。

◆**步骤二**：对土地整治图斑按照土地整治类型进行符号化，配置相应的用地色块（方法可参考实验五符号化设置）。

◆**步骤三**：将设置好的土地整治图斑另存为图层文件，并导入制作好的 GIS 底图。

◆**步骤四**：设置标注样式（为区分不同整治项目类型，可为其配置不同的标注符号）。

➢右键【xxx 村生态修复与国土综合整治图斑】-【属性】-【标注】勾选【标注此图层中的要素】。

➢【方法】选择【定义要素并且为每个类加不同的标注】，点击【获取符号类】。

➢【类】中选择【建设用地整理】。

➢【标注字段】选择【土地整治项目编号】，根据需求修改字体、字号、颜色等设置（也可根据已有的符号库进行配置）。

➢按照相同的方式分别在【类】中选择农用地整理、生态修复，为不同类型的土地整治项目配置不同的标注符号。

➢完成后点击【应用】-【确定】。

◆**步骤五**：插入比例尺、指北针、图例等基础地理要素（参考实验七国土空间布局图的制作）。

◆**步骤六**：导出地图。

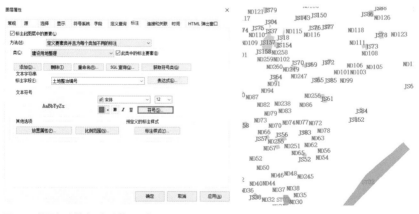

图 9-15 设置标注样式及标注符号示意图　　　图 9-16 全域土地综合整治规划图示意

■ **第 9 章参考文献**

[1] 王万茂，王群．土地利用规划学（第九版）[M]．北京：北京师范大学出版社，2021.

[2] 丁庆龙，叶艳妹．乡村振兴背景下土地整治转型与全域土地综合整治路径探讨 [J]．国土资源情报，2020（4）：48-56.

[3] 刘扬，吕佳．村庄规划视角下全域土地综合整治探讨 [J]．小城镇建设，2021，39（1）：32-37.

[4] 刘恬，胡伟艳，等．基于村庄类型的全域土地综合整治研究 [J]．中国土地科学，2021，35（5）：100-108.

[5] 高佳莉．乡村振兴背景下基于全域土地综合整治的村庄建设发展规划 [D]．杭州：浙江大学，2019.

第 10 章

村庄安全与防灾减灾

CHAPTER SUMMARY

章节概要

村庄安全与防灾减灾规划关系村民生命财产安全，是"多规合一"实用性村庄规划中基础的部分，也是重要环节。村庄的安全与防灾减灾规划需结合村庄基础设施及公共服务设施的布局，针对不同类型、不同地区以及不同发展条件的村庄因地制宜地配置相应的安全与防灾减灾设施。基于此，本章从消防、抗震、防洪排涝、地质灾害、气象灾害以及防疫等方面，系统全面地对村庄安全与防灾减灾内容做出相应的安排，同时对于村庄避灾场地的规划、村庄生命线工程的建设以及村庄安全设施的配置在"多规合一"实用性村庄规划中提出编制方法和实施路径。

· 村庄安全现状、安全隐患及灾害分类？

· 村庄安全与防灾减灾规划的主要内容有哪些？

· 村庄基础设施和公共服务设施布局对村庄安全设施布局的影响？

· 不同类型、不同地区以及不同发展条件的村庄如何布局村庄安全设施？

· 村庄避灾场地如何进行规划？

· 村庄安全设施配置的原则？要点？措施有哪些？

· 村庄如何进行防疫规划？

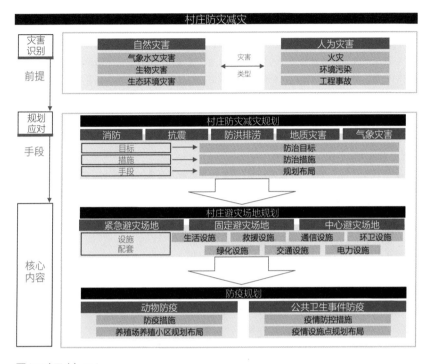

逻辑体系 LOGICAL SYSTEM

图 10-1 村庄安全与防灾减灾逻辑关系图

10 村庄安全与防灾减灾

VILLAGE SAFETY AND DISASTER PREVENTION AND MITIGATION

■ 10.1 村庄防灾减灾规划

村庄防灾减灾规划主要针对村庄安全隐患，在规划过程中根据村庄所在的区位及村庄各种现状建设条件，对各种自然或人为灾害的发生作出预判。对具有安全隐患的区域作出防灾减灾的安排，最大程度保障村民生命及财产安全。村庄安全与防灾减灾内容较多，且地区差异性较大，各地区可根据实际情况对所在的村庄作出防灾减灾方面的安排。本节以村庄消防规划、抗震规划、防洪排涝规划、地质灾害规划及气象灾害防治规划等方面为例，对村庄中常见的防灾减灾设施的布局及方式等规划过程作出简要介绍。

10.1.1 村庄灾害分类

为合理安排村庄各项防灾减灾设施，避免公共资源的浪费，在制定村庄防灾减灾规划前，对村庄的主要灾害类型作出分类。按照其形成方式大致可以分为自然灾害及人为灾害。

（1）自然灾害：指由自然因素引起的，对村庄生产生活造成危害或损坏村民生活环境的现象。自然灾害类型较多，对于村庄选址、基础设施布局、建筑物的排布都有不同程度的影响，村庄常见的自然灾害类型见表10-1。

自然灾害分类表（部分）　　　　　　　　　表10-1

代码	灾害名称	含义
010000	气象水文灾害	由于气象和水文要素的数量或强度、时空分布及要素组合的异常，对人类生命财产、生产生活和生态环境等造成损害的自然灾害
010100	干旱灾害	因降水少、河川径流及其他水资源短缺，对村庄居民生活、工农业生产及生态环境等造成损害的自然灾害
010200	洪涝灾害	因降水、融雪、冰凌、溃坝（堤）、风暴潮等引发江河洪水、山洪、泛滥以及溃涝等，对人类生命财产、社会功能等造成损害的自然灾害
020000	地质地震灾害	由地球岩石圈的能量强烈释放剧烈运动或物质强烈迁移，或是由长期积累的地质变化，对人类生命财产和生态环境造成损害的自然灾害
020100	地震灾害	地壳快速释放能量过程中造成强烈地面振动及伴生的地面裂缝变形，对人类生命安全、建（构）筑物和基础设施、社会功能和生态环境造成损害的自然灾害
020300	崩塌灾害	陡崖前缘的不稳定部分主要在重力作用下突然下坠滚落，对人类生命财产造成损害的自然灾害
020400	滑坡灾害	斜坡部分岩（土）体在重力作用下发生整体下滑，对人类生命财产造成损害的自然灾害
020500	泥石流灾害	由于暴雨或水库、池塘溃坝或冰雪突然融化形成强大的水流，与山坡上散乱的大小块石、泥土、树枝等一起充分作用后，在沟谷内或斜坡上快速运动的特殊流体，对人类生命财产造成损害的自然灾害

代码		灾害名称	含义
040000		生物灾害	在自然条件下的各种生物活动或由于雷电、自燃等原因导致的发生于森林或草原以及有害生物对农作物、林木、养殖动物或设施造成损害的自然灾害
	040100	植物病虫害	致病微生物或害虫在一定环境下暴发，对种植业或林业等造成损害的自然灾害
	040200	疫病灾害	动物或人类由微生物或寄生虫引起突然发生重大疫病，且迅速传播，导致发病率或死亡率高，给养殖业生产安全造成严重危害，或者对人类身体健康与生命安全造成损害的自然灾害
	040300	鼠害	鼠害在一定环境下暴发或流行，对种植业、畜牧业、林业和财产设施等造成损害的自然灾害
050000		生态环境灾害	由于生态系统结构破坏或生态失衡，对人地关系和谐发展和人类生存环境带来不良后果的一大类自然灾害
	050100	水土流失灾害	在水力等外力作用下，土壤表层及其母质被剥蚀、冲刷搬运而流失，对水土资源和土地生产力造成损害的自然灾害
	050200	风蚀沙化灾害	由于大风吹蚀导致天然沙漠扩张、植被破坏和沙土裸露等，导致土壤生产力下降和生态环境恶化的自然灾害
	050300	盐渍化灾害	易溶性盐分在土壤表层积累的现象或过程对土壤和植被造成损害的自然灾害

备注：本表自然灾害分类与代码均来源自《自然灾害分类与代码》GB/T 28921—2012，对其中村庄规划中常见的自然灾害作简要的选取，完整版以国家发布标准为准。

（2）人为灾害：指由于人类活动，对村庄生产生活造成危害或损坏生态环境的现象。在村庄规划中人为灾害主要包括人为火灾、环境污染、工程事故、运营事故等。人为灾害成因相对复杂，在村庄规划中应对其作出预判性防治。

由于村庄灾害类型较多，且交错关系较为复杂，在村庄规划过程中，应对影响村庄安全问题的原因作综合分析，并制定较为详细的防灾减灾安排，综合各方面的防灾减灾要求和措施，按照国家政策（标准）及地方标准（规范）配套相应的设施。

10.1.2 消防

1. 消防安全布局

（1）村庄应尽可能建设一级、二级耐火等级的建筑，控制三级耐火等级建筑，严格限制新建四级耐火等级建筑。重点建筑物按照《建筑设计防火规范》GB 50016—2006 的要求设计。

（2）原有耐火等级低且相互毗连的建筑密集区纳入村庄近期改造规划，并采取防火分隔、提高耐火性能、保证防火间距和开辟消防通道等措施。

（3）结合村庄内主次干路建设，以主次道路骨架围合的街巷为基本防火单元，利用道路形成村庄防火隔离带，控制火势，防止内部火势蔓延；同时积极加强内部消防安全布局、消防通道、消防设施建设，形成内部完善的消防体系。

（4）对于规模较大的柴草、饲料等可燃物，在堆放位置选择时宜设置在村庄常年主导风向的下风侧或全年最小频率风向的上风侧，不应设置在电力设备附近及电力线路下方。柴草堆场与建筑物的防火间距不宜小于 25 米，堆垛不宜过高过大，相互之间应保持一定安全距离。

2. 消防设施规划

（1）消防用水

结合自来水给水管网布置，设置消防水池，覆盖村庄居民点周边。消防水池接入给水管网，最不利点消火栓的压力不小于 0.1 兆帕，流量不小于 10 ～ 15 升 / 秒。

（2）消防建设要求

村庄道路宽度应大于等于 3.5 米，净空高不应小于 4 米；尽端式消防道的回车场尺度应大于等于 15 米 ×15 米。村内新建各类建筑应为一二级耐火等级建筑。

（3）消防组织管理

根据村庄防火需求，在村委会设置义务消防值班室和义务消防组织，配备通信设备和灭火设施，以五分钟内应急消防可以到达责任区边缘为原则，辐射全村。

10.1.3 抗震

1. 抗震减灾规划

参考《中国地震动参数区划图》GB 18306—2015 及《建筑抗震设计规范》GB 50011—2010 等规范，对建筑物按照设计基本地震加速度值设防。对于处在地震带，地震灾害频发的区域，可将村庄分为重点防震区和一般防震区，将村庄居民活动频繁、人流量较大的区域设为重点防震区，如村委会、文化活动室等公共建筑。在进行村庄建设时，此类建筑的抗震级别要高于其他建筑至少一级。村内其余区域设为一般防震区，对于其中建筑物的排布、建筑结构、材质等作出相应的防震要求。村内原有建筑不符合抗震设防要求的，要及时加固或拆除，新建建筑物的布局应疏密有当，避免灾后房屋倒塌影响疏散通道的通达性。

2. 生命线系统规划

（1）加固给水设施构筑物，改造供水管网，提高给水管道抗震能力。

（2）对过境公路、规划区内主干道等应进行抗震加固，拓宽规划区主干道，提高道路抗震能力，保证群众快速、安全疏散。

（3）对医疗室和通信指挥建筑进行抗震加固，实行分级管理。

3. 紧急疏散通道和场地规划

（1）疏散场所

避震疏散采取以"临震避难为主，震前疏散为辅"的原则进行。在村庄居住片区等人口密集区利用打谷场、空地和广场，保证人员及时疏散并为居民提供基本的疏散避难空间。避震疏散场所要满足下列要求：就近疏散；避开高大建构筑物；道路通畅，最好有 2 个以上通道出入，便于生活用品供应和医疗急救；地势较高、不积水，有相应排水措施；尽量利用公园、苗圃、绿地等空旷场地。

（2）疏散通道

村庄对外交通道路和主干道是抗震疏散的主干道，结合消防通道规划，确保震时疏散通道的畅通，主要疏散道路宽度在 4 米以上。

4. 次生灾害防御

对所有可能与次生灾害有直接相关的建（构）筑物进行地震安全性评价，不符合要求的进行加固，新建的提高一度设防。以村庄周边的道路、绿化、河流为骨架形成次生火灾的阻隔系统。

10.1.4 防洪排涝

按照《防洪标准》GB 50201—2014，采用工程措施和非工程措施相结合，对不同类型、不同区位、不同地质条件的村庄进行差异化引导布局。

（1）工程措施

从流域层面统筹规划，加强上游的生态环境建设，并妥善协调好上、下游的关系；同时加强河道管理，严禁在河床内乱采乱挖及倾倒垃圾杂物，严禁侵占河床及在河床内修建碍洪建（构）筑物；对村庄内部及周边的沟渠、排洪设施进行疏导和加固，划定安全防护距离，保证暴雨期间山洪安全通过村庄，汇入河道，完善村庄整体排洪排涝体系。

（2）非工程措施

在加强工程治理措施的同时，建议加强非工程治理措施建设。制定防洪排涝预案，建立健全雨情、汛情监测和传递分流体系，完善抢险交通设施。同时做好汛前各排洪沟疏浚清障工作，提高泄洪能力。

10.1.5 地质灾害防治

1. 地质灾害防治目标

增强村民防灾救灾意识，通过加强汛前、汛期地质灾害检查，建立健全地质灾害监测预警系统，同时完善地质灾害防灾预案，达到防灾、减灾、消灾的目的。

2. 防治措施

（1）对于处在山地丘陵地带的村庄，宜加强对山体破碎地段的监控，推进生态修复，加强植树造林和森林抚育，在资源有限利用区、设施建设区以及协调缓冲区内及时清理或固定松动土石。

（2）对于地质灾害频繁的区域，禁止开山采石，并尽量减少工程建设时的土方量。

（3）对于有泥石流、滑坡等灾害隐患的村庄，在进行农业生产时，宜采用合理的耕作活动，减少翻耕，以减少地表径流、土壤流失和冲蚀。

（4）有条件的村庄，可造林护坡，采用较大的造林密度，增加植被覆盖率，乔灌混交或灌草混交，以提高蓄水保土、防风固沙的功能。在情况比较复杂的坡面，工程护坡与植物护坡结合，依据地质灾害防治工作需要，实施地表截排水、卸荷、锚固、支撑、支挡、灌浆填缝、嵌补、加固、生物治理等治理工程。

（5）修建排水沟，拦截地表水，减少进入滑坡体的地表水量，及时将滑坡体发育范围内的地表水排走，减轻地表水对斜坡的破坏。

（6）采用工程措施，在滑坡体上部削坡减重，在坡脚加填，改变坡体外形，降低斜坡重点，提高滑坡稳定程度。修建抗滑垛、抗滑桩、抗滑墙等支挡工程，阻止滑坡体滑动，提高滑坡稳定程度。

（7）对泥石流易发区的地质情况重点调查，综合治理，全面防治。根据泥石流的不同类型，综合采用排导措施和生物措施等形成流域泥石流的全面防治模式。

10.1.6 气象灾害

1. 防治目标

提高气象灾害监测、预警能力，健全气象灾害防御体系，增强村民气象灾害防御意识和水平，达到减少气象灾害的目的。

2. 防治措施

结合当地气象部门，构建村庄暴雪、冰雹、暴雨及雷暴等极端天气预警体系，完善村庄对极端天气的应急能力；加强村庄内部洪水防治措施，建设排洪沟，完善排洪体系；村庄建筑设计应参照《建筑结构荷载规范》中的相关要求，确保建筑结构荷载能够抵御暴雨、冰雹等恶劣天气；村庄内的通信、电力等设施，应安装避雷、防雷设施。

■ 10.2 村庄避灾场地规划

村庄避灾场地的规划是村庄安全与防灾减灾规划的重要内容。现阶段我国村庄主要的避灾场地大多数为村民文化活动广场及村庄周围空地，当大规模地震、火灾、泥石流等灾害发生时，村庄的避灾场地不能够发挥其重要作用，因此在村庄规划阶段需对村庄的避灾场地进行相应的配置，以"平灾结合"为基本原则，充分利用村庄现有资源，同时配置相应的避灾场地设施，根据村庄规模、灾难规模及村庄现有开敞空间等公共资源的类型、大小可将避灾场地大致分为三类，分别为紧急避灾场地、固定避灾场地、中心避灾场地。

10.2.1 紧急避灾场地

灾害发生时，村庄居民能够在第一时间内步行进入的避灾场地，以步行 10 分钟为最长时间设置，可接收服务半径为 600 米，在布局时应根据避灾人口确定避灾场地个数及避灾场地面积，人均面积为 1.5~2 平方米，紧急避灾场地设施配套要求如表 10-2 所示。

紧急避灾场地设施配套要求　　　　表 10-2

类别	设施内容	作用
生活设施	应急厕所	满足基本需求
通信设施	引入 119 报警及电话亭、广播	保持与救灾系统的联系、获取信息
交通设施	2 条以上疏散通道并设置多个进出口，其中至少与村庄次干道相连	便于快速疏散，满足消防车和救灾车辆的出入
电力设施	照明设施	确保避灾场地内电力供应安全

10.2.2 固定避灾场地

灾害发生后，需将居民相对集中进行较长时间的避灾，尽可能结合村委会及村民文化活动广场布置，以步行 1 小时为限制条件，可接收服务半径 2~3 公里。避灾人员人均基本生活面积不小于 3 平方米。同时至少保障避灾人员 3 天以上的基本生活物资供应（表 10-3）。

固定避灾场地设施配套要求 表 10-3

类别	设施内容	作用
生活设施	一定规模的棚宿区、应急厕所、特资供应场所	保障一定场地搭建救灾帐篷，为灾民提供栖身场所，并具备基本的生存生活条件
应急救援设施	医疗救护场所、救灾指挥所、消防设施、一定的水面	为政府提供抗灾救援场所，确保灾民的生命安全
应急通信设施	卫生通信设施、广播、救灾指挥中心电话专线、119 电话专线	保持与救灾系统的联系，及时为灾民发布各种信息
环卫设施	卫生防疫设施、垃圾污水处理设施	确保临时生活环境安全
绿化设施	周边设置不小于 10 米的防火隔离带	便于救灾通道和疏散道路的分功能使用
交通设施	确保每个方向均有 1 条疏散通道并设置多个进出口，其中至少与村庄主干道相连	满足消防车、救灾车辆及物资运输车辆的出入
电力设施	临时发电设施、照明设施	确保避灾场地内电力供应安全

10.2.3 中心避灾场地

村庄除了具有固定避灾场地的功能外，还应具有政府进行抗灾防灾指挥的功能。中心避灾场可根据相邻村庄的受灾情况共同进行避灾使用，同时中心避灾场可承接部分城市避灾人员进行紧急避灾。避灾人员人均基本生活面积不小于 4 平方米，同时至少保障避灾人员 10 天以上的基本物资供应。

中心避灾场地设施配套要求 表 10-4

类别	设施内容	作用
生活设施	较大规模的棚宿区、应急厕所，应急供水设施、特资供应场所、临时食堂	保障一定场地搭建救灾帐篷，为灾民提供栖身场所，并具备基本的生存生活条件
应急救援设施	医疗救护场所、救灾指挥所、消防设施、一定的水面、救灾车辆基地、抗震性蓄水槽	为政府提供抗灾救援场所，确保灾民的生命安全
应急通信设施	卫生通信设施、广播、救灾指挥中心电话专线、119 电话专线	保持与救灾系统的联系，及时为灾民发布各种信息
环卫设施	卫生防疫设施、垃圾污水处理设施	确保临时生活环境安全

续表

类别	设施内容	作用
绿化设施	周边设置不小于 30 米的防火隔离带	便于救灾通道和疏散道路的分功能使用
交通设施	确保每个方向均有一条疏散通道并设置多个进出口，至少有两条 30 米以上道路，场地内主要车辆宽度不小于 9 米	满足消防车、救灾车辆及物资运输车辆的出入
电力设施	临时发电设施、照明设施	确保避灾场地内电力供应安全

■ 10.3 防疫规划

乡村地区的防疫规划主要从两个方面进行安排。一是以养殖、畜牧业为主的村庄，对牲畜养殖过程中动物疫病的防治，主要是对牲畜养殖大棚、养殖区环境及养殖方式的改善和提升；二是近年来对于突发性公共卫生事件的防控，如新型冠状病毒肺炎、非典型肺炎、禽流感等人群传染性疾病的防治，主要是对卫生环境的整治及防疫制度体系的建立。

10.3.1 防疫措施

1.动物防疫措施

对于以畜牧业为主的村庄，要加强卫生管理。搞好圈舍卫生，改善畜禽养殖环境，及时清除和处理粪便，更换垫草，定期消毒，保持畜禽卫生，畜禽养殖场要符合动物防疫要求，做到地面硬化、粪便易除、光线充足、通风良好、能防暑防寒等。对于大型牲畜的养殖，要定期进行防疫检查，对圈舍进行定期消毒，同时对于易感染畜禽类疾病的牲畜要制定免疫程序，由专人进行免疫注射。

根据《中华人民共和国动物防疫法》十九条规定：

动物饲养场（养殖小区）和隔离场所、动物屠宰加工场所，以及动物和动物产品无害化处理场所，应当符合下列动物防疫条件。

（1）场所的位置与居民生活区、生活饮用水源地、学校、医院等公共场所的距离符合国务院兽医主管部门规定的标准。

（2）生产区封闭隔离，工程设计和工艺流程符合动物防疫要求。

（3）有相应的污水、污物、病死动物、染疫动物产品的无害化处理设施设备和清洗消毒设施设备。

（4）有为其服务的动物防疫技术人员。

（5）有完善的动物防疫制度。

（6）具备国务院兽医主管部门规定的其他动物防疫条件。

2.公共卫生事件防疫措施

由于我国农村地区的突发公共卫生事件应急管理组织体系建立较晚，对于公共卫生防疫事件的管控相对较为欠缺，因此在进行卫生事件防疫时应从以下几个方面进行防控。

（1）当疫情发生时，要迅速启动农村突发公共卫生事件应急机制。以村委会为基础，对本村的风险点进行摸排，拟定本村针对本次突发公共卫生事件的应急工作方案。

（2）要提升农村地区的应急救治和防控水平。

（3）采取有效措施切断疾病传染源。

（4）培养村民良好的卫生习惯。

（5）加强防疫宣传，增强村民对疾病防控的认识。

10.3.2 防疫设施点设置

1. 养殖设施的布局

养殖设施的规划布局各地可根据当地实际情况及有关规定进行规划与建设，整体遵循"人畜分离"的基本原则，尽量采用集中式布局，对于村庄中已有的后（前）院养殖，应在规划期内逐步废弃，同时做好卫生清理和防疫工作，提高动物生产性能，保障食品安全，减少环境污染，降低养殖废弃物处理成本。本节以甘肃省养殖设施规划布局为例，对养殖设施的建设提出相应的要求。具体文件可参考《甘肃省畜禽养殖场养殖小区建设规范暨备案管理办法》。

（一）选址条件

（1）符合当地养殖业规划布局的总体要求，建在规定的非禁养区内。

（2）符合环境保护和动物防疫要求。新建、改建和扩建养殖场、养殖小区按照《中华人民共和国环境影响评价法》的有关规定进行环境影响评价，并提出切实、可行的污染物治理和综合利用方案。

（3）符合当地土地利用总体规划和城乡发展规划，建设永久性养殖场、养殖小区和加工区不得占用基本农田，充分利用空闲地和未利用土地。

（4）坚持农牧结合、生态养殖，既要充分考虑饲草料供给、运输方便，又要注重公共卫生。

（5）建在地势平坦、场地干燥、水源充足、水质良好、排污方便、交通便利、供电稳定、通风向阳、无污染、无疫源的地方，处于村庄常年主导风向的下风向。

（6）距铁路、县级以上公路、城镇、居民区、学校、医院等公共场所和其他畜禽养殖场 1000 米以上；距屠宰厂、畜产品加工厂、畜禽交易市场、垃圾及污水处理场所、风景旅游以及水源保护区 3000 米以上。

（二）规划布局

（1）养殖场、养殖小区建设规划布局要科学合理、整齐紧凑，既有利于生产管理，又便于动物防疫。养殖场、养殖小区分管理区、生产区、废弃物及无害化处理区 3 部分。管理区、生产区处于上风向，废弃物处理区处于下风向。

（2）管理区包括办公室、值班室、消毒室、消毒池、技术服务室。

（3）生产区包括畜禽圈舍、人工授精室、兽医室、隔离观察室、饲草料库房和饲养员住室。牛羊养殖场、养殖小区建设运动场、青贮窖，羊场、养羊小区建设药浴池。兽医室、畜禽圈舍、饲草料库房、青贮窖和饲养员住室保持一定距离。生产区入口处设消毒池。

（4）废弃物及无害化处理区包括病畜禽隔离室、病死畜禽无害化处理间和粪污无害化处理设施（沼气池、粪便堆积发酵池等），并距生产区一定距离，由围墙和绿化带隔开。

（5）养殖场、养殖小区内净道和污道分开。人员、畜禽和物资运转采取单一流向。净道主要用于饲养员行走、运料和畜禽周转等；污道主要用于粪便等废弃物运出。

（三）公共卫生设施

（1）养殖场、养殖小区周围建有围墙或其他隔离设施，入口处设消毒池和消毒室。消毒室安装喷雾消毒设施或紫外线消毒灯。

（2）养殖场、养殖小区采取集中给水方式，水质符合《无公害食品畜禽饮用水水质》NY 5027 的要求。

（3）排水设施完备并保持畅通，防止雨季污水满溢，污染周围环境。

（4）养殖场、养殖小区内建设专门的粪便贮存与处理场地，其位置设在生产及管理区常年主导风向的下风向或侧风向处。

（5）养殖场、养殖小区内废弃物处理区建设焚尸坑，用于对病死畜禽尸体、流产胎儿、胎衣等进行无害化处理。焚尸坑周围定期消毒。地下水位较浅的养殖场、养殖小区安装小型焚尸炉。

（6）养殖场、养殖小区内各功能区域之间设置隔离带，以便于防火及调节生产环境等。

（四）畜禽圈舍建设

（1）畜禽圈舍按照畜禽品种饲养要求统一设计建造，场区设计符合《畜禽场场区设计技术规范》NY/T 682—2003 要求，力求科学、经济、实用。

（2）畜禽圈舍内环境温度、湿度、通风、光照和空气等条件适合不同畜种、不同生产用途、不同生长阶段畜禽的生长发育需要。

（3）相邻畜禽圈舍纵墙、端墙之间的距离分别不少于 7 米，畜禽圈舍与围墙距离不少于 3 米。

2. 防疫设施的布局

村庄公共卫生事件防疫设施规划布局时，遵循"平灾结合"的方式，利用村庄存量空间进行布局规划，同时与乡镇、县级防疫管控设施布局紧密结合，具体布局方式如下。

（1）村庄布局要便于疫情发生时的防护和封闭隔离，过境交通不得穿越村庄，村庄对外出口不宜过多。

（2）村庄的村民中心、学校、幼儿园敬老院等建筑在疫情发生时可作为隔离和救助用房。

（3）村庄卫生室可作为临时隔离观点并承担村庄消毒、杀毒作用。

（4）在村庄内部设置专门的医疗废弃物堆放点，由专门的防疫工作人员进行清理和转运。

■第 10 章参考文献

[1] 徐波. 城市防灾减灾规划研究 [D]. 上海：同济大学，2007.
[2] 施小斌. 城市防灾空间效能分析及优化选址研究 [D]. 西安：西安建筑科技大学，2006.
[3] 沈莉芳. 对城市应急避难场地规划的灾后思考 [J]. 北京规划建设，2008（4）：55-57.
[4] 陈鸿. 城市消防站空间布局优化研究 [D]. 上海：同济大学，2007.
[5] 袁晓霞，周尚成. 农村地区新冠肺炎疫情防控面临的挑战与对策 [J]. 中国农村卫生事业管理，2020，40（9）：638-641.
[6] 崔学斌. 浅析农村畜禽防疫工作存在的问题及解决措施 [J]. 吉林农业，2013（4）：79.

第 11 章

近期实施项目

CHAPTER　SUMMARY

章节概要

为了保证村庄规划有效落地实施，根据村庄规划确定的目标任务，综合考虑村庄人力、财力、土地、市场等条件，围绕村庄近期发展需要和村民的迫切诉求，将规划内容转化为各类具体项目，合理安排实施计划，发挥近期实施项目在乡村振兴中的重要抓手作用。将近期实施项目与用途管制联动，重点对项目类型、编号、名称、项目规模、时序安排、资金规模、筹措方式、建设主体和方式等内容进行编制，建立"近期项目一张表、近期项目一张图"。近期项目的实施模式是根据实施主体和项目资金来源，划分为政府投资项目、农村集体经济项目、新型农业经营和服务主体项目、社会资本投资参与项目四大类，对其进行资金筹措、项目运营、投资回报模式解读。按照规划许可中管控用途、保障实施、发挥效能、引导参与要求，针对政府投资项目、社会资本投资项目两大类代表，说明其审批流程。并为规划师解答如下问题：

· 村庄包括哪些项目类型？

· 项目库编制需要哪些内容？

· 项目如何与乡村振兴有效衔接？

· 不同项目有哪些实施模式？

· 不同项目实施主体有哪些？

· 需要经过哪些项目实施路径？

· 投资乡村需要遵守哪些流程？

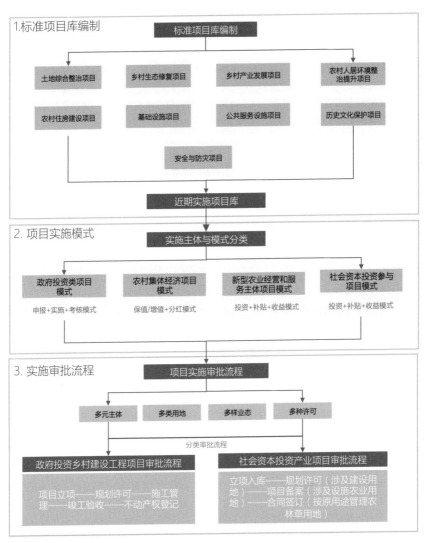

1. 标准项目库编制

标准项目库编制

土地综合整治项目　乡村生态修复项目　乡村产业发展项目　农村人居环境整治提升项目

农村住房建设项目　基础设施项目　公共服务设施项目　历史文化保护项目

安全与防灾项目

近期实施项目库

2. 项目实施模式

实施主体与模式分类

政府投资类项目模式　农村集体经济项目模式　新型农业经营和服务主体项目模式　社会资本投资参与项目模式

申报+实施+考核模式　保值/增值+分红模式　投资+补贴+收益模式　投资+补贴+收益模式

3. 实施审批流程

项目实施审批流程

多元主体　多类用地　多样业态　多种许可

分类审批流程

政府投资乡村建设工程项目审批流程

项目立项——规划许可——施工管理——竣工验收——不动产权登记

社会资本投资产业项目审批流程

立项入库——规划许可（涉及建设用地）——项目备案（涉及设施农业用地）——合同签订（按原用途管理农林草用地）

逻辑体系 LOGICAL SYSTEM

图 11-1　村庄规划近期实施项目

■ 11.1 标准项目库编制

11.1.1 项目类型

项目按照"契合政策文件要求""符合乡村振兴要求""达到土地用地管控"的原则筛选,参照各省、自治区、直辖市村庄规划导则,对土地综合整治、乡村生态修复、乡村产业发展、农村人居环境整治提升、农村住房建设、基础设施、公共服务设施、历史文化保护、安全与防灾等九大类项目进行细化。

1. 土地综合整治项目: 开展全域土地综合整治,包括农用地整理(高标准农田建设、现有耕地提质改造、设施农业建设、低效园地林地改造提升、宜耕后备资源开发、农田基础设施建设等),建设用地整理(农村宅基地、工矿废弃地以及其他低效闲置建设用地整理)等。

参照:《自然资源部关于开展全域土地综合整治试点工作的通知》(自然资发〔2019〕194号)、《全域土地综合整治试点实施要点(试行)》(自然资生态修复函〔2020〕37号)等文件。

2. 乡村生态修复项目: 根据村庄及其周边生态环境特点,围绕山水林田湖草沙冰等生态保护修复问题和目标,包括河湖海岸线生态修复、矿山地质环境综合整治、采煤塌陷地治理、损毁林地整治(含新增植树造林)、土壤污染防治、沙化土地治理修复等。

参照:《自然资源部关于探索利用市场化方式推进矿山生态修复的意见》(自然资规〔2019〕6号)、自然资源部国土空间生态修复司《社会资本参与国土空间生态修复案例(第一批)》等文件。

3. 乡村产业发展项目: 按照一二三产业融合发展,包括乡村休闲旅游项目(田园养生、研学科普、农耕体验、休闲垂钓、民宿康养等),乡村新型服务业项目(仓储物流、设施租赁、市场营销、信息咨询等和餐饮住宿、商超零售、电器维修、再生资源回收和养老护幼、卫生保洁、文化演出等),农村电子商务项目,农产品加工项目,农产品冷链、物流仓储、市场项目,规模化养殖项目(饲料料生产、优质奶源基地、养殖场、养殖渔场、深海牧场),乡村手工业项目(家庭工厂、手工作坊、乡村车间、农产品销售展示中心等),生态循环农业项目(绿色种养循环农业试点、畜禽粪污资源化利用、秸秆综合利用、农膜农药包装物回收行动、病死畜禽无害化处理、废弃渔网具回收再利用),智慧农业、农村创业创新、农业对外合作项目等。

参照:《"十四五"推进农业农村现代化规划》(国发〔2021〕25号)、《社会资本投资农业农村指引(2022年)》《全国乡村产业发展规划(2020—2025年)》(农产发〔2020〕4号)等文件。

4. 农村人居环境整治提升项目: 全面提升农村人居环境质量,包括农村厕所革命、农村生活污水治理(农村黑臭水体治理)、农村生活垃圾治理,村容村貌整体提升(村庄公共环境、乡村绿化美化、乡村风貌引导)等项目。

参照:《农村人居环境整治提升五年行动方案(2021—2025年)》等文件。

5. 农村住房建设项目: 围绕改善提高居民点住房水平,包括农村住房建设试点(易地搬迁新村、水库移民新村、牧民定居新村、自然村撤并等),新型农房建设(绿色节能节地节材新型农房),美丽庭院等项目。

6. 基础设施项目：包括道路交通（自然村组硬化路、窄路路基路面加宽、村庄道路衔接、集中停车场、村镇公交站、新能源充电桩、路灯、道路安全设施、标识牌等），市政公用设施（给水、排水、电网、电信、供热、清洁能源、光伏等主要管线管网设施的新改扩建），乡村信息基础设施（农村光纤宽带、移动互联网、数字电视网和下一代互联网）等项目。

参照：《"十四五"推进农业农村现代化规划》（国发〔2021〕25号）等文件。

7. 公共服务设施项目：参照乡村社区生活圈，包括党群服务（党群服务中心、村委会、警务室等），村综合文化中心，农村教育（普惠性学前教育、小学等），健康乡村（村卫生室），农村养老服务（村级幸福院、日间照料中心、敬老院等），体育文化（文体广场、健身设施、多功能运动场、游园绿地、图书室、红白事中心等），设施网点（物流配送、快递、再生资源回收网点设施），游客服务（游客服务中心、游客服务驿站），为农服务（农技推广、农资供应、农机质保、培训和远程教育）等项目。

参照：《"十四五"城乡社区服务体系建设规划》（国办发〔2021〕56号）、《上海乡村社区生活圈规划导则（试行）》等文件。

8. 历史文化保护项目：包括历史文化名村、传统村落、少数民族特色村寨、历史地段、历史建筑、传统民居、不可移动文物和古树名木等保护项目，乡村工业遗产、农业文化遗产、灌溉工程遗产、非物质文化遗产、地名文化遗产等保护项目，历史文化遗产展示项目（农耕主题博物馆、村史馆、乡村非物质文化遗产传习所（点））等。

参照：中共中央办公厅 国务院办公厅印发《关于在城乡建设中加强历史文化保护传承的意见》《自然资源部 国家文物局关于在国土空间规划编制和实施中加强历史文化遗产保护管理的指导意见》等文件。

9. 安全与防灾项目：农村消防基础设施（消防水源、微型消防站等），村域内地质灾害、洪涝隐患治理（防洪堤、排洪沟）等项目。

11.1.2 项目明细

对村庄近期实施项目所需的工程规模、投资额进行估算，明确资金筹措方式、建设主体和方式等。近期实施项目要积极按照各部门涉农项目资金投入或补助标准和要求进行策划，引导各类涉农项目资金和社会投入资金的有机融合，形成合力，发挥各类资金投入最大效益。项目要有较为可靠的资金来源，确保项目能落地、可实施。

1. 项目名称

项目名称应符合项目类型中的子项目一般名称。

2. 项目位置

说明项目所在位置，具体到自然村组或主要道路等，并与近期项目图位置对应。

3. 用地类型

说明项目用地类型，包括新增建设用地、存量建设用地改建、农用地、集体经营性建设用地。

4. 项目规模／用地规模／占地规模

项目规模以用地规模作为主要指标，用地规模单位为公顷，按照国土空间规划用地图斑统计，同时说明新增建设用地面积、占用耕地面积。

5. 投资规模 / 投资估算 / 资金预算 / 投资额

依据有关标准和项目规模进行资金预算，投资规模是指本项目完成建设，满足使用功能、符合运营条件、投入生产的投资，单位为万元。固定资产投资项目包括土地流转成本、建安成本、设备成本等。

6. 资金来源 / 资金筹措

项目资金来源包括政府投资、社会资本投资、新型农业经营主体和服务主体、村集体自筹等，筹措方式包括专项资金、专项债券、融资担保、担保贷款等。

7. 时序安排 / 实施年限 / 建设时序 / 实施时序

根据项目类型、规模和投资进度，一般以 1 年为周期，安排近期项目时序。

8. 建设主体

建设主体以当地各级政府为主导，鼓励社会资本投资乡村振兴，探索规划、设计、建设、运营一体化发展。

9. 备注

根据项目的来源和项目实施情况，备注其是否已纳入县级"十四五"规划项目库或专项规划项目库，项目是否为本次新规划、策划项目，或者建议将单项规划项目纳入上一层级规划、专项规划项目库。

村庄规划近期实施项目样表 表 11-1

类型	项目编号	项目名称	用地类型	项目规模			投资规模（万元）	资金来源	实施时序	建设主体	备注
				用地规模（公顷）	新增建设用地面积（公顷）	占耕地面积（公顷）					
1. 土地综合整治	1.1	现有耕地提质改造	农用地	21.20	—	—	1000	政府投资	2022—2023 年	政府	已纳入县十四五"规划项目库
	1.2										本次规划
2. 乡村生态修复											
3. 乡村产业发展											
4. 农村人居环境整治提升											
5. 农村住房建设											
6. 基础设施											
7. 公共服务设施											
8. 历史文化保护											
9. 安全与防灾											

说明：1. 多个行政村联合编制需分别说明全部规划范围内的重点项目和单个行政村规划的重点项目；2. 村域和自然村（集中居民点）应分别统计，村域以统筹为主，重点明确村域性近期建设项目，自然村（集中居民点）应明确近期建设项目的详细安排。

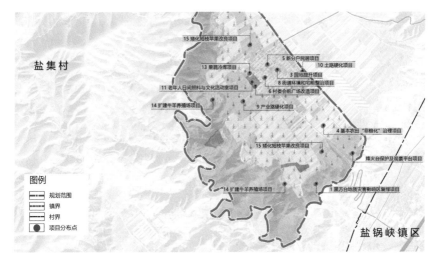

图 11-2 村庄规划近期实施项目图

■ 11.2 近期项目实施模式

近期项目的实施模式是按照实施主体和项目资金来源进行划分，按照政府投资项目、农村集体经济项目、新型农业经营和服务主体项目、社会资本投资参与项目四大类，对其进行资金筹措、项目运营、投资回报模式解读。

11.2.1 政府投资项目模式

根据 2019 年起实施的《政府投资条例》规定，"政府投资资金应当投向市场不能有效配置资源的社会公益服务、公共基础设施、农业农村、生态环境保护、重大科技进步、社会管理、国家安全等公共领域的项目，以非经营性项目为主"。国家发改委、财政部、农业农村部、国家乡村振兴局等部门，相继发布涉农类中央预算内投资专项管理办法、转移支付办法、补助资金管理办法等，细化衔接资金政策；同时按照中共中央办公厅、国务院办公厅《关于调整完善土地出让收入使用范围优先支持乡村振兴的意见》要求，整合使用土地出让收入中用于农业农村的资金，为规划实施和乡村振兴提供保障。通过资金下达、绩效管理、跟踪督促、审计管理等方式实现政府投资的效能。

1. 2021 年 9 月《藏粮于地藏粮于技中央预算内投资专项管理办法》

"藏粮于地藏粮于技专项"是指使用中央预算内投资支持建设的高标准农田和东北黑土地保护、现代种业提升、动植物保护能力提升以及农业行业基础能力建设等项目；优先安排粮食生产功能区和重要农产品生产保护区，统筹支持油料、糖料蔗及新疆优质棉生产基地建设。

2. 2021 年 9 月《农业绿色发展中央预算内投资专项管理办法》

该办法中"农业绿色发展专项"是指使用中央预算内投资支持建设的畜禽粪污资源化利用整县推进、长江经济带和黄河流域农业面源污染治理、长江生物多样性保护工程等项目。

3.2021 年 6 月《农村环境整治资金管理办法》

"农村环境整治"包括农村生活垃圾治理，农村生活污水、黑臭水体治理，农村饮用水水源地环境保护和水源涵养。

4.2022 年 4 月财政部《中央对地方重点生态功能区转移支付办法》

该办法规定重点生态功能区转移支付包括重点补助、禁止开发区补助、引导性补助以及考核评价奖惩资金，将转移支付用于保护生态环境和改善民生。

5.2022 年 4 月财政部《农业相关转移支付管理资金办法（修订）》

该办法包括《农业生产发展资金管理办法》《农业资源及生态保护补助资金管理办法》。（1）农业生产发展资金，是指中央财政安排用于促进农业生产、优化产业结构、推动产业融合、提高农业效益等的共同财政事权转移支付资金；包括耕地地力保护支出、农机购置与应用补贴支出、农业绿色发展与技术服务支出、农业经营方式创新支出、农业产业发展支出等。（2）农业资源及生态保护补助资金，是中央财政安排用于农业资源养护、生态保护及利益补偿等的共同财政事权转移支付资金；包括耕地资源保护支出、渔业资源保护支出、草原生态保护补助奖励支出、农业废弃物资源化利用支出等。

6.2022 年 1 月财政部《农田建设补助资金管理办法》

农田建设补助资金用于补助高标准农田建设，建设内容包括田块整治、土壤改良、灌溉排水与节水设施、田间道路、农田防护及其生态环境保持、农田输配电、自然损毁工程修复及农田建设相关的其他工程内容。

7.2021 年 4 月《关于继续支持脱贫县统筹整合使用财政涉农资金工作的通知》

脱贫县根据巩固拓展脱贫攻坚成果和乡村振兴的需要，可以按规定将整合资金用于农业生产、畜牧生产、水利发展、林业改革发展、农田建设、农村综合改革、林业草原生态保护恢复、农村环境整治、农村道路建设、农村危房改造、农业资源及生态保护、乡村旅游等农业生产发展和农村基础设施项目，在整合资金范围内打通，统筹安排使用。

11.2.2 农村集体经济项目模式

农村集体经济是社会主义公有制经济的重要形式，充分发挥农村基层党组织领导作用，探索股份合作型、服务经济型、物业收益型、存量盘活型、新建资产型、管理服务型等扶持壮大村级集体经济，收益及时返还村集体使用，保障村集体成员共享增值收益。

1. **股份合作型**——整合中央和省市县财政补助资金，以委托公司运营的方式，投入市县内股权投资收益好、收入回报稳定的国有企业（具体按签订协议为准），获取固定收益。

2. **服务经济型**——整合中央和省市县财政补助资金，以委托公司运营的方式，投入优质农产品生产基地、认养农业、乡村旅游等项目，获取固定收益。

3. **物业收益型**——整合中央和省市县财政补助资金，在工业集中区、人口集聚区、城镇街道等，购置或建设厂房、商铺门面、仓储设施等优质物业项目，通过物业租赁方式获取固定租金收益。

4. **存量盘活型**——盘活利用村庄内部闲置或低效使用的集体建设用地、腾退宅基地、办公用房、厂房、校舍等各类存量房产设施等集体资产，通过依法改造、发包租赁、入股联营等方式加以盘活，发展休闲农业、乡村旅游、健康养老、餐饮民宿、农产品加工、仓储、冷链、光伏电站等集体经济项目。

　　5. **新建资产型**——对城郊村、园区村、主干道沿线村等区位优势明显的村，注重统筹规划，利用集体经营性建设用地，建设专业市场、沿街商铺、标准厂房、仓储中心等，通过物业租赁方式促进集体资产保值增值；对位置偏远村、资源匮乏村、发展空间较小的村，采取村村联合、村企联合等形式，在城镇、园区等实行异地兴建项目，联建厂房、联建商铺、联办仓储等，使村集体有稳定的收入。

　　6. **管理服务型**——村党组织牵头领办创办农民合作社，向群众提供农药、化肥、良种等，获得一定收益；成立劳务合作社、劳务中介公司，以劳务承包的方式优先承接道路养护、建筑施工、家政服务、企业后勤等工作，收取一定中介服务费；围绕工业商贸集中区，成立物流运输、市场推广、物业管理等服务公司，提供维修管护、垃圾清运等生活服务。

11.2.3 新型农业经营和服务主体项目模式

　　中办国办《关于加快构建政策体系培育新型农业经营主体的意见》《关于促进小农户和现代农业发展有机衔接的意见》和农业农村部《关于实施家庭农场培育计划的指导意见》《关于开展农民合作社规范提升行动的若干意见》《关于加快发展农业生产性服务业的指导意见》《新型农业经营主体和服务主体高质量发展规划（2020—2022年）》等出台，核心在于正确处理扶持小农户发展和促进各类新型农业经营主体和服务主体发展的关系，实现新型农业经营主体和服务主体高质量发展与小农户能力持续提升相协调。培育新型农业经营主体和服务主体，目的在于以构建和优化现代农业产业体系、生产体系和经营体系为重点，综合运用多种政策工具，加快培育新型农业经营主体，提升新型农业经营主体规模经营水平，完善利益分享机制，更好发挥带动农民增收、提高农业素质的引领作用。

　　1. **新型农业经营主体**：是农村出现的新生产经营主体，是在完善家庭联产承包经营制度的基础上，有文化、懂技术、会经营的职业农民和大规模经营、较高的集约化程度和市场竞争力的农业经营组织；主要包括专业大户和种养大户、家庭农场、农民合作社、农业产业化龙头企业等。家庭农场以家庭成员为主要劳动力，以家庭为基本经营单元，从事农业规模化、标准化、集约化生产经营，是现代农业的主要经营方式。农民合作社是广大农民群众在家庭承包经营基础上自愿联合、民主管理的互助性经济组织，是实现小农户和现代农业发展有机衔接的中坚力量。

　　2. **新型农业服务主体**：是着眼满足普通农户和新型经营主体的生产经营需要，直接完成或协助完成农业产前、产中、产后各环节作业的社会化服务，提供专业化的专项服务和全方位的综合服务；包括农业市场信息服务、农资供应服务、农业绿色生产技术服务、农业废弃物资源化利用服务、农机作业及维修服务、农产品初加工服务、农产品营销服务、农业生产托管服务等。

11.2.4 社会资本投资参与项目模式

　　村庄近期项目的实施需要创新投入方式、激发投资活力，社会资本是全面推进乡村振兴和规划实施的重要支撑力量，具有市场敏锐性、机制灵活性。

1.《社会资本投资农业农村指引（2022年）》

　　鼓励社会资本投入现代种养业、现代种业、乡村富民产业、农产品加工流通业、乡村新型服务业、农业农村绿色发展、农业科技创新、农业农村人才培养、农业农村基础设施建设、数字乡村和智慧农业建设、农业创业创新、农村人居环境整治、农业对外合作等重点产业和领域；通过独资、合资、合作、联营、租赁等途径，采取特许经营、公建民营、民办公助等方式，健全联农带农有效激励机制，稳妥有序投入乡村振兴。在完善全产业链开发模式、探索区域整体开发模式、创新政府和社会资本合作模式、探索设立乡村振兴投资基金、建立紧密合作的利益共赢机制等方面，创新社会资本投入方式。

2.《关于鼓励和支持社会资本参与生态保护修复的意见》

鼓励和支持社会资本参与生态保护修复项目投资、设计、修复、管护等全过程，围绕生态保护修复开展生态产品开发、产业发展、科技创新、技术服务等活动，对区域生态保护修复进行全生命周期运营管护；重点领域包括自然生态系统保护修复、农田生态系统保护修复、城镇生态系统保护修复、矿山生态保护修复、海洋生态保护修复和探索发展生态产业等；采取自主投资、与政府合作、公益参与等参与方式，并采取"生态保护修复＋产业导入"方式，利用获得的自然资源资产使用权或特许经营权发展适宜产业，对投资形成的具有碳汇能力且符合相关要求的生态系统，申请核证碳汇增量并进行交易，通过经政府批准的资源综合利用获得收益等。

■ 11.3 近期项目审批流程

在实用性村庄规划编制完成后，规划近期项目和乡村振兴项目的实施，是系统性和持续性的过程，涉及多元主体、多类用地、多种许可、多样业态，如何在规划许可中管控用途、保障实施、发挥效能、引导参与成为实施路径的关键。针对政府投资项目、社会资本投资项目两大类代表，按照实施流程所经历的项目申报、资金筹措、规划许可、设计审批、工程招投标、项目实施验收、运营管理、不动产登记等全过程，说明项目实施的全过程管控。

11.3.1 政府投资乡村建设工程项目审批流程

1. 实施项目

依据《中华人民共和国城乡规划法》《中华人民共和国乡村振兴促进法》《中华人民共和国土地管理法》《土地管理法实施条例》，村庄范围内新建、改建、翻扩建乡村公共设施、公益事业、村庄集中安置的集体住宅等的建设项目，且建设项目用地性质、规模、高度等指标均须符合已批复的实用性村庄规划。

2. 申报主体

村委会、集体经济组织。

3. 申报流程

（1）项目立项阶段：依据批复实施的村庄规划，乡镇人民政府同意后，报自然资源部门审查，新占用农用地或未利用地的项目，办理农用地转建设用地批复。

（2）规划许可阶段：自然资源局核发《乡村建设规划许可证》和集体建设用地批复。

（3）施工管理阶段：形成建设工程设计方案，工程施工前应当依法到住房和城乡建设局申报《建筑工程施工许可证》。

（4）竣工验收阶段：依法取得施工许可证的乡村建设工程竣工后，建设单位应当持《乡村建设规划许可证》《建筑工程施工许可证》等材料向乡镇政府提出申请，同时建设单位可自愿选择向住房和城乡建设局提出联合验收申请，以公函的形式向自然资源局申请规划核验及单独申请其他专项验收。

（5）不动产权登记：竣工验收后，向公安局申请办理门楼牌编号证明信，取得门楼牌证明信后持集体建设用地批复、《乡村建设规划许可证》、测量成果等不动产登记所需申请材料，向不动产登记大厅申请办理集体不动产权证书。

4. 监督检查

项目投入使用后，项目所有人不得擅自改变规划用途，属地乡镇政府负责对项目的使用用途进行监管。

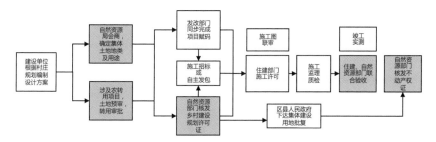

图 11-3 政府投资乡村建设工程项目审批流程

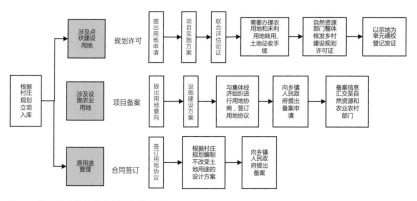

图 11-4 社会资本投资产业项目审批流程

11.3.2 社会资本投资产业项目审批流程

1. 实施项目

依据《自然资源部 国家发展改革委 农业农村部关于保障和规范农村一二三产业融合发展用地的通知》《自然资源部 农业农村部关于设施农业用地管理有关问题的通知》《国家林业和草原局关于印发〈建设项目使用林地审核审批管理规范〉的通知》《国家林业和草原

局关于印发〈草原征占用审核审批管理规范〉的通知》等要求，实施项目包括（1）"集中用地项目"——就近利用农业农村资源的农产品初加工、仓储保鲜冷链、产地低温直销配送、乡村旅游接待服务等产业，利用村庄存量建设用地；（2）"点状供地项目"——确需在村庄建设边界外使用零星、分散建设用地，就地开展农产品初加工或利用本地资源发展休闲观光旅游产业（各类农业园区和农业产业融合发展设施中的餐饮、住宿、会议、停车场、科研、展销、电商，以及屠宰和肉类加工场所）而必需的配套设施建设，通过点状供地保障项目实施，均应办理建设用地审批手续；（3）"附属建设项目"——涉及耕地、林地、园地、草地、设施农业用地等的生产设施和乡村旅游活动的开展。

2. 申报主体

社会资本方、经营者或集体经济组织。

3. 申报流程

（1）立项入库阶段：农业农村部门会同发展改革、自然资源和生态环境等部门，根据村庄规划和经营者申报，筛选农村产业发展项目库，应符合国土空间规划和节约集约用地标准，符合相关产业、环保政策。

（2）规划许可阶段（涉及点状建设用地）：项目开发主体使用规划预留建设用地指标的农村产业融合发展项目，在办理用地审批手续时，可不办理用地预审与选址意见书；需办理农用地转用审批手续的农村一二三产业用地，依照农转用审批权限办理。

（3）项目备案阶段（涉及设施农业用地）：经营者应向集体经济组织提出用地意向，拟定并提交设施建设方案，经营者应与集体经济组织进行用地协商、签订用地协议，经营者或集体经济组织应向设施用地所在地乡镇人民政府提出备案申请，将备案信息汇交县级自然资源主管部门和农业农村主管部门。

（4）使用合同签订（按原用途管理农林草用地）：项目开发主体与土地权利人签订土地使用合同，明确种植、养殖、管护、修复和经营等关系，对农牧渔业种植及养殖用地，生态保留用地，不涉及占用永久基本农田、不破坏耕作层、不直接固化地面、不改变土地用途的生态景观、栈道、观景平台，以及零星分散面积不超过200平方米的公共厕所和停车场等乡村产业项目配套的基础设施和公共服务设施用地，按原用途实施管理。

4. 监督检查

落实最严格的耕地保护制度，坚决制止耕地"非农化"行为，严禁违规占用耕地进行农村产业建设，防止耕地"非粮化"；不得造成耕地污染；严禁违背农民意愿开展农村建设用地整治；严禁项目建设用地未批即用、批少占多；严禁将农业规模化经营配套设施用地改变用途或私自转让转租。

■第 11 章参考文献

[1] 丁国胜, 贺佳鹏, 徐峰. 新世纪以来我国乡村规划实施研究进展 [J]. 现代城市研究, 2022（4）：37-42.
[2] 徐文烨. 基本管理单元在上海郊野单元村庄规划中的应用与探索——以浦东新区川沙新镇为例 [J]. 上海城市规划, 2021（6）：51-55.
[3] 王万茂. 国土空间规划落地实施的最后一公里——简论村域空间规划 [J]. 现代城市研究, 2022, 37（3）：4.
[4] 叶裕民, 彭高峰, 李锦生. 广州可实施性村庄规划编制探索 [M]. 北京：中国建筑工业出版社, 2016.

第 12 章

规划沟通公示与审查

CHAPTER SUMMARY

章节概要

本书第 2 ～ 11 章重点介绍 "多规合一" 实用性村庄规划编制的基本内容体系，但规划内容体系的编制，并不只是文本与说明书的章节汇编，不止于图纸的绘制完成。规划编制工作自启动以来，将是一个持续性、动态性的过程，需要经过前期调查、过程沟通、阶段汇报、成果审查、成果公示、数据提交等系列环节，每一个环节均需要有效成果提交、高效协商沟通，并体现着公众参与、村镇协商、部门审查、共同缔造等完善村庄规划内容、内涵。本章重点介绍 "多规合一" 实用性村庄规划各环节流程，明确沟通要点、公示核心、审查重点等内容，并试图回答规划师在编制过程遇到的以下疑问：

· 如何组织与自然资源局、乡镇人民政府、村委会和村民多方沟通？

· 如何高效率敲定村庄国土空间规划布局方案、平面布局方案？

· 在各阶段汇报中如何清晰、有条理传达规划信息？

· 什么样的规划成果公示内容更具有现实指导意义？

· 专家技术审查更关心哪些内容？

· 数据库审查关键是哪些内容？

· 如何让规划为民所用、为民所为？

· 规划师如何持续服务乡村？

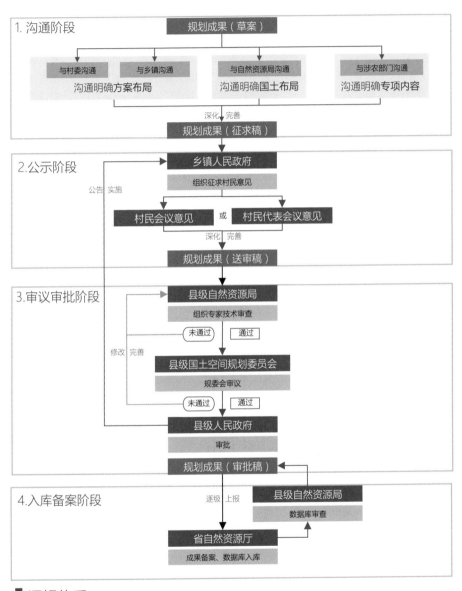

1. 沟通阶段

规划成果（草案）

| 与村委沟通 | 与乡镇沟通 | 与自然资源局沟通 | 与涉农部门沟通 |
| 沟通明确方案布局 | | 沟通明确国土布局 | 沟通明确专项内容 |

深化　完善

规划成果（征求稿）

2. 公示阶段

乡镇人民政府

组织征求村民意见

公告　实施

村民会议意见　或　村民代表会议意见

深化　完善

规划成果（送审稿）

3. 审议审批阶段

县级自然资源局

组织专家技术审查

未通过　通过

修改　完善

县级国土空间规划委员会

规委会审议

未通过　通过

县级人民政府

审批

规划成果（审批稿）

4. 入库备案阶段

逐级　上报

县级自然资源局

数据库审查

省自然资源厅

成果备案、数据库入库

逻辑体系 LOGICAL SYSTEM

图 12-1 "多规合一"实用性村庄规划编制流程中的沟通、公示、审议与入库

337

12 规划沟通公示与审查

PLANNING COMMUNICATION PUBLICITY AND REVIEW

■ 12.1 编制过程沟通

编制过程沟通是指在"多规合一"实用性村庄规划编制过程中,通过相关成果交流、会议组织、技术审查、意见征求等方式,达到与各规划影响主体、规划使用主体、规划管理主体等的有效共识,让规划编制过程中实现充分沟通、解决问题、满足近远期方案可行等预期目标。根据对"多规合一"实用性村庄规划的沟通环节分析,一般包括三个阶段的沟通。

12.1.1 一次沟通:需求协商与解决冲突阶段

与镇村沟通发展需求:在核对"三线"、市县镇国土空间中规划布局、村庄建设用地指标等的基础上,发挥规划的需求统筹、增量管控作用,依托"两图一表——居民点平面方案图(初稿)、近期项目布局图、近期项目表",回应调查阶段乡镇人民政府、村委会对村庄的建设发展需求,将村镇需求初步落到图上协商达成共识。

与自然资源局沟通上位问题:通过核对村庄内"三线"与村庄"三调"底数图斑,依托"三线划定与冲突图斑图、三线划定与冲突图斑数据库",沟通反馈村庄内"三线"划定不实问题、"三线"冲突图斑等问题,提出可行解决方案,协商达成共识。

第一次沟通样表

表 12-1

规划方案村镇第一次征求意见表(样表)	
乡镇名称: 行政村名称: 填表时间:2022年 月 日	
部门	对本规划项目的意见
村委会意见	示例填写: 同意关于本村的规划布局方案,居民点布局、规划布局方案、近远期项目内容和规模符合村庄发展需求。建议补充XXX规划内容,同时考虑XXX实际需求。 签字: 加盖公章:
乡镇政府意见	示例填写: 同意按规划布局本方案执行,建议补充XXX规划内容,同时考虑XXX实际需求。 签字: 加盖公章:
备注	1.本次规划征求意见表需由村委负责人签字确认,并由乡(镇)统一审定后签字确认,作为下一阶段规划编制工作的基础依据; 2.本次意见征求的居民点平面方案图、近远期项目表、重点项目布局等相关图文资料附入本意见表

"三线"与"三调"冲突解决表(样表)	
乡镇名称: 行政村名称: 填表时间:2022年 月 日	
部门	对本规划项目的意见
上位规划对照	已批规划示例填写: 对照已批复上位规划,生态保护红线、永久性基本农田保护红线、城镇开发边界与村庄实际相符,同意针对本村的"三线"与"三调"冲突处理办法。 在编规划示例填写: 在规划编制过程中,保证"三线"面积不减少。同意针对本村的"三线"与"三调"冲突处理办法。
自然资源局意见	示例填写: 同意针对本村的"三线"与"三调"冲突处理办法。 签字: 加盖公章:
备注	1.本次冲突解决表需与上位规划对照核实,由自然资源局统一审定后签字确认,作为下一阶段规划编制工作的基础依据; 2.本次协商的"三线"划定与冲突图斑图及其GIS数据图文资料附入本协商表

12.1.2 二次沟通：需求敲定与全域优化阶段

与镇村核对发展需求： 在第一次沟通基础上，依托"三图——居民点深化方案图、重点项目深化方案图、效果图"，达成村庄发展和建设共识，敲定发展性布局、规模和方案，由村镇出具确认书、确认函。

与自然资源局沟通初审： 在解决"三线"冲突和落实建设用地布局的前提下，通过"两图一表——村域国土空间布局图、用地调整核实图、用地调整结构表"，以及用途管制要点（定范围、定性质、定指标），明确国土空间布局方案。

第二次沟通样表 表12-2

规划方案村镇第二次征求意见表（样表）

乡镇名称：　　行政村名称：　　填表时间：2022年 月 日

部门	对本规划项目的意见
村委会意见	示例填写： 同意关于本村的规划方案。 签字： 加盖公章：
乡镇政府意见	示例填写： 同意按规划布局本方案执行。 签字： 加盖公章：
备注	1.本次规划征求意见表需由村委负责人签字确认，并由乡（镇）统一审后签字确认，作为下一阶段规划编制工作的基础依据。 2.本次意见征求的居民点平面方案图、近远期项目表、重点项目布局图等相关图文资料附入本意见表

国土空间规划布局草案征求意见表（样表）

乡镇名称：　　行政村名称：　　填表时间：2022年 月 日

部门	对本规划项目的意见
规划对照	国土空间规划布局和功能结构调整符合村庄实际，与"三线"无冲突，建设用地指标未新增。
自然资源局意见	示例填写： 基本同意针对本村国土空间规划布局草案。 签字： 加盖公章：
备注	本次征求意见表需由自然资源局统一审定后签字确认，作为下一阶段规划编制工作的基础依据

12.1.3 三次沟通：全面征询与规划敲定阶段

征求意见： "在村庄规划成果编制完成后，邀请农业农村局、乡村振兴局、发展和改革局、住房和城乡建设局等涉农部门，召开征求意见会，借助'两表——村庄规划各单位征求意见会签到表、村庄规划各单位征求意见表'等形式，征询各部门意见，并采纳修改。"

第三次沟通部门

表 12-3

序号	分管单位	征求内容	要求
1	镇/乡人民政府	全面征求	必须
2	农业农村局	负责畜牧业、渔业、饲料业、农田建设与农业机械化、乡村振兴、农村人居环境整治，动物疾病预防控制等	必须
3	乡村振兴局	脱贫攻坚与乡村振兴有效衔接等	必须
4	住房和城乡建设局	传统村落、历史文化名村、危旧房、基础设施建设等	必须
5	发展和改革局（委）	相关产业项目和政府投资等	可选
6	文化旅游广电局（文物局）	乡村旅游、乡村民宿、非遗传承等，文保单位、传统村落、历史文化名村保护要求等	可选
7	水务局	节水灌溉、水土流失综合防治等	可选
8	生态环境局	生活污水处理、卫生厕所、畜禽养殖污染防治等	可选
9	相关开发区或景区管委会	与景区、园区和新区发展建设关系等	可选

第三次沟通样表

表 12-4

村庄规划各单位征求意见会签到表（样表）

征求意见单位：　　　　　填表时间：2022 年　月　日

规划名称	XX县XX镇XX村"多规合一"实用性村庄规划（征求意见稿）	
部门	参会单位	签字
	采取召开征询意见会议，由到场单位签到	
备注	1.本次规划征求意见表需由所在单位分管负责人签字确认； 2.本次意见征求表将作为规划成果附件	

村庄规划各单位征求意见表（样表）

征求意见单位：　　　　　填表时间：2022 年　月　日

规划名称	XX县XX镇XX村"多规合一"实用性村庄规划（征求意见稿）
部门意见	意见1：XXXXXX 意见2：XXXXXX 意见3：XXXXXX 意见4：XXXXXX 签字： 加盖公章：
备注	1.本次规划征求意见表需由所在单位分管负责人签字确认； 2.本次意见征求表将作为规划成果附件

■ 12.2 成果内容完善

各省、自治区和直辖市村庄规划编制技术指南，例如辽宁、福建、河北等分为管理版成果与村民版成果，江西、安徽、黑龙江、青海分为报批备案版成果和村民公示版成果，湖北分为技术成果和公示成果，吉林、宁夏分为完全版成果和简易版成果，江苏分为规划成果、规划公开成果和报备材料，总体上坚持"吸引人、看得懂、记得住、能落地、好监督"原则编制，鼓励采用"前图后则"（即规划图表＋管制规则）的成果表达形式。

12.2.1 管理者层面的成果

管理版、报批备案版、技术成果、完全版成果等，是基于管理者层面的规划成果，规划成果围绕规划管理需要，通过完整的图、文、库、则等规划成果形式，满足报批备案、成果交汇、规划许可、建设管理、项目实施等系统性要求。一般包括规划文本、图集、说明书、其他附件、数据库等。

（1）规划文本：包括规划总则、规划内容条文、附表。条文以结论性内容为主，文字表述应言简意赅、规范准确，准确表达规划意图；附表包括规划目标指标表、村庄规划指标传导表、国土空间用途结构调整表、规划项目清单、集体经营性建设用地管控一览表、近期实施项目库（表）等。

（2）规划图集：按村庄规划编制技术指南规定的内容绘制规划图纸，形成图纸目录，包括必备图件和可选图件，可根据村庄分类、村庄发展实际、规划管理要求等增减图纸，图纸表达要美观、规范、清晰；宜绘制在近期测绘的比例尺为 1：500～1：2000 及以上精度的地形图或正射影像图上，图件上应当标注项目名称、图名、编号、比例尺、图例、绘制时间、规划组织编制单位名称等。

必备图件：村域综合现状图、村域综合规划图、自然村（组）用地布局规划图、近期建设项目规划图。

可选图件：产业规划图、道路交通规划图、公共服务设施规划图、基础设施规划图、生态保护修复与国土综合整治项目分布图、自然和历史文化资源保护图（特色保护类村庄必备）、安全和防灾减灾规划图等。

（3）规划说明书：将分析性、过程性、预测性、测算性内容纳入说明书，包括对规划背景、现状分析、上位及相关规划、村域规划、自然村（集中居民点）规划、近期项目安排等内容按章节进行详细分析说明，可以采用图文并茂的形式。

（4）其他附件：说明村庄规划编制过程、村民参与情况，包括基础资料汇报、调查问卷、调研报告、驻村日志、座谈交流、入户访谈、村民意见征集材料、村委会审议意见、村民会议或村民代表会议讨论通过的决议、会议纪要、专家论证意见、相关部门意见等材料。

（5）数据库：建立村庄规划成果数据库，达到数据汇交要求，规划备案审查通过后，数据库纳入省级国土空间"一张图"基础信息平台进行统一管理。

12.2.2 使用者层面的成果

村民版、村民公示版、公示成果,是基于使用者层面的规划成果,供村民使用,在管理版、报批备案版的基础上简化,采取通俗易懂、图文并茂的方式,表达村庄规划的主要内容、与村民相关的关键内容。包括公示一张图、村民手册(读本)、村规民约等。

(1)公示一张图:村庄规划批复后,采用规划公示展板形式向村民公开规划主要内容。规划公开成果应包括国土空间规划图、用途管制规则或要求,以及必要的规划示意图等内容。规划公开成果应简明易懂、方便村民理解和使用。

村庄公示内容应包括:规划名称、村庄类型、规划范围、规划期限、规划人口、规划定位与目标、国土空间管控、国土空间总体布局、产业发展规划等内容,并附对涉及生态红线、永久性基本农田保护的图纸,要表明主要边缘的标准地名。增加用地结构变化图,自定义用地前后的变化,为项目实施和管理提供清晰依据。

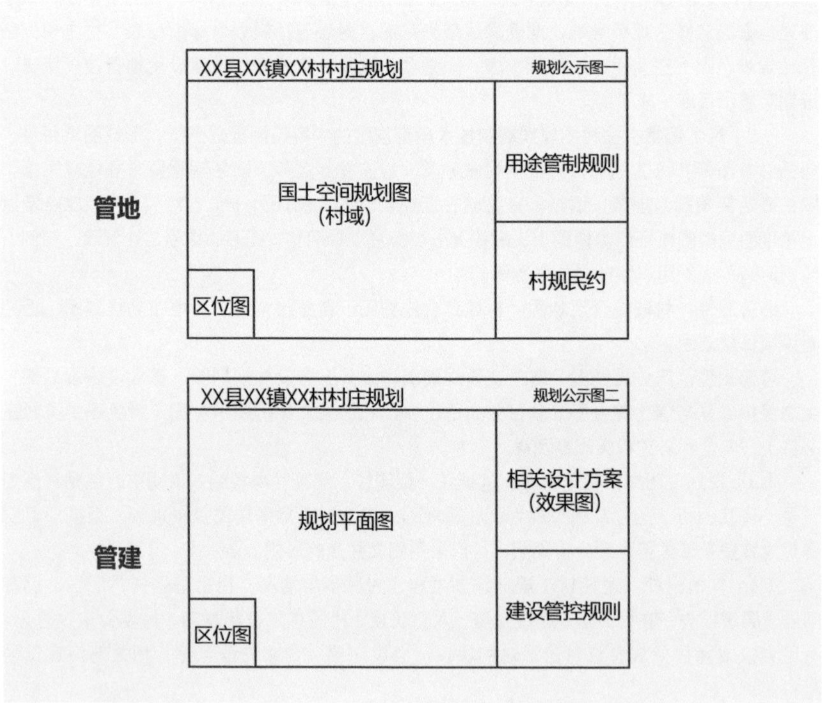

图 12-2 公示一张图样图

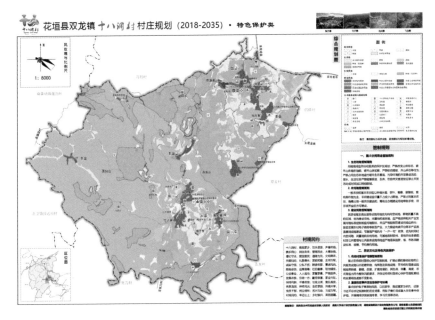

图 12-3 花垣县双龙镇十洞村村庄规划 (2018—2035) 公示图

（2）村民手册（读本）：规划成果应向村民公示，公示内容应以通俗易懂、便于实施为原则，采用宣传册等图文并茂形式公开规划主要内容。公开公示内容主要包括村庄建设边界线内部宅基地、公共服务设施、公用设施、道路交通设施、历史文化保护、综合防灾减灾、近期重点建设项目、典型民居设计图等具体空间安排的规划图则，以及可纳入村规民约的管制规则等。

（3）村规民约：可纳入村规民约的管制规则，结合当地村规民约的规定及行文风格，对村庄规划管制要求进行凝练，提取并制定村庄规划的村规民约内容建议和条款，如生态保护、耕地和永久基本农田保护、历史文化保护、建设空间管制、村庄安全和防灾减灾等，并应做到"行文易懂、内容好记、管理可行"。

■ 12.3 规划公示创新

12.3.1 规划公示要求

根据《中华人民共和国城乡规划法》《中华人民共和国土地管理法》和《自然资源部办公厅关于加强村庄规划促进乡村振兴的通知》（自然资办发〔2019〕35 号）规定，为切实增强规划的合理性、可行性和科学性，应依法组织村庄规划的公示活动。根据地方规划管理制度，深化确保规划严格实施的监督和评估机制，建立规划公示、群众监督与动态监测制度，定期开展规划实施评估等方面明确具体的工作举措，提升村民参与规划实施监督的积极性，推动规划有效实施。

（1）报送审批前："乡镇政府应引导村党组织和村民委员会认真研究审议村庄规划并动员、组织村民以主人翁的态度，在调研访谈、方案比选、公告公示等各个环节积极参与村庄规划编制，协商确定规划内容。村庄规划在报送审批前应在村内公示 30 日，报送审批时应附村民委员会审议意见和村民会议或村民代表会议讨论通过的决议。村民委员会要将规划主要内容纳入村规民约"。

（2）规划批准后："规划成果要吸引人、看得懂、记得住、能落地、好监督，鼓励采用'前图后则'（即规划图表＋管制规则）的成果表达形式。规划批准之日起 20 个工作日内，规划成果应通过'上墙、上网'等多种方式公开，30 个工作日内，规划成果逐级汇交至省级自然资源主管部门，叠加到国土空间规划'一张图'上"。

12.3.2 村民手册要求

村民手册的编制，重点向村民"宣贯村庄规划内容、公示保护开发要求、强调土地政策要求、引导各项发展建设、说明规划许可流程、纳入村规民约"，通过图文并茂重点回答"在哪里能做什么、能做成什么样、要履行什么手续"，让村民知规划、懂规划、用规划、守规划。

1. 村民手册编制方式一：简化式村民手册

按照"简化体系"方式，将村庄规划简化为村民手册内容，减少说明文字，保留关键图纸，增加易懂表述。村民手册内容包括：村庄基本概况和特色、问题和对策、耕地与基本农田保护、生态红线保护、历史文化遗产保护、产业发展、农村建房指引、村庄风貌指引、乡村振兴配套设施建设等内容。

2. 村民手册编制方式二：设问式村民手册

按照"一问一答"方式，对村民在村庄保护、建设、发展和开发过程中不清楚的关键问题进行解答，将村庄规划内容贯穿其中。村民手册内容包括：基本情况和特色是什么？村庄重点要解决的问题有哪些？乡村要朝什么方向振兴？需要严格保护的对象是什么？发展什么产业有奔头？自家农房如何建设坚固美观宜居？村庄建设需要办理哪些手续？需要遵守什么村规民约？

3. 村民手册编制方式三：情景式村民手册

按照"情景打包"方式，对与村民息息相关的建房、生产、创业、创建等情景，根据村庄规划内容，说明不同需求情景下要注意的地点、标准、手续等要点。村民手册内容包括：规划整体要求、新建（改扩建）农宅情景要点、发展设施农业情景要点、返乡利用闲置土地创业情景要点、环境卫生维护情景要点、村民参与创建 "美丽庭院"情景要求等，以及乡镇街道办涉及规划咨询联系方式。

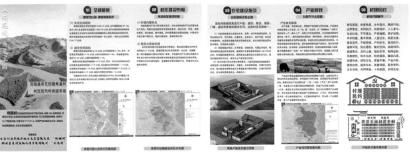

图 12-4 玛曲县采日玛镇秀昌村村庄规划村民版手册

12.3.3 招商手册编制

为吸引支持社会资本参与乡村振兴，按照农业农村部办公厅 国家乡村振兴局综合司印发《社会资本投资农业农村指引（2022年）》要求，结合村庄规划所形成的规划项目库，立足当前农业农村新形势新要求，聚焦农业供给侧结构性改革和乡村建设的重点领域、关键环节，在现代种养业、现代种业、乡村富民产业、农产品加工流通业、乡村新型服务业、生态循环农业、农业科技创新、农业农村人才培育、农业农村基础设施建设、智慧农业建设、农村创业创新、农村人居环境整治、农业对外合作等领域，将整个乡镇、几个村庄或一个村庄统一编制招商手册或振兴手册，让村庄规划成果转化为"社会资本投资乡村振兴的空间指引"。

村庄招商手册内容包括：乡镇及村庄基本概况和特色，周边产业发展优势，土地流转、水电劳动力成本，当地扶持奖励政策，重点招商项目清单等；项目清单划分为产业示范种养殖项目、优质农产品加工和冷链项目、新型农业经营主体项目、乡村休闲旅游项目、乡村社会服务项目、生态修复项目、农村人居环境建设运营项目等，包含项目名称、项目地点、项目建设基础、土地性质及要求、产业发展内容及规模、投资采用方式及回报、效益分析、联系人和责任规划师等。

图 12-5 湘潭市乡村振兴招商手册

345

12.3.4 创新公示方式

目前规划成果在报送审批前和规划批准后主要通过"上墙、上网"等多种方式公开，便于村民、法人和其他组织获取已编制村庄信息。村庄规划公示需结合新媒体技术发展和村民了解信息的习惯途径，在村庄规划公示、村民手册、招商手册发布时，探索新媒体公示方式，包括微信公众号、H5页面、抖音或快手短视频等"信息矩阵"，多平台、多渠道、多介质推送村庄规划、规划政策、惠农信息等。有效破解村庄规划"找不到""没人看""没反馈"等难题，打通村庄规划服务村民的"最后一公里"。

村庄规划创新公示方法 表 12-5

新媒体方式	发布运营单位	推送形式	推送方式	答疑互动
微信公众号	自然资源局所在乡镇	将村庄规划、村民手册、招商手册等编辑和创建为图文、视频等新媒体内容形式	推送转发至村民微信群、朋友圈等	乡镇规划负责人、村委会负责人、责任规划师听取村民意见和想法，对相关疑问进行解答
H5页面				
抖音或快手短视频				

你的家乡将要大变样！铜山两个实用性村庄规划公示
规划局铜山分局官网 发布铜山两个实用性村庄规划公示【单集镇新河村实用性村庄规划公示】公示中对农村住宅进行了明确规定...
掌上铜山 2020-10-14

玉湖村"多规合一"实用性村庄规划草案公示
意见建议反馈和联系方式：对以上公示内容若有异议，请在2020年12月31日24:00前以书面形式反馈到白沙镇人民政府（电话：0888-...
白沙古镇 2020-12-10

图 12-6 村庄规划创新公示方法示意

■ 12.4 审查审议汇报

村庄规划汇报，起到成果展示、汇报工作、要点沟通等作用，在汇报过程中，需要根据会议主题、参会人员、汇报时长等，准备汇报材料和演示文稿。在汇报材料准备过程中，坚持"结构清晰、重点突出、图文对应"，在汇报过程中，坚持"以讲为主、亮点凸显、严控时长"，实现村庄规划能顺利通过专家技术审查会、规委会审议会等。

12.4.1 专家技术审查会汇报

根据村庄规划实际需要从自然资源、规划、建筑、市政、景观、产业、经济、旅游、文保等领域专家和社会专业技术人员中遴选，组成专家技术审查组。主要负责对村庄规划内容体系各规划成果开展技术审查，对重大问题进行统筹协调和专题研究，其审查和论证结果供规委会决策参考。

专家技术审查会汇报以"过程为先"。根据技术审查要点，系统性地将村庄规划编制的历程和历次沟通修改情况进行说明，讲清楚村庄现状、问题和需求，围绕村庄资源禀赋、国土空间现状情况，对遇到的涉及国土空间规划传导问题进行统筹协调，并从国土空间布局、产业发展、市政和公用设施规划、居民点建设、历史文化保护、土地整治和生态修复、近期项目等方面进行汇报。

12.4.2 规委会审议会汇报

规委会是县（区）人民政府领导和管理国土空间规划工作的议事机构，主要负责审议全县（区）国土空间规划保护开发的重要事项，其审议结果作为县（区）人民政府决策的依据，主要职责是贯彻执行国家、省、市关于国土空间规划的法律、法规和方针政策，提高国土空间规划决策的科学性、规范性，依法保证国土空间规划工作顺利实施。落实县（区）委、县（区）政府关于国土空间规划方面的重大决策和工作部署，科学调配国土空间资源，促进国土空间经济、社会和环境协调健康发展。

规委会审议会汇报以"结论为先"，根据审议要点，在汇报技术审查和各部门、村委会、村民代表等对本规划征询结论基础上，围绕规划目标的实现、现实问题的解决、国土空间的优化，结合村情实际对其目标定位、规划布局、产业发展、支撑体系、实施路径等方面进行汇报，便于最终形成审议意见。

审查审议汇报 表12-6

会议	汇报时长	汇报要点
专家技术审查会	单个村庄控制在20分钟	系统性汇报 过程为先 汇报清楚技术环节
规委会审议会	单个村庄控制在15分钟	重点性汇报 结论为先 汇报清楚规划意图

■ 12.5 入库备案审查

12.5.1 成果审查

依据中共中央国务院《关于建立国土空间规划体系并监督实施的若干意见》（中发〔2019〕18号）、自然资源部办公厅《关于加强村庄规划促进乡村振兴的通知》（自然资办发〔2019〕35号）、自然资源部《国土空间调查、规划、用途管制用地用海分类指南》（自然资发〔2023〕234号）、《自然资源部办公厅关于进一步做好村庄规划工作的意见》（自然资办发〔2020〕57号），根据各省、自治区和直辖市村庄规划编制技术指南，进行成果审查。

1. 规划成果完整性审查

文本、表格、图件和数据库是否包含省、自治区和直辖市村庄规划编制技术指南明确的村规划应当包含的内容，是否有缺项、漏项。

2. 规划成果规范性审查

文本、图件是否规范、完整、准确、清晰易懂，是否存在错字漏字、图数不一致、图纸要素不全等基础性问题；表格是否规范、完整，是否与文本、图件相关内容保持一致；数据库是否符合质检标准。规划成果是否符合国省相关法规政策和村规划技术标准，是否满足乡村建设规划许可管理要求。

3. 规划内容合理性审查

人口发展等是否尊重乡村发展规律，约束性指标和空间布局是否满足上位规划确定的约束性指标和各类控制线管控要求，功能定位、底线约束、用地布局、产业发展、设施建设、农村居民点建设等规划内容是否科学合理。

4. 底线约束符合性审查

人口发展等是否尊重乡村发展规律，耕地和永久基本农田是否符合"数量不减少、质量有提高、生态有改善"的基本原则，是否将上位规划确定的耕地和永久基本农田、基本草原落实到图斑。生态保护红线是否落实上位规划确定的范围。乡村建设用地是否符合"建设用地不增加"的基本原则，建设用地有增加的，是否明确来源、说明用途、备注项目。上位规划确定的自然保护地、水资源、矿产资源、湿地和历史文化等其他保护底线要求是否落实，村庄地质灾害安全规避是否落实。

12.5.2 数据库审查

数据库内容是否完整，空间数学基础与数据格式是否正确、是否符合标准，是否存在空间拓扑、图数一致性等方面问题。

1. 规范性引用文件

下列文件对于数据库审查的应用是必不可少的，凡是注日期的引用文件，仅注日期的版本适用于本标准。凡是不注日期的引用文件，其最新版本（包括所有的修改单）适用于本标准。

GB/T 2260—2007 中华人民共和国行政区划代码；

GB/T 7027—2002 信息分类和编码的基本原则与方法；

TD/T 1016—2003 国土资源信息核心元数据标准；

GB/T 13923—2006 基础地理信息要素分类与代码；

GB/T 17798—2007 地理空间数据交换格式；

TD/T 1016—2007 土地利用数据库标准；

GB/T 16820—2009 地图学术语；

GB/T 28407—2012 农用地质量分等规程；

GB/T 30319—2013 基础地理信息数据库基本规定；

TD/T 1055–2019 第三次全国国土调查技术规程；

国土调查数据库标准（试行 / 试行修订稿）；

自然资源部《国土空间调查、规划、用途管制用地用海分类指南》；

永久基本农田数据库标准（2019 版）；

关于印发生态保护红线评估调整成果及数据库提交要求的函；

各省、市（地区）村庄规划编制导则；

各省、市（地区）村庄规划数据库标准；

2. 质量检查内容和方法

"多规合一"实用性村庄规划数据质量的检查内容、检查代码、检查对象和检查方式详见表 12-7。

检查代码采用 4 位数字码进行编码，其中第 1 位数字码表示检查分类，第 2 位数字码表示检查项目，第 3、4 位数字码表示检查内容。

"多规合一"实用性村庄规划数据质量检查内容表（示例表）　　　　表 12-7

检查分类	检查项目	检查内容	检查编码	检查对象	检查方式	备注
数据完整性检查	目录及文件规范性	是否符合《汇交要求》对电子成果数据内容的要求，是否存在缺失	1101	所有电子数据	自动	
		是否符合《汇交要求》对目录结构和文件命名的要求	1102	所有电子数据	自动	
	数据格式正确性	是否符合《汇交要求》规定的文件格式	1201	所有电子数据	自动	
	数据有效性	数据文件能否正常打开	1301	所有电子数据	自动	
空间数据基本检查	数据基础	坐标系统是否采用"2000 国家大地坐标系（CGCS2000）"，投影方式是否采用高斯－克吕格投影，分带是否符合《数据库标准》的要求	2101	所有图层	自动	
		高程系统是否采用"1985 国家高程基准"	2102	所有图层	自动	
	行政区范围	除行政区划以外的图层要素是否超出行政区划范围	2201	除行政区划以外的图层	自动	

检查分类	检查项目	检查内容	检查编码	检查对象	检查方式	备注
空间属性数据标准性检查	图层完整性	必选图层是否齐备，是否符合《数据库标准》要求	3101	所有必选图层	自动	
		图层名称是否符合《数据库标准》的要求	3102	所有图层	自动	
		图层别名是否符合《数据库标准》的要求	3103	所有图层	自动	
		图层类型是否符合《数据库标准》的要求	3104	所有图层	自动	
	属性数据结构一致性	图层属性字段的数量是否符合《数据库标准》的要求	3201	所有图层	自动	
		图层属性字段的字段名称是否符合《数据库标准》的要求	3202	所有图层	自动	
		图层属性字段的字段别名是否符合《数据库标准》的要求	3203	所有图层	自动	
		图层属性字段的字段类型是否符合《数据库标准》的要求	3204	所有图层	自动	
		图层属性字段的字段长度是否符合《数据库标准》的要求	3205	所有图层	自动	
		图层属性字段的字段小数位数是否符合《数据库标准》的要求	3206	所有图层	自动	
	代码一致性	字段值是代码的字段取值是否符合《数据库标准》的要求	3301	字段取值是代码的图层	自动	
		每个图层要素代码字段的取值是否唯一并符合《数据库标准》的要求	3302	所有图层	自动	
	数值范围符合性	字段取值是否符合《数据库标准》规定的值域范围	3401	字段取值是数值的图层	自动	
	编号唯一性	编号字段取值是否唯一	3501	包含编号字段的图层	自动	
	字段必填性	必填字段是否不为空	3601	所有图层	自动	
	图层内逻辑一致性	检查行政区代码字段值与行政区名称字段值是否匹配	3701	所有图层	自动	
		检查地类编码字段值与地类名称字段值是否匹配	3702	包含地类编码和地类名称的所有图层	自动	

检查分类	检查项目	检查内容	检查编码	检查对象	检查方式	备注
空间属性数据标准性检查	图层内逻辑一致性	检查红线类型字段值与类型编码字段值是否匹配	3703	生态保护红线	自动	
		检查规划用地分类代码字段值与规划用地分类名称字段值是否匹配	3704	规划用地分类	自动	
		检查交通道路代码字段值与交通道路类型字段值是否匹配	3705	交通道路设施	自动	
		检查设施类型代码字段值与设施名称字段值是否匹配	3706	基本公共服务设施、乡村公用设施、防灾减灾设施	自动	
		检查整治修复代码字段值与整治修复类型字段值是否匹配	3707	国土综合整治和生态修复	自动	
	图层间属性一致性	所有属性结构表中行政区代码字段值与行政区划图层中行政区代码字段值是否一致	3801	除行政区划以外的图层	自动	
空间图形数据拓扑检查（拓扑容差为实地0.0001米）	线层内拓扑关系	层内要素是否重叠	4101	所有线图层	自动	
		层内要素是否自重叠	4102	所有线图层	自动	
		层内要素是否相交	4103	所有线图层	自动	
		层内要素是否自相交	4104	所有线图层	自动	
	面层内拓扑关系	层内要素是否重叠	4201	所有面图层	自动	
		层内要素是否自相交	4202	所有面图层	自动	
	线面间拓扑关系	线层和面层是否相交	4301	所有线、面图层	自动	
	面层间拓扑关系	生态保护红线和村庄建设边界不重叠	4401	生态保护红线、村庄建设边界	自动	
		生态保护红线和永久基本农田不重叠	4402	生态保护红线、永久基本农田	自动	
		村庄建设边界和永久基本农田不重叠	4403	永久基本农田、村庄建设边界	自动	
	碎线检查	线层是否存在小于图上0.02毫米的碎线	4501	所有线图层	自动	
	碎面检查	面层是否存在图上小于4平方毫米的碎片	4601	所有面图层	自动	

3. 质量评价

村庄规划数据质量检查发现的错误，根据检查内容，按照错误程度从重到轻划分为 I 级错误、II 级错误、III 级错误三类。错误级别与检查内容的对应关系详见表 12-8。

采用百分制评价村庄规划数据质量水平，85 分（含 85 分）以上为合格。采用错误扣分法计算数据质量得分。同样的检查内容可能检查发现多个错误，全部计入错误个数统计。每个 III 级错误扣 0.1 分，每个 II 级错误扣 1 分，出现 1 个 I 级错误即视为数据不合格。

"多规合一"实用性村庄规划数据质量检查错误分级表（示例表）　　表 12-8

错误等级	检查内容及编号	
I 级错误	目录及文件规范性	1101
		1102
	数据格式正确性	1201
	数据有效性	1301
	数学基础	2101
		2102
	行政区范围	2201
	图层完整性	3101
		3102
		3103
		3104
	属性数据结构一致性	3201
		3202
		3203
		3204
		3205
		3206
II 级错误	代码一致性	3301
		3302
	数值范围符合性	3401
	编号必填性	3501
	字段必填性	3601
	图层内逻辑一致性	3701
		3702
		3703
		3704

错误等级	检查内容及编号	
Ⅱ级错误	图层内逻辑一致性	3705
		3706
		3707
	图层间属性一致性	3801
	线层内拓扑关系	4101
		4102
		4103
		4104
	面层内拓扑关系	4201
		4202
	线面间拓扑关系	4301
	面层间拓扑关系	4401
		4402
		4403
Ⅲ级错误	碎线检查	4501
	碎面检查	4601

■ 12.6 规划实施引导

12.6.1 村庄规划"一张图"

依据中共中央 国务院《关于建立国土空间规划体系并监督实施的若干意见》（中发〔2019〕18 号）、自然资源部办公厅《关于加强村庄规划促进乡村振兴的通知》（自然资办发〔2019〕35 号）要求，按照规划成果汇交要求规范村庄规划数据库成果，村庄规划成果逐级汇交至省级自然资源主管部门，叠加到国土空间规划"一张图"上，并推动测绘"一村一图""一乡一图"，构建"多规合一"的村庄规划数字化管理系统。

全国各地的村庄规划管理实践中，探索融合信息化、数字化、便民化手段，将村庄规划审批、许可、管理、服务等一体化集成，面向村民、乡镇、自然资源局等服务对象与主体，形成"一张图"服务系统。贵州省创新推广村庄规划便民服务系统——黔村规，围绕宅基地、基础设施、产业用地、规划智能辅助审批、社会公众服务五大场景，提出审批许可"零跑动"，系统提供全流程智能化的审批功能，进而实现"让规划用起来、让服务优起来、让数据跑起来、让成本降下来"。

图 12-7 贵州省村庄规划便民服务系统·黔村规

图 12-8 黔村规·农民建房审批流程

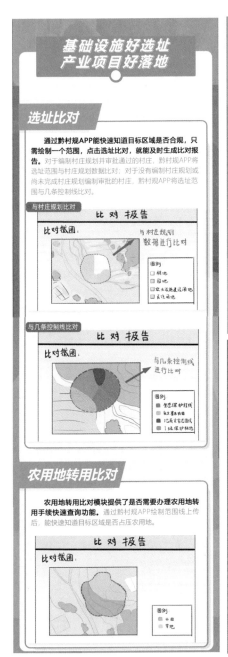

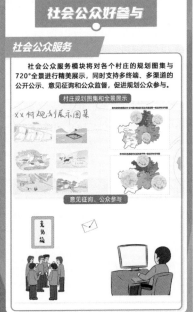

图 12-9 黔村规·基础设施和产业项目审批流程

355

通过规划"一张图"，按照"统一底图、统一标准、统一平台、统一规划"的要求，借助数据化平台，探索建立村民自治监督机制，让村民成为规划编制、审批、实施的参与者，切实提升村庄规划管理服务和空间治理水平。

12.6.2 责任规划师制度

为落实自然资源部关于责任规划师制度有关部署，推动各地政府建立健全驻镇村规划师制度，有效解决基层规划人才短缺、技术力量薄弱的问题，切实提升乡镇级国土空间总体规划和"多规合一"实用性村庄规划编制管理水平，提高精细化治理能力，2020年成都市在全国首创乡村规划师制度，向全市乡镇派驻乡村规划师，目前在北京、浙江等省市结合村庄规划编制逐步建立形成关于乡村责任规划师制度。

1. 专业咨询： 全面了解、熟悉乡镇（街道）和周边区域的实际情况，与镇乡政府、村委会以及相关部门充分沟通，列席相关工作会议，对上位规划要求的落实情况进行把控，对镇乡政府组织编制村庄规划提供技术咨询服务，提出规划编制的技术性和政策性要求。

2. 审批审查： 属地村庄规划审批及各类建设项目规划方案审查前，建立规委会应书面征求责任规划师的意见，或邀请责任规划师作为专家出席审查会，责任规划师的意见应作为审批的重要参考。

3. 技术把控： 驻村规划师协助乡镇（街道）把控村庄规划实施精细化管理的目标与原则，依据已审批的规划技术内容参与建设管理及实施等具体工作的沟通协调、相关研究决策，针对涉及村容村貌、乡村设计、乡村旅游、农庄新改建等内容提出技术指导，对属地各类村庄建设项目的实施情况进行监督跟踪。

4. 宣传服务： 驻村责任规划师协助乡镇（街道）进行国土空间规划政策宣传、解读规划成果、就规划设计相关问题答疑解惑等，引导熟悉当地情况的乡贤、能人参与规划设计工作；不定期为乡镇（街道）规划专业管理人员进行业务培训与技术指导，提升地方管理水平。

5. 沟通协调： 驻村责任规划师应了解村民需求，掌握社情民意，形成专业意见，反馈现实情况，及时与县市规划管理等相关部门进行沟通协调，帮助乡镇解决规划设计编制和实施管理中存在的困难与问题，提出解决方案或建议。

各地乡村责任规划师政策文件 表 12-9

相关省市	相关政策
北京	《北京市责任规划师制度实施办法（试行）》《北京市乡村责任规划师制度工作方案》《关于推进北京市责任规划师工作的指导意见》《关于征集规划师、建筑师、设计师下乡参与美丽乡村建设的倡议书》等
浙江	《浙江省自然资源厅关于推动建立驻镇村规划师制度的通知》
成都	《成都市乡村规划师管理办法》
江苏	《江苏省自然资源厅关于进一步做好"共绘苏乡"规划师下乡活动的通知》
广西	《广西壮族自治区乡村规划师挂点服务办法（试行）》

■第 12 章参考文献

[1] 陈小卉, 赵雷. 江苏: "共绘苏乡"规划师下乡, 帮助基层实现规划蓝图 [J]. 北京规划建设, 2021 (S1): 44-48.

[2] 赵科科, 杨猛, 冯新刚. 参与式规划的乡村实践与探索——以福州市晋安区九峰村为例 [J]. 小城镇建设, 2021, 39 (3): 48-56.

[3] 程茂吉. 村庄规划 [M]. 南京: 东南大学出版社, 2021.

图书在版编目（CIP）数据

实用性村庄规划编制手册 = PRACTICAL MANUAL OF
VILLAGE PLANNING / 李巍等编著. —北京：中国建筑
工业出版社，2022.11（2024.4重印）
ISBN 978−7−112−27972−2

Ⅰ.①实… Ⅱ.①李… Ⅲ.①乡村规划−中国−手册
Ⅳ.①TU982.29−62

中国版本图书馆CIP数据核字（2022）第176657号

责任编辑：黄习习　陆新之
责任校对：张辰双

实用性村庄规划编制手册
PRACTICAL MANUAL OF VILLAGE PLANNING

李　巍　杨　斌　权金宗　杨　宁
方浩舟　冯　斌　李东泽 　　　　编著

＊

中国建筑工业出版社出版、发行（北京海淀三里河路9号）
各地新华书店、建筑书店经销
北京海视强森文化传媒有限公司制版
临西县阅读时光印刷有限公司印刷

＊

开本：880毫米×1230毫米　1/32　印张：11½　字数：556千字
2022年12月第一版　2024年4月第二次印刷
定价：**99.00**元
ISBN 978-7-112-27972-2
　　（40118）